21世纪高等学校计算机教育实用规划教材

U0183154

JSP程序设计
及项目实训教程

杨弘平　主编

史江萍　关　颖　吕海华　曾祥萍　常敬岩　副主编

清华大学出版社

北京

内 容 简 介

本书是作者在多年的开发与教学经验的基础上精心编写的。本书基于主流的 Java Web 应用开发,采用案例教学法并结合具体项目实训,帮助读者尽快掌握 Web 开发的技能。全书共分 11 章,内容包括 JSP 语法、JSP 内置对象、JavaBean 基础、Servlet 应用、数据库的访问、标准标签库、EL 表达式等理论知识和系统开发项目实训等实战项目,使读者能通过实践加深对理论知识的掌握。

本书可作为高等学校计算机及相关专业的 JSP 应用程序设计的教程,也适合广大的计算机爱好者自学使用。

图书在版编目(CIP)数据

JSP 程序设计及项目实训教程/杨弘平主编.—北京:清华大学出版社,2020.9(2023.1重印)
21 世纪高等学校计算机教育实用规划教材
ISBN 978-7-302-55342-7

Ⅰ.①J… Ⅱ.①杨… Ⅲ.①JAVA 语言—网页制作工具—高等学校—教材 Ⅳ.①TP312.8
②TP393.092.2

中国版本图书馆 CIP 数据核字(2020)第 062487 号

责任编辑:贾　斌
封面设计:常雪影
责任校对:胡伟民
责任印制:丛怀宇

出版发行:清华大学出版社
　　　　网　　址:http://www.tup.com.cn,http://www.wqbook.com
　　　　地　　址:北京清华大学学研大厦 A 座　　　　　　邮　　编:100084
　　　　社 总 机:010-83470000　　　　　　　　　　　　邮　　购:010-62786544
　　　　投稿与读者服务:010-62776969,c-service@tup.tsinghua.edu.cn
　　　　质量反馈:010-62772015,zhiliang@tup.tsinghua.edu.cn
　　　　课件下载:http://www.tup.com.cn,010-83470236
印 装 者:三河市君旺印务有限公司
经　　销:全国新华书店
开　　本:185mm×260mm　　　印　　张:20.75　　　　字　　数:520 千字
版　　次:2020 年 9 月第 1 版　　　　　　　　　　　　印　　次:2023 年 1 月第 4 次印刷
印　　数:3301~4800
定　　价:59.00 元

产品编号:083130-01

出 版 说 明

随着我国高等教育规模的扩大以及产业结构调整的进一步完善,社会对高层次应用型人才的需求将更加迫切。各地高校紧密结合地方经济建设发展需要,科学运用市场调节机制,合理调整和配置教育资源,在改革和改造传统学科专业的基础上,加强工程型和应用型学科专业建设,积极设置主要面向地方支柱产业、高新技术产业、服务业的工程型和应用型学科专业,积极为地方经济建设输送各类应用型人才。各高校加大了使用信息科学等现代科学技术提升、改造传统学科专业的力度,从而实现传统学科专业向工程型和应用型学科专业的发展与转变。在发挥传统学科专业师资力量强、办学经验丰富、教学资源充裕等优势的同时,不断更新教学内容、改革课程体系,使工程型和应用型学科专业教育与经济建设相适应。计算机课程教学在从传统学科向工程型和应用型学科转变中起着至关重要的作用,工程型和应用型学科专业中的计算机课程设置、内容体系和教学手段及方法等也具有不同于传统学科的鲜明特点。

为了配合高校工程型和应用型学科专业的建设和发展,急需出版一批内容新、体系新、方法新、手段新的高水平计算机课程教材。目前,工程型和应用型学科专业计算机课程教材的建设工作仍滞后于教学改革的实践,如现有的计算机教材中有不少内容陈旧(依然用传统专业计算机教材代替工程型和应用型学科专业教材),重理论、轻实践,不能满足新的教学计划、课程设置的需要;一些课程的教材可供选择的品种太少;一些基础课的教材虽然品种较多,但低水平重复严重;有些教材内容庞杂,书越编越厚;专业课教材、教学辅助教材及教学参考书短缺,等等,都不利于学生能力的提高和素质的培养。为此,在教育部相关教学指导委员会专家的指导和建议下,清华大学出版社组织出版本系列教材,以满足工程型和应用型学科专业计算机课程教学的需要。本系列教材在规划过程中体现了如下一些基本原则和特点。

(1) 面向工程型与应用型学科专业,强调计算机在各专业中的应用。教材内容坚持基本理论适度,反映基本理论和原理的综合应用,强调实践和应用环节。

(2) 反映教学需要,促进教学发展。教材规划以新的工程型和应用型专业目录为依据。教材要适应多样化的教学需要,正确把握教学内容和课程体系的改革方向,在选择教材内容和编写体系时注意体现素质教育、创新能力与实践能力的培养,为学生知识、能力、素质协调发展创造条件。

(3) 实施精品战略,突出重点,保证质量。规划教材建设仍然把重点放在公共基础课和专业基础课的教材建设上;特别注意选择并安排一部分原来基础比较好的优秀教材或讲义修订再版,逐步形成精品教材;提倡并鼓励编写体现工程型和应用型专业教学内容和课程体系改革成果的教材。

（4）主张一纲多本，合理配套。基础课和专业基础课教材要配套，同一门课程可以有多本具有不同内容特点的教材。处理好教材统一性与多样化，基本教材与辅助教材，教学参考书，文字教材与软件教材的关系，实现教材系列资源配套。

（5）依靠专家，择优选用。在制订教材规划时要依靠各课程专家在调查研究本课程教材建设现状的基础上提出规划选题。在落实主编人选时，要引入竞争机制，通过申报、评审确定主编。书稿完成后要认真实行审稿程序，确保出书质量。

繁荣教材出版事业，提高教材质量的关键是教师。建立一支高水平的以老带新的教材编写队伍才能保证教材的编写质量和建设力度，希望有志于教材建设的教师能够加入到我们的编写队伍中来。

21 世纪高等学校计算机教育实用规划教材编委会

联系人：魏江江 weijj@tup.tsinghua.edu.cn

前　言

　　JSP(Java Server Pages)是目前发展迅速并应用广泛的 Web 应用开发技术之一,它是 Java SDK、Java Enterprise Edition(Java EE)的重要技术。它以 Java 技术为核心,并结合了 Servlet 的强大功能与 HTML 的简单易用的特点,提供了具有技术稳定、跨平台、安全、可移植等优点的主流动态网页开发技术,并成为大、中型网络应用开发的首选。

　　本书作者根据多年的校企合作 JSP 实践教学经验,在总结了 JSP 技术的核心内容和企业实战项目案例驱动教学手段的基础上编写了此书。本书的特点如下:

　　(1) 知识体系结构合理,突出整体性和系统性,便于学习。

　　(2) 理论联系实际,每个章节首先对知识点进行解释,然后通过案例把理论转化为实践,便于理解。

　　(3) 本书在原来基础上新增了两个较为完整的实训项目开发的练习,第 5 章的第一个实训项目是使用纯 JSP 技术即可以完成的 I 型开发模式项目,而第 11 章的第二个实训项目则采用了 MVC 的 II 型结构进行开发。强调了在项目开发过程中循序渐进的原则。

　　本书共分 11 章,各章具体内容如下:

　　第 1 章　安装开发和执行环境,介绍了 JSP 开发环境工具,包括 JDK、Tomcat 和 MyEclipse 等工具的安装和使用。

　　第 2 章　JSP 技术简介,介绍 JSP 工作原理及页面组成元素与标记等语法规则。

　　第 3 章　JSP 隐含对象,介绍 JSP 页面中 9 个内置对象的方法和应用。

　　第 4 章　使用数据库,介绍数据库的安装,对 JDBC 操作数据库和连接池操作数据库的方式方法进行了讲解。

　　第 5 章　企业信息管理系统项目实训,在学完数据库和 JSP 技术后进行的项目开发练习,让读者体会软件系统项目开发的真正意义。

　　第 6 章　JavaBean 技术,介绍 JavaBean 的特点和使用。

　　第 7 章　Servlet 简介,介绍 Servlet 知识,了解 Servlet 的生命周期和使用方法。

　　第 8 章　EL 表达式语言,介绍表达式语言的语法特点、各种运算和隐含对象的使用。

　　第 9 章　JSTL 标准标签库,介绍标准标记库的安装、种类和使用。

　　第 10 章　Web 架构介绍,通过实例讲解 Model1 和 Model2 开发模式及应用。

　　第 11 章　个人信息管理系统项目实训,通过综合使用 Servlet、JavaBean、JSP 技术开发结构合理的 MVC 架构的系统项目,训练学生为进一步的框架学习做准备。

本书由杨弘平担任主编,教学团队成员史江萍、关颖、吕海华、曾祥萍和中软国际讲师常敬岩担任副主编。感谢霍明哲同学对本书的案例及项目进行了测试。

本书适合作为高等学校计算机 Web 编程课程的教材,由于编者水平有限,书中难免有疏漏之处,欢迎广大读者提出宝贵意见和建议。

编 者

2018 年 12 月

目　　录

第1章　安装开发和执行环境

 **本章导读**

开发 JSP 程序可以采用多种编辑工具，如记事本、MyEclipse、NetBeans、JBuilder 等。同时，支持 JSP 技术的服务器有 Tomcat、Resin、JBoss、WebLogic 等。在实际应用中哪种组合的使用更广泛呢？

本章要点

- JDK 的安装和配置
- Tomcat 的获取和启动
- MyEclipse 2013 的概述和应用开发

JSP(Java Server Pages)是由 Sun Microsystems 公司(现已被 Oracle 公司收购)倡导、许多公司参与一起制定的一种动态网页技术标准。JSP 技术有点类似 ASP 技术，它是在传统的网页 HTML 文件(＊.htm、＊.html)中插入 Java 程序段(Scriptlet)和 JSP 标记(tag)，从而形成 JSP 文件，后缀名为.jsp。用 JSP 开发的 Web 应用是跨平台的，既能在 Linux 下运行，也能在其他操作系统上运行。

在传统的网页 HTML 文件中加入 Java 程序片段和 JSP 标记，就构成了 JSP 网页。Java 程序片段可以操纵数据库、重新定向网页以及发送 E-mail 等，实现建立动态网站所需要的功能。所有程序操作都在服务器端执行，网络上传送给客户端的仅是得到的结果，从而大大降低了对客户浏览器的要求，即使客户浏览器端不支持 Java，也可以访问 JSP 网页。

JSP 的根本是一个简化的 Servlet 设计，它实现了 HTML 语法中的 Java 扩张(以<％ ％>形式)。JSP 与 Servlet 一样，是在服务器端执行的。通常返回给客户端的就是一个 HTML 文本，因此只要有浏览器就能在客户端浏览。Web 服务器在遇到访问 JSP 网页的请求时，首先执行其中的程序段，然后将执行结果连同 JSP 文件中的 HTML 代码一起返回给客户端。与其他语言相比，JSP 的优势在于：

(1) 一次编写，到处运行。除了系统之外，代码不用做任何更改。

(2) 系统的多平台支持。基本上可以在所有平台上的任意环境中开发，在任意环境中进行系统部署，在任意环境中扩展。相比 ASP 的局限性，JSP 的优势是显而易见的。

2

（3）强大的可伸缩性。从只有一个小的 Jar 文件就可以运行 Servlet/JSP,到由多台服务器进行集群和负载均衡,再到多台 Application 进行事务处理、消息处理,从一台服务器到无数台服务器,Java 显示出了巨大的生命力。

（4）多样化和功能强大的开发工具支持。这一点与 ASP 很像,Java 已经有了许多非常优秀的开发工具,而且许多可以免费得到,并且其中许多已经可以顺利地运行于多种平台之下。

（5）支持服务器端组件。Web 应用需要强大的服务器端组件来支持,开发人员需要利用其他工具设计实现复杂功能的组件供 Web 页面调用,以增强系统性能。JSP 可以使用成熟的 Java Beans 组件来实现复杂的商务功能。

JSP 的运行环境需要包括三个部分,分别为 JDK 开发工具包、JSP 服务器和 JSP 代码编辑器。

（1）JDK 开发工具包负责编译和解释执行 Java 文件。

（2）JSP 服务器负责转换、提供事务和安全等帮助。JSP 服务器的种类有很多,如 Tomcat、WebLogic 等。

（3）JSP 代码编辑器可以是记事本,也可以是 Editplus 等简单编辑器。

另外还有许多功能强大的 JSP 集成开发工具,如 JBuilder、Eclipse 等。其中 Eclipse 是一个开源的、基于 Java 的可扩展平台,是目前最流行的软件开发工具之一,并得到了众多工具开发商的支持。MyEclipse 是在 Eclipse 基础上加上自己的插件,MyEclipse 的功能非常强大,支持也十分广泛,尤其是对各种开源产品的支持十分不错。

1.1　安装和配置 JDK

JDK（Java Development Kit）是 Sun Microsystems 公司针对 Java 开发人员的产品。自从 Java 推出以来,JDK 已经成为使用最广泛的 Java 软件开发工具包。JDK 是整个 Java 的核心,包括了 Java 运行环境、Java 工具和 Java 基础类库。从 Sun 的 JDK 5.0 开始,提供了泛型等非常实用的功能,其版本也不断更新,运行效率得到了非常大的提高。所以,JDK 是 JSP 不可缺少的开发环境之一,在安装 JSP 服务器前必须安装和配置它。

1.1.1　获取 JDK 开发包

可以从 Oracle 官网 http://www.oracle.com/technetwork/java/index.html 下载最新版本的 JDK,进入到 Java SE 的下载页面,目前最新版本是 JDK10,如图 1.1 所示。

在图中选择对应操作系统版本及操作系统类型对应的下载项,本书下载的是 jdk-7u45-windows-i586.exe。

1.1.2　安装 JDK

下载 jdk-7u45-windows-i586.exe 完成后,找到刚刚下载的软件,即可安装。安装步骤如下:

（1）双击 jdk-7u45-windows-i586.exe 开始安装,首先打开"设置"对话框,单击"下一步"按钮,打开"自定义安装"对话框。

图 1.1　下载窗口

（2）在"自定义安装"对话框中可以修改安装路径及是否需要安装某些组件。这里安装路径为 D:\Java\jdk1.7.0_45 目录，并安装默认的所有组件，如图 1.2 所示。

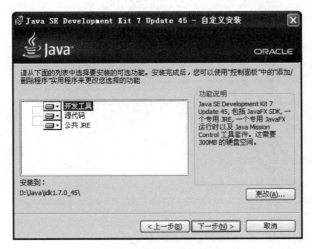

图 1.2　JDK"自定义安装"对话框

（3）在图 1.2 中单击"下一步"按钮进行安装。

（4）JDK 类库安装结束后，会出现 JRE(Java 运行环境)的提示信息，用户自己可以根据情况选择，这里选择了 D:\Java\jre7 安装路径，如图 1.3 所示，然后单击"下一步"按钮，开始安装 JRE。

4

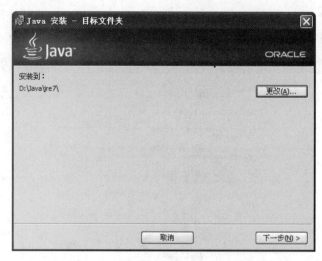

图 1.3 安装 JRE"目标文件夹"对话框

1.1.3 JDK 安装目录

将 JDK 安装到 D:\Java\jdk1.7.0_45 目录下,如图 1.4 所示。

图 1.4 JDK 的安装目录

在目录中包含了多个文件夹及文件,其功能简介如表 1.1 所示。

表 1.1　JDK 安装目录功能简介

文件夹/文件	说　　明
bin	提供 JDK 命令行工具程序,包括 javac、java、javadoc 等可执行程序的一些命令行工具
db	附带的 Apache Derby 数据库,纯 Java 编写的数据库
jre	Java Runtime Environment,存放 Java 运行文件
lib	存放 Java 类库文件
include	存放用于本地方法的文件
src.zip	部分 JDK 的源码的压缩文件

1.1.4　配置 JDK

在安装完 JDK 及 JRE 之后,并不直接进行应用程序开发,需要进行一些配置才可以正常开发。具体的配置步骤如下:

(1) 在 Windows 桌面上右击"我的电脑"图标,在弹出的快捷菜单中选择"属性"命令,弹出"系统属性"对话框。

(2) 在该对话框中选择"高级"选项卡,再单击"环境变量"按钮,弹出"环境变量"对话框。

(3) 若使用相对路径的方式,也就是用一个变量代表 JDK 的安装路径,则在"环境变量"对话框的"系统变量"选项区域中,单击"新建"按钮,在"编辑系统变量"对话框中新建变量名为 Java_home,变量值为 D:\Java\jdk1.7.0_45,如图 1.5 所示。

(4) 为了在任何路径下都能使用和识别 Java 命令,需要在"环境变量"对话框的"系统变量"选项区域中,选中 Path 后单击"编辑"按钮,或双击 Path,在弹出的"编辑系统变量"对话框中的"变量值"文本框中(搜索是从左向右的顺序)加入 JDK 的 bin 路径(本处加入【%Java_home%\bin;】),如图 1.6 所示。

图 1.5　配置 Java_home 变量　　　　　　图 1.6　配置 Path 变量

(5) 一些类和对象已经存储在了 Java 的文件夹中,为了能够正确使用这些类或对象,需要在"环境变量"对话框的"系统变量"选项区域中,单击"新建"按钮,在"编辑系统变量"对话框中新建变量名为 Classpath,变量值为【.;%Java_home%\lib;%Java_home%\jre\lib】,如图 1.7 所示。这里需要注意的是:".;"是不可以省略的,这里的"."用于表示当前目录下,而";"是分隔符,如图 1.7 所示。

(6) JDK 环境变量配置成功后,可以打开命令提示符窗口,输入 javac -version 命令,显示当前 JDK 的版本号,如图 1.8 所示。

图 1.7　配置 Classpath 变量

这样,Java 应用程序就可以正常开发了。

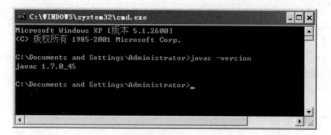

图 1.8 测试 JDK 及版本显示

1.2 获取和解压 Tomcat

随着 JSP 的发布,也出现了多种多样的 JSP 引擎。JSP 引擎也被认为是 JSP 容器,它们是用来统一管理和运行 Web 应用程序的软件。常见的 JSP 引擎有 Tomcat、JRun、Resin 等,其中最常用的就是 Tomcat。

Tomcat 服务器是一个免费的开放源代码的 Web 应用服务器,属于轻量级应用服务器,在中小型系统和并发访问用户不是很多的场合下被普遍使用,是开发和调试 JSP 程序的首选。对于初学者来说,可以这样认为,在一台机器上配置好 Apache 服务器之后,即可利用它响应对 HTML 页面的访问请求。实际上 Tomcat 部分是 Apache 服务器的扩展,但它是独立运行的,所以当运行 Tomcat 时,它实际上是作为一个与 Apache 独立的进程单独运行的。

1.2.1 获取 Tomcat

Tomcat 是开源组织 Apache 成员,可以在 Apache 官网中下载。打开 IE 浏览器,在地址栏中输入 http://tomcat.apache.org/,其界面如图 1.9 所示。

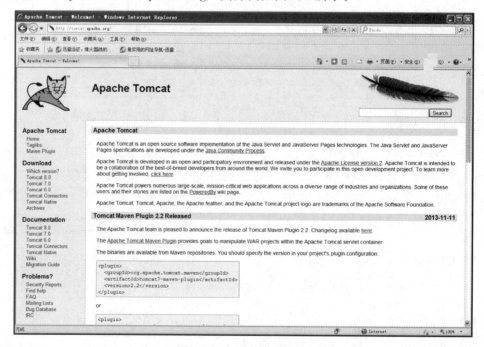

图 1.9 Tomcat 官方网站

在左侧窗口中的 DownLoad 选项组中显示了可下载的版本,目前最新版本为 Tomcat9.0,这里为了与后面用到的 MyEclipse 2013 更好地兼容并使用较新版本,下载的是 Tomcat7.0 版本,单击后显示如图 1.10 所示的窗口。

图 1.10　Tomcat 下载窗口

在下载窗口中有适应不同操作系统的不同 Tomcat 版本(其中 zip 是针对 Windows 操作系统,其他适用于 Linux 或 UNIX 操作系统),可根据用户的需求进行下载。本书选择 32 位操作系统 32-bit Windows zip(pgp,md5)下载。

注意:如果不知道自己的机器是多少位的操作系统,可以在命令提示符下输入 SystemInfo 命令,如果显示是 x86,则为 32 位操作系统。

1.2.2　解压 Tomcat

目前官网上下载的 Tomcat 都是绿色免安装版,解压到哪里都可以。

1.2.3　Tomcat 目录

Tomcat 解压后的目录层次结构如图 1.11 所示。

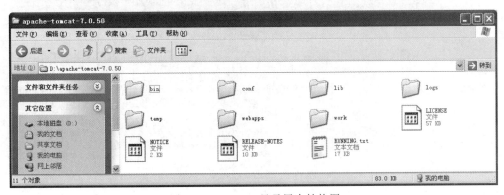

图 1.11　Tomcat 目录层次结构图

安装开发和执行环境

在目录中包含了多个子目录及文件,其功能简介如表 1.2 所示。

表 1.2　Tomcat 目录功能简介

文件夹/文件	说　　明
bin	存放启动/关闭 Tomcat 的脚本文件
conf	存放不同的配置文件,包括 server.xml(Tomcat 的主要配置文件)和 web.xml(Tomcat 配置 Web 应用设置默认值的文件)
lib	存放 Tomcat 服务器及所有 Web 应用程序都可访问的 jar 文件
logs	存放 Tomcat 日志文件
temp	存放运行时产生的临时文件
webapps	存放要发布的 Web 应用程序的目录及文件
work	存放 JSP 生产的 Servlet 源文件和字节码文件

1.2.4　启动 Tomcat

在 bin 目录下有几个扩展名为 .bat 的文件,它们主要用于 Windows 平台的批处理文件,其中 startup.bat 是 catalina.bat start 的别名,可以启动 Tomcat;相反地,shutdown.bat 是 catalina.bat stop 的别名,可以关闭 Tomcat。

双击 startup.bat 文件,将弹出如图 1.12 所示的界面。

图 1.12　启动 Tomcat

注意:如果运行 startup.bat 一闪而过,则环境变量 Java_home 存在问题。

启动 Tomcat 后可以在 IE 浏览器地址栏中输入 http://localhost:8080 进行简单测试。如果安装成功,则出现如图 1.13 所示的界面。

注意:Tomcat 的 conf 目录下有一个 server.xml 文件,使用记事本打开找到如图 1.14 所示的代码。

这里默认的端口号为 8080,可以进行修改,修改后重启 Tomcat 即可。

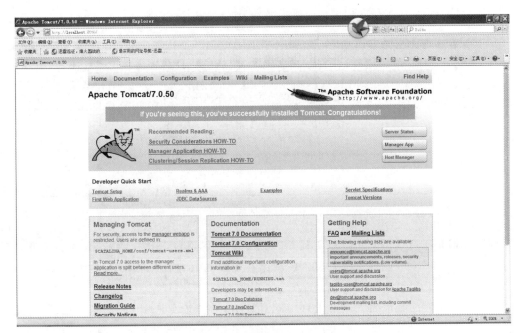

图 1.13 Tomcat 测试成功

```
<Connector port="8080" protocol="HTTP/1.1"
           connectionTimeout="20000"
           redirectPort="8443" />
```

图 1.14 server.xml 文件代码片段

1.2.5 案例 1：开发 JSP 案例

Tomcat 测试成功后就可以利用记事本开发 JSP 应用程序了。下面就来编写一个测试实例，来检验 JSP 开发环境的配置及 Tomcat 中主要目录的功能。

本案例实现一个欢迎界面。具体操作步骤如下：

（1）在 Tomcat 的 webapps 目录下新建一个名称为 FirstJSP 的文件夹作为项目名称。

（2）在 FirstJSP 项目下新建 welcome.jsp 文件，使用记事本打开后编写如图 1.15 所示代码。

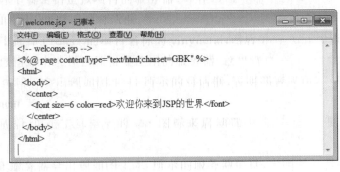

图 1.15 welcome.jsp

安装开发和执行环境

（3）启动 Tomcat 服务器，并在 IE 浏览器中输入 http：//localhost：8080/FirstJSP/welcome.jsp 后出现如图 1.16 所示的界面。

图 1.16　welcome 界面

注：localhost 可以用 127.0.0.1 代替。如果不创建项目，则将 welcome.jsp 文件直接放在 webapps 的 ROOT 文件夹下，在 IE 浏览器中输入 http：//localhost：8080/welcome.jsp 即可。

（4）出现该界面则代表 JSP 开发环境配置成功，可以继续进行开发了。

1.3　集成开发环境的设置

JSP 开发领域的集成开发环境（IDE）有很多种，如 MyEclipse、NetBeans、JBuilder 等，而在开源和扩展性上得到广大程序员认可和喜欢的当属 IBM 公司的 MyEclipse 集成开发环境。

1.3.1　MyEclipse 集成 J2EE 开发环境概述

1. J2EE

J2EE（Java 2 Platform，Enterprise Edition）是 Java 2 平台企业版。J2EE 是一套全然不同于传统应用开发的技术架构，包含许多组件，主要可简化且规范应用系统的开发与部署，进而提高可移植性、安全与再用价值。

J2EE 组件和"标准的"Java 类的不同点在于：它被装配在一个 J2EE 应用中，具有固定的格式并遵守 J2EE 规范，由 J2EE 服务器对其进行管理。J2EE 规范是这样定义 J2EE 组件的：客户端应用程序和 applet 是运行在客户端的组件；Java Servlet 和 Java Server Pages（JSP）是运行在服务器端的 Web 组件；Enterprise Java Bean（EJB）组件是运行在服务器端的业务组件。

J2EE 典型的四层结构如图 1.17 所示。

（1）客户层（Client tier），运行在客户端机器上。客户层普遍地支持 HTTP 协议，也称客户代理。

（2）Web 应用层（Web tier），运行在 J2EE 服务器上。在 J2EE 中，这一层由 Web 容器运行，它包括 JSP、Servlei 等 Web 部件。

（3）企业组件层（EJB tier），运行在 J2EE 服务器上。企业组件层由 EJB 容器运行，支持 EJB、JMS、JTA 等服务和技术。

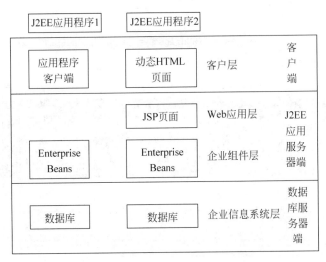

图 1.17　J2EE 典型的四层结构

（4）企业信息系统(Enterprise information system)层(EIS tier)，运行在 EIS 服务器上。企业信息系统包含企业内传统信息系统，如财务、CRM 等，特点是有数据库系统的支持。

2. MyEclipse 集成开发环境

MyEclipse 企业级工作平台（MyEclipse Enterprise Workbench，MyEclipse）是对 Eclipse IDE 的扩展，利用它可以在数据库和 JavaEE 的开发、发布以及应用程序服务器的整合方面极大地提高工作效率。它是功能丰富的 JavaEE 集成开发环境，包括了完备的编码、调试、测试和发布功能，完整支持 HTML、Struts、JSP、CSS、Javascript、Spring、SQL、Hibernate。

MyEclipse 是一个十分优秀的用于开发 Java、J2EE 的 Eclipse 插件集合，其功能非常强大，支持也十分广泛，尤其是对各种开源产品的支持十分不错。MyEclipse 目前支持 Java Servlet、AJAX、JSP、JSF、Struts、Spring、Hibernate、EJB3、JDBC 数据库链接工具等多项功能，可以说 MyEclipse 几乎囊括了目前所有主流开源产品的专属 Eclipse 开发工具。

1.3.2　安装 MyEclipse 2013

目前 MyEclipse 最新版本为 MyEclipse 2017，可以登录 http://www.myeclipsecn.com/下载。在页面中选择相应的操作系统后即可下载，这里我们使用的是 MyEclipse2013。界面如图 1.18 所示。

MyEclipse 安装步骤如下：

（1）找到下载的应用程序进行安装，进入到如图 1.19 所示的安装向导对话框。

（2）单击 Next 按钮，进入如图 1.20 所示的对话框。

（3）选中接受协议复选框后单击 Next 按钮，即可选择存储位置，如图 1.21 所示。

（4）选择安装路径后再选择安装选项，这里选择 All 选项进行全部安装，如图 1.22 所示，安装界面如图 1.23 所示。

（5）等待一段时间后，即可看到如图 1.24 所示的安装成功界面。

安装成功后即可使用 MyEclipse 了。简单的使用过程如下：

安装开发和执行环境

图 1.18　下载界面

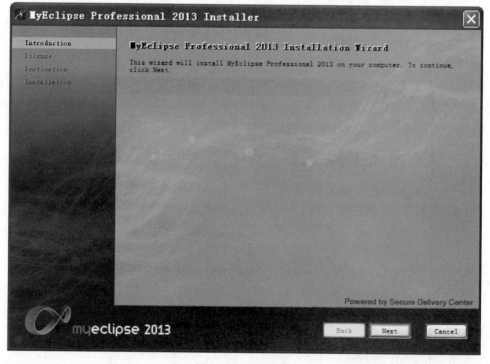

图 1.19　安装向导

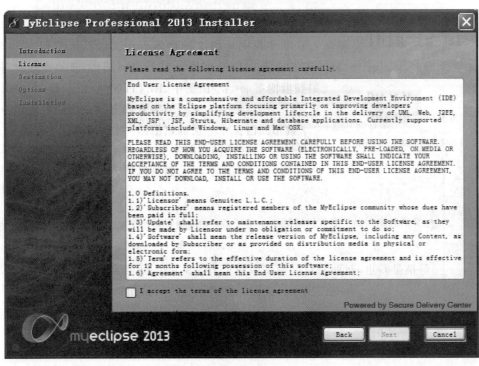

图 1.20 同意协议内容对话框

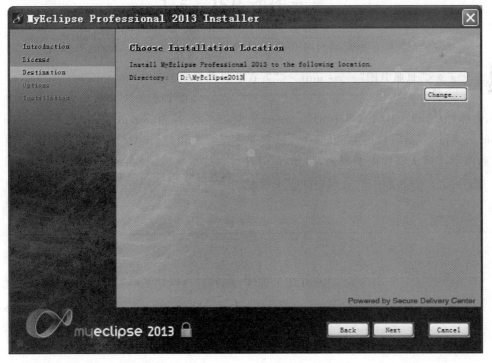

图 1.21 安装路径

安装开发和执行环境

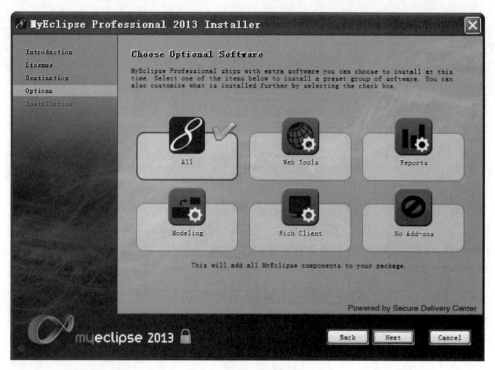

图 1.22　选择安装项目

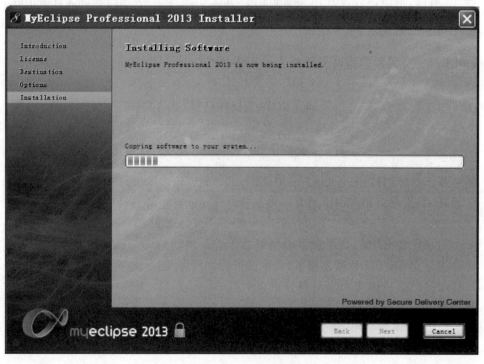

图 1.23　安装界面

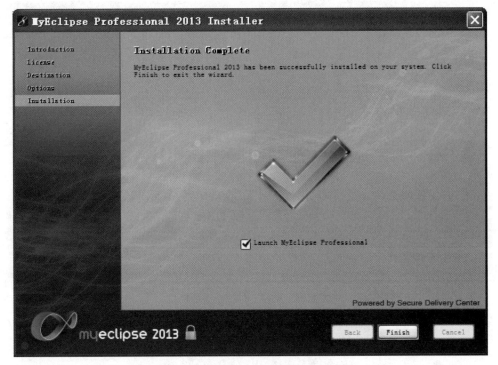

图 1.24　安装成功

(1) 运行 MyEclipse，弹出如图 1.25 所示的对话框。

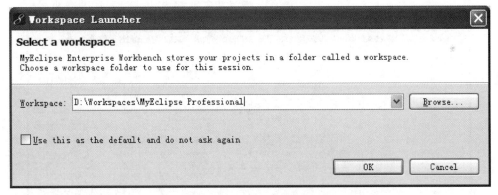

图 1.25　选择工作空间

(2) 选择好工作空间后出现如图 1.26 所示的 MyEclipse 主界面。注意，刚刚打开时，要稍微等待一会儿，直到出现如图 1.27 所示的对话框，表明 MyEclipse 已经完全启动。

(3) MyEclipse 安装完成后就可以配置 JSP 的开发环境了。

首先需要指定要加载 Tomcat 服务器。选择 MyEclipse 菜单下的 Preferences(Filetered)子菜单，在弹出的窗口左侧的树形结构中选择 MyEclipse→Servers→Tomcat→Tomcat 版本选项信息后其右侧显示框中就会出现要加载的 Tomcat 的相关路径，这里选择前面已经解压并调试成功的 Tomcat7.0.50，其相应的窗口如图 1.28 所示。这里一定要注意的是，在路径上选择 Enable 单选按钮。设置完成后单击 Apply 按钮。

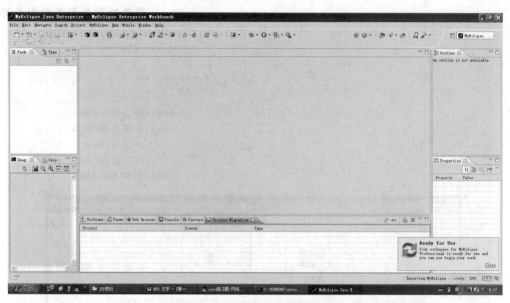

图 1.26　MyEclipse 2013 主界面

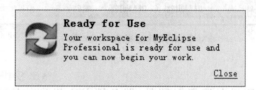

图 1.27　提示信息

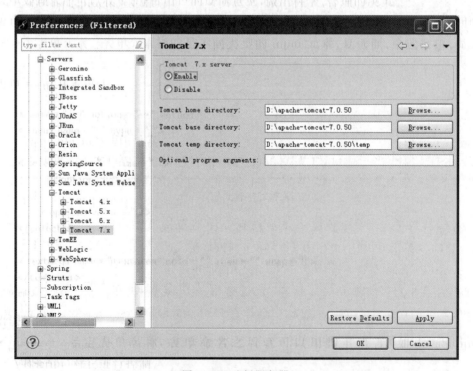

图 1.28　选择服务器

其次需要指定要加载的 JDK。单击刚刚选择的对应服务器版本左侧的"＋"号进行展开,选中相应的 JDK 进行设置,这里仍然选用前面下载并配置成功的 JDK 1.7.45,如图 1.29 所示。其他的如 Lanuch 和 Paths 选项,按照提示设置即可。设置完成后单击 Apply 及 OK 按钮,即完成了 JSP 的整个设置工作。

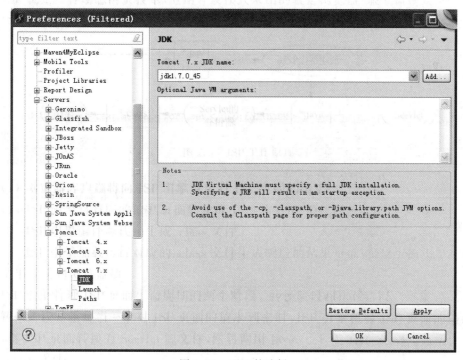

图 1.29 JDK 的选择

安装 MyEclipse 后就可以使用了,在使用过程中开发环境提供了大量的快捷键用法,用起来非常方便。在 MyEclipse 2013 中单击 Windows→Preferences→Keys 选项即可出现如图 1.30 所示的快捷键及其功能。

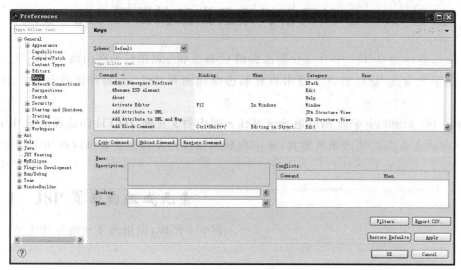

图 1.30 快捷键及其功能

安装开发和执行环境

常见的快捷键用法如表 1.3 所示。

表 1.3 MyEclipse 常用快捷键及其功能

快 捷 键	功 能	快 捷 键	功 能
Alt+/	代码助手完成代码插入	Ctrl+1	快速修复
Alt+↓	当前行和下面一行交互位置	Ctrl+D	删除当前行
Alt+↑	当前行和上面一行交互位置	Ctrl+Q	定位到最后编辑的地方
Alt+←	前一个编辑的页面	Ctrl+L	定位在某行
Alt+→	下一个编辑的页面	Ctrl+W	关闭当前 Editor
Alt+Enter	显示当前选择资源的属性	Ctrl+K	快速定位到下一个
Ctrl+Shift+/	自动注释代码	Ctrl+Z	返回到修改前的状态
Ctrl+Shift+O	自动引导类包	Ctrl+Y	与上面的操作相反
Ctrl+Shift+F4	关闭所有打开的 Editor	Ctrl+/	注释当前行,再按则取消注释
Ctrl+Shift+M	加 Import 语句	Ctrl+F6	切换到下一个 Editor
Shift+Ctrl+Enter	在当前行插入空行	Ctrl+F7	切换到下一个 View(视图)
Ctrl+Shift+S	保存所有未保存的文件	Ctrl+F8	切换到下一个 Perspective(透视图)
F3	跳到声明或定义的地方	F7	由函数内部返回到调用处
F5	单步调试进入函数内部	F8	一直执行到下一个断点

1.3.3 案例 2:在 MyEclipse 中开发 JSP 程序

这里利用前面安装及设置的集成环境做一个简单的案例开发,进行测试。

1. 创建项目

单击 File→New→Web Projects 命令创建 JSP 项目,则出现 Create a JavaEE Web Peoject 窗口。在该窗口中需要输入项目名称才可以继续下去,这里要创建一个音乐台项目,在如图 1.31 所示的窗口的 Project name 文本框中输入 yinyuetai,然后一直单击 Next 按钮或直接单击 Finish 按钮,弹出如图 1.32 所示的对话框后单击 Yes 按钮即创建成功。

项目创建完成后,操作界面如图 1.33 所示。

其信息包等会在包资源管理器中显示,如图 1.34 所示。

2. 创建 JSP 页面

在包资源管理器中,右击 WebRoot 后在弹出的快捷菜单中,选择 New→JSP(Advanced Templates)命令,如图 1.35 所示。

选择创建 JSP 菜单后出现如图 1.36 所示的窗口。

输入 JSP 页面的名称后单击 Finish 按钮,在代码编辑器中显示自动生成的 JSP 页面,如图 1.37 所示的窗口。这里文件名为 welcome.jsp。

在自动生成的 JSP 页面中,为了输出我们需要的内容,需要修改<body>标记中的内容,并且为了能够在 JSP 文件中正常显示汉字,需要在编码中把 JSP 文件的编码形式从"ISO-8859-1"修改为"GB2312"。修改后的代码如图 1.38 所示,修改完成后注意保存。

注意:编写 JSP 文件代码时,注意编码格式与 MyEclipse 编码保持一致。查看 MyEclipse 编码时,需要选择 Windows→Preferences 中单击 Workspace 即可修改编码格式。

图 1.31　Create a JavaEE Web Peoject 窗口

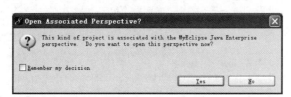

图 1.32　Open Associated Perspective 对话框

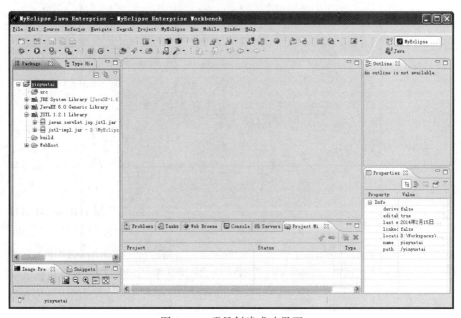

图 1.33　项目创建成功界面

第
1
章

安装开发和执行环境

20

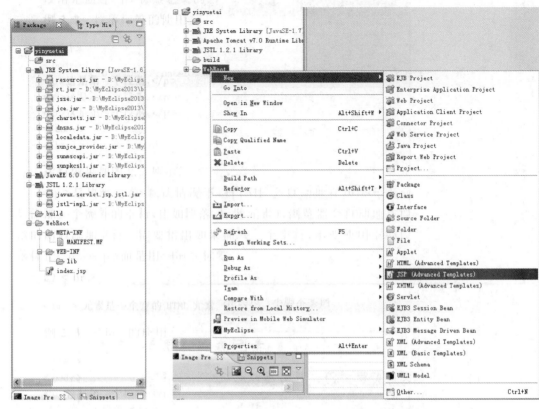

图 1.34　包资源管理器　　　　　　　　　　图 1.35　选择 JSP 命令

图 1.36　创建 JSP 页面窗口

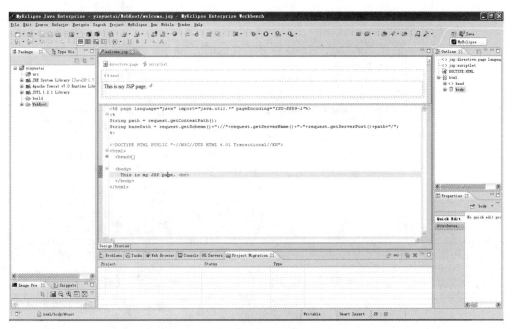

图 1.37　自动生成的 JSP 页面

```
<%@ page language="java" import="java.util.*" pageEncoding="GB2312"%>
<%
String path = request.getContextPath();
String basePath = request.getScheme()+"://"+request.getServerName()+":"+request.getServerPort()+path+"/";
%>

<!DOCTYPE HTML PUBLIC "-//W3C//DTD HTML 4.01 Transitional//EN">
<html>
  <head>□
  <body>
    <font size=6 color=red>欢迎你来到JSP的世界，这里用MyEclipse开发</font> <br>
  </body>
</html>
```

图 1.38　welcome.jsp 代码

3. 项目部署

部署项目实际上就是指定该项目的服务器，并在该服务器下创建该项目。单击工具栏上 图标，弹出如图 1.39 所示的对话框。

在该对话框中选择 Project 的项目名称为 yinyuetai，然后单击 Add 按钮，弹出如图 1.40 所示的窗口。在该窗口中选择该项目要使用的服务器，这里选择 Tomcat 7.x。

单击 Finish 按钮后会出现如图 1.41 所示的对话框，表明部署成功。

4. 启动 Tomcat

项目部署完成后，单击工具栏上的 图标来启动选中的 Tomcat 服务器，如图 1.42 所示。

启动 Tomcat 服务器会出现如图 1.43 所示的服务器信息，表明服务器启动。

5. 运行

打开 IE 浏览器或单击 图标，在其地址栏中输入 http://localhost：8080/yinyuetai/welcome.jsp 后按回车键，即可显示如图 1.44 和图 1.45 所示的网页。

安装开发和执行环境

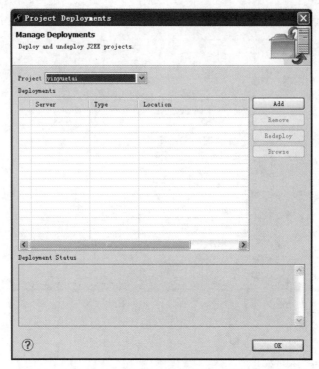

图 1.39 Manage Deployments 对话框

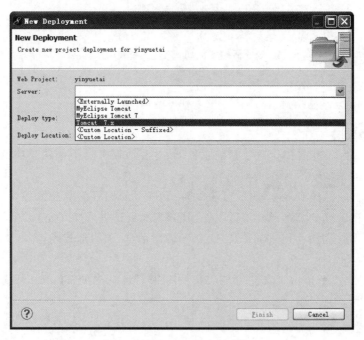

图 1.40 NewDeployment 窗口

图 1.41　部署成功界面

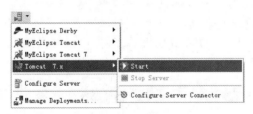

图 1.42　启动服务器

图 1.43　服务器部分信息

图 1.44　IE 浏览器运行界面

图 1.45　MyEclipse 运行界面

至此，在 MyEclipse 环境中开发 JSP 程序结束，可以在其 WorkSpace 目录下查看 yinyuetai 项目，也可以在 Tomcat 的 webapps 目录下查看部署后的整个项目结构。

如果想将整个项目导出，以便在其他机器使用，可以右击项目，在弹出的快捷菜单中选择 Export 命令，在弹出的如图 1.46 所示的窗口中选择 File System 选项。

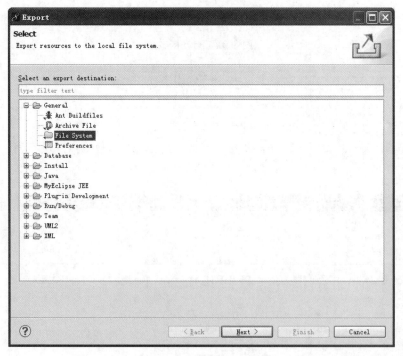

图 1.46　Export 窗口

单击 Next 按钮后弹出如图 1.47 所示的窗口,在该窗口中选择需要导出的路径即可。

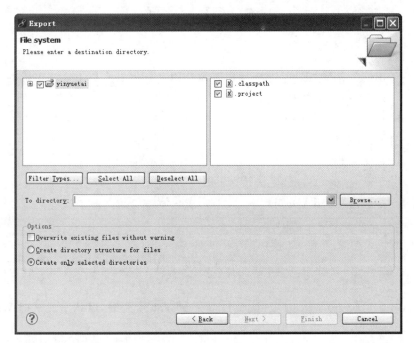

图 1.47　选择导出路径

当然,如果将现有的 MyEclipse 项目导入,也可遵循此方法,右击项目名称并在弹出的快捷菜单中选择 Import 命令即可。

1.4　小　　结

JSP 页面由 HTML 代码、嵌入其中的 Java 代码与 JSP 元素所组成。服务器在页面被客户端请求以后对这些 Java 代码进行处理,然后将生成的 HTML 页面返回给客户端的浏览器。Java Servlet 是 JSP 的技术基础,而且大型的 Web 应用程序的开发需要 Java Servlet 和 JSP 配合才能完成。

本章主要概述了开发 JSP 页面需要的工具及其安装,通过两个简单实例,给出了开发 JSP 页面的步骤和基本方法。

JDK 是整个 Java 的核心,包括了 Java 运行环境、Java 工具和 Java 基础类库。要开发 JSP 页面,需要安装和配置 JDK。

Tomcat 服务器是一个免费的开放源代码的 Web 应用服务器,是开发和调试 JSP 程序的首选。JSP 页面的开发需要 Tomcat 的启动。

MyEclipse 是一个十分优秀的用于开发 Java、J2EE 的 Eclipse 插件集合,MyEclipse 的功能非常强大,支持也十分广泛,利用它可以更好地实现 JSP 页面的开发。

学习这一章,应把注意力放在掌握各种工具的作用、配置及使用上,为以后的学习打下良好的环境操作基础。由于集成开发环境功能很多,在文中不能一一列出操作,需要读者在实际操作中了解和熟悉。

安装开发和执行环境

1.5 习　题

一、选择题

1. 配置 JSP 运行环境,若 Web 应用服务器选用 Tomcat,则以下说法正确的是(　　)。

　　A. 先安装 Tomcat 再安装 JDK

　　B. 先安装 JDK 再安装 Tomcat

　　C. 不需要安装 JDK,安装 Tomcat 就可以

　　D. JDK 和 Tomcat 都需要安装,但安装顺序没有要求

2. 以下关于 Tomcat 的目录说法错误的是(　　)。

　　A. bin 目录包含启动、关闭脚本

　　B. conf 目录包含不同的配置文件

　　C. lib 目录包含 Tomcat 使用的 Jar 文件

　　D. webapps 目录包含 Web 项目示例,当发布 Web 应用时,默认情况下把 Web 文件夹放在这里

　　E. work 目录-包含 Web 项目示例,当发布 Web 应用时,默认情况下把 Web 文件夹放在这里

3. 关于 JSP 描述不正确的是(　　)。

　　A. JSP 技术可以建立先进、安全和跨平台的动态网站

　　B. JSP 页面可以将内容的动态生成部分和静态显示部分进行分离

　　C. JSP 可以一次编写,处处运行

　　D. 每次请求 JSP 页面都要先将 JSP 编译成 Servlet 后由 Java 虚拟机执行

二、填空题

1. JSP 是指(　　),是由 Sun Microsystems 公司倡导、许多公司参与一起建立的一种(　　)网页技术标准。

2. JDK 安装后,还需要配置两个环境变量,分别是(　　)和(　　)。

3. Web 是一个基于(　　)协议的一种 B/S 模式应用。

三、简答题

1. JDK 是什么? 其功能是什么?

2. Tomcat 是什么? 其功能是什么?

3. 如何构造简单的 JSP 运行环境?

4. 请用"记事本"作为代码编辑器创建一个 JSP 页面,实现显示本地时间的功能。

5. 请用 MyEclipse 集成开发软件创建一个项目 Test,并创建一个 JSP 页面,实现显示本地时间的功能。

第2章 JSP 技术简介

在熟悉了开发工具和开发过程之后,接下来学习 JSP 的基础知识及相关技术。本章就从 JSP 的工作原理开始,通过 JSP 页面的组成介绍 JSP 开发过程中的基本元素。

- JSP 工作原理
- JSP 页面的组成元素
- JSP 的常用元素

网页分为两种:静态网页和动态网页。

在网站设计中,纯粹 HTML(标准通用标记语言下的一个应用)格式的网页通常被称为"静态网页",静态网页是标准的 HTML 文件,它的文件扩展名是.htm 或.html。实际上静态也不是完全静态,可以出现各种动态的效果,如 GIF 格式的动画、Flash、滚动字幕等。静态网页是网站建设的基础,早期的网站一般都是由静态网页制作的。

任何 Web Server 都支持静态网页,其执行过程如图 2.1 所示。

图 2.1 静态网页执行过程

- 用户首先在浏览器的地址栏输入要访问的网页地址并回车触发请求。
- 浏览器将请求发送到指定的 Web 服务器上。
- Web 服务器接收到这些请求并根据.htm 或.html 的后缀名判断请求是否为 HTML 文件。
- Web 服务器从当前硬盘或内存中读取正确的 HTML 文件,然后将它送回用户浏览器。

静态网页是相对于动态网页而言,是指没有后台数据库、不含程序和不可交互的网页。静态网页相对更新起来比较麻烦,适用于一般更新较少的展示型网站。

所谓的动态网页,是指跟静态网页相对的一种网页编程技术。静态网页,随着 HTML 代码的生成,除非修改页面代码,否则页面的内容和显示效果基本上不会发生变化。而动态网页则不然,页面代码虽然没有变,但是显示的内容却是可以随着时间、环境或者数据库操作的结果而发生改变的。只要是采用了动态网站技术生成的网页都可以称为动态网页。动态网页是基本的 HTML 语法规范与 Java、VB、VC 等高级程序设计语言、数据库编程等多种技术的融合,以期实现对网站内容和风格的高效、动态和交互式的管理。

动态网页是指能够根据用户的需求而动态改变的页面。它不需要维护人员经常手动更新,能根据不同的时间和用户产生不同的页面。动态页面的执行过程如图 2.2 所示。

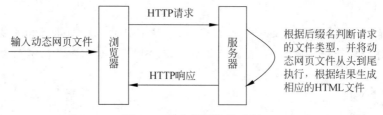

图 2.2　动态网页执行过程

- 用户首先在浏览器的地址栏中输入动态网页文件并回车触发请求。
- 浏览器将请求发送到指定的 Web 服务器上。
- Web 服务器接收到这些请求并根据文件扩展名判断请求的是否为动态网页文件。
- Web 服务器从当前硬盘或内存中读取正确的动态网页文件,并将动态网页文件从头到尾执行,根据结果生成相应的 HTML 文件,然后将它送回用户浏览器。

目前绝大多数网站采用的都是动态网页技术,如 JSP、ASP、PHP 等。

在软件开发开始之前,必须选择一个合适的体系结构,它将为用户提供所需的功能和质量属性。架构模式是一个通用的、可重用的解决方案,用于在给定上下文中的软件体系结构中经常出现的问题。架构模式与软件设计模式类似,但具有更广泛的范围。

早期常见的架构模式是客户机/服务器模式(Client/Server,C/S),服务器集中管理数据,计算任务分散在客户机上,客户机和服务器之间通过网络协议来进行通信,客户机向服务器发出数据请求,服务器将数据传送给客户机进行计算,计算完毕后的结果可返回给服务器。客户端需要安装专门的软件才能登录到服务器。它的主要特点是交互性强、具有安全的存取模式、网络通信量低、响应速度快、利于处理大量数据。但是该结构的程序是针对性开发,变更不够灵活,维护和管理的难度较大。通常只局限于小型局域网,不利于扩展。并且,由于该结构的每台客户机都需要安装相应的客户端程序,分布功能弱且兼容性差,不能实现快速部署安装和配置,因此缺少通用性,具有较大的局限性。要求具有一定专业水准的技术人员去完成。

目前开发常用的应用模式是浏览器/服务器模式(Browser/Server,B/S),客户端用通用的浏览器代替各种应用软件,服务器则为 Web 服务器。浏览器和服务器之间通过 TCP/IP 协议进行连接,浏览器发出数据请求,由 Web 服务器向后台取出用户感兴趣的数据并计算,将计算结果返回给浏览器。B/S 结构的主要特点是分布性强、维护方便、开发简单且共享性强、总体拥有成本低。但数据安全性问题、对服务器要求过高、数据传输速度慢、软件的个性化特点明显降低，这些缺点是有目共睹的。

2.1 JSP 工作原理

JSP 就是一种动态网页技术，应用开发模式采用的就是浏览器/服务器模式。

JSP 的工作原理如图 2.3 所示。

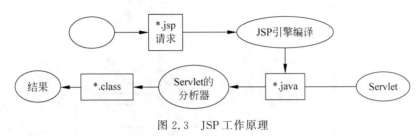

图 2.3 JSP 工作原理

（1）浏览器客户端将向 JSP 引擎发出对 JSP 页面的请求。

（2）JSP 引擎将对应的 JSP 页面转化成 Java Servlet 源代码。

（3）JSP 引擎编译源代码生成.class 文件。

（4）JSP 引擎加载运行对应的.class 文件生成响应的结果页面，最后 JSP 引擎把响应的输出结果发送到浏览器端。

JSP 引擎管理 JSP 页面生命周期的两个阶段：转换阶段和执行阶段。

转换阶段是指每当一个对 JSP 页面的请求到来时，JSP 引擎检验 JSP 页面的语法是否正确，将 JSP 页面转换为 Servlet 源文件，然后调用 Javac 工具类编译 Servlet 源文件生成字节码.class 文件。

执行阶段是指 Servlet 引擎加载转换后的 Servlet 类，实例化一个对象处理客户端的请求。在请求处理完成后响应对象被 JSP 引擎吸收，引擎将 HTML 格式的响应信息发送到客户端。

2.2 JSP 页面的组成元素与常用的 HTML 标记

一个 JSP 页面由两部分组成：静态部分和动态部分。其中 JSP 页面的静态部分可由 HTML 等完成数据的显示；JSP 页面的动态部分可由脚本程序、JSP 元素等完成数据的处理。

JSP 是在静态的 HTML 网页文件中加入 JSP 元素和 Java 程序片段构成 JSP 页面（.jsp 文件）的。JSP 可以将业务逻辑从内容层次分离出来，方便页面的静态或动态内容的修改，提高开发效率。

2.2.1 JSP 页面的组成元素

一个 JSP 页面元素的组成，如图 2.4 所示。

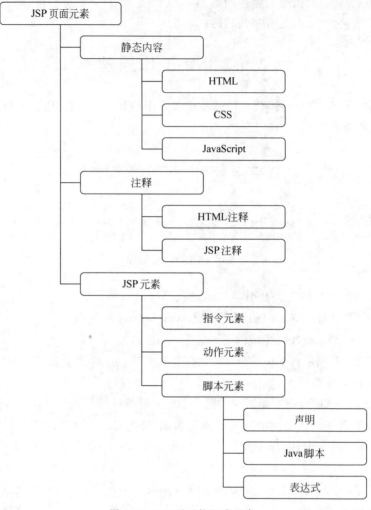

图 2.4　JSP 页面的组成元素

2.2.2　常用的 HTML 标签

HTML 是指超文本标记语言(Hyper Text Markup Language),HTML 不是一种编程语言,而是一种标记语言(markup language),它是由一套标记标签编写的文件,其标记标签通常被称为 HTML 标签(HTML tag)。

使用 HTML 语言描述的文件,能独立于各种操作系统平台(如 UNIX、Windows 等),访问它只需要一个 WWW 浏览器,我们所看到的网页,是浏览器对 HTML 文件进行解释的结果。

1. HTML 的组成

HTML 文档包含 HTML 标签和纯文本。Web 浏览器的作用是读取 HTML 文档,并以网页的形式显示出它们。浏览器不会显示 HTML 标签,而是使用标签来解释页面的内容。

例 2.1 简单的 HTML 文件。

```
<!-- 实例代码-->
<html>
    <head>
        <title>一个简单的 HTML 示例 </title>
    </head>
    <body>
        <h1>欢迎您进入甜橙音乐网</h1>
    </body>
</html>
```

其中，• <html>表示该文件是 HTML 文件。

- <head>包含文件的标题、使用的脚本、样式定义等。
- <title>文件的标题，出现在浏览器标题栏中。
- <body>放置浏览器中显示信息的所有标志和属性，其内容在浏览器中显示。
- <h1>标题标记，属于最大的标题，其余为 h2、h3、h4、h5、h6。

2. HTML 编辑器

可以使用 Notepad 或 TextEdit 来编写 HTML，也可以使用专业的 HTML 编辑器来编辑 HTML，例如 Adobe Dreamweaver、Microsoft Expression Web 或 CoffeeCup HTML Editor。

利用记事本创建 HTML 网页的步骤，主要分 4 步：

（1）启动记事本。

（2）用记事本来编辑 HTML。

（3）保存 HTML 文件，扩展名为.html 或.htm，二者没有区别。

（4）在浏览器中运行 HTML 文件。启动浏览器，然后选择"文件"菜单的"打开文件"命令，或者直接在文件夹中双击 HTML 文件。

3. HTML 标签

HTML 标签是由尖括号包围的关键词，比如< html >、< head >等。

HTML 标签通常是成对出现的，比如< html >和</html >。标签对中的第一个标签是开始标签（开放标签），第二个标签是结束标签（闭合标签）。从开始标签到结束标签的所有代码都被称为 HTML 元素。

HTML 标签可以拥有属性，而属性提供了 HTML 元素更多的信息。属性总是在 HTML 元素的开始标签中规定，并总是以名称/值对的形式出现，属性值常用双引号括起来，也可以是单引号，比如：name＝"value"或 name＝'value'。但在某些个别的情况下，比如属性值本身就含有双引号，那么这时必须使用单引号，例如：name＝'value of "sun"'。

需要注意的是，属性和属性值对大小写不敏感。不过还是推荐小写的属性/属性值。

4. HTML 常用标记

"<"和">"是任何标记的开始和结束。元素的标记要用这对尖括号括起来，并且结束的标记总是在开始的标记前加一个斜杠"/"；元素必须被关闭。即使忘了使用结束标签，大多数浏览器也会正确地将 HTML 显示出来，但不推荐这种用法，因为它可能会产生意想不到的结果和错误。

1）<p>

段落是通过<p>标签定义的。

例 2.2 段落标签的使用。

```
< html >
< body >
< p >这是第一个段落.</p>
< p >这是第二个段落.</p>
< p >这是第三个段落.</p>
</body>
</html>
```

运行效果如图 2.5 所示。

<p>是块级元素（默认情况下，HTML 会自动地在块级元素前后添加一个额外的空行，比如段落、标题元素），浏览器会自动地在段落的前后添加空行。需要指出如果插入一个空行，不要使用空的段落标记<p></p>而是用
标签。

这是第一个段落.

这是第二个段落.

这是第三个段落.

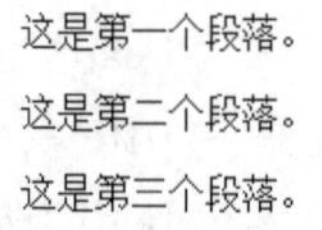

图 2.5 <p>运行效果

2）

 元素是一个空的 HTML 元素.

例 2.3
的应用。

```
< html >
< body >
< p >这是第一个段落.</p>
这是第二个段落.<br/>
< p >这是第三个段落.</p>
</body>
</html>
```

运行效果与上例相同，如图 2.5 所示。

3）<h>

标题（Heading）是通过 <h1> - <h6> 等标签进行定义的。<h1> 定义最大的标题。<h6> 定义最小的标题。

例 2.4 标题的应用。

```
< html >
< body >
< h1 > This is h1 </h1 >
< h3 > This is h3 </h3 >
< h5 > This is h5 </h5 >
< p >建议标题标签用于标题文本</p>
</body>
</html>
```

运行效果如图 2.6 所示。

4）<a>

使用超级链接与网络上的另一个文档相连，单击链接可以从一张页面跳转到另一张页面。超链接可以是一个字、一个词、一组词或一幅图像,可以单击这些内容来跳转到新的文档或者当前文档中的某个部分。超链接的特殊之处在于,当鼠标指针移动到网页中的某个链接上时,箭头会变为一只小手。在 HTML 中使用<a>标签创建链接。

有两种使用<a>标签的方式:

- 通过使用 href 属性(创建指向另一个文档的链接)
- 通过使用 name 属性(创建文档内的书签)

(1) 使用 href 属性实现超链接。

基本语法:

```
<a href = "url" title = "指向链接显示的文字" target = "窗口名称">超链接名称</a>
```

语法说明:

href:建立链接时,属性 href 定义了这个链接所指的目标地址,也就是路径。

target:包含下面保留的目标名称用作特殊的文档重定向操作。

- _blank——在新窗口中打开被链接文档。
- _self——默认。在相同的框架中打开被链接文档。
- _parent——在父框架集中打开被链接文档。
- _top——在整个窗口中打开被链接文档。

开始标签和结束标签之间的文字被作为超级链接来显示。

例如:< a href = "http://www.w3school.com.cn/"> Visit W3School </a>则运行效果为 Visit W3School。

也可以为一个图片指定链接,基本语法:

```
< a href = "url" target = "目标窗口的打开方式">< img src = "图片地址"></a>
```

(2) 使用 name 属性实现超链接。

name 属性规定锚(anchor)的名称,可以使用 name 属性创建 HTML 页面中的书签,而书签不会以任何特殊方式显示,对用户也是不可见的。当使用命名锚(named anchors)时,可以创建直接跳至该命名锚(比如页面中某个小节)的链接,这样使用者就无须不停地滚动页面来寻找需要的信息了。这就相当于 Word 文档中的超级链接到当前文档。

命名锚的语法:

```
<a name = "label">锚(显示在页面上的文本)</a>
```

使用过程如下:

第一步,在 HTML 文档中对锚进行命名(创建一个书签)。

```
<a name = "tips">通知 - 注意事项</a>
```

第二步,在同一个文档中创建指向该锚的链接。

```
<a href = "♯tips">注意事项</a>
```

也可以在其他页面中创建指向该锚的链接。

```
< a href = "http://www.w3school.com.cn/html/html_links.asp♯tips">注意事项</a>
```

第三步,在上面的代码中,将♯符号和锚名称添加到 URL 的末端,就可以直接链接到 tips 这个命名锚了。

5) < img >

在 HTML 中,图像由< img >标签定义。< img >是空标签,它只包含属性,没有闭合标签。

要在页面上显示图像,需要使用 src 源属性。

基本语法格式是:

```
< img src = "url" />
```

其中,src 的值是图像的 URL 地址,URL 指存储图像的位置。如果名为"temp. gif"的图像位于 www. w3school. com. cn 的 images 目录中,那么其 URL 为 http://www. w3school. com. cn/images/temp. gif。浏览器将图像显示在文档中图像标签出现的地方。

6) < font >

利用< font >可以对网页文字的字体、字号、颜色进行定义。

基本语法:

```
< font face = 字体 size = 字号 color = 颜色 >
    控制的文字
</font >
```

和字体有关的标记还有< b >、< i >、< u >、< address >,分别表示粗体、斜体、下画线、地址文字。

7) < style >

当浏览器读到一个样式表时,它就会按照该样式表对文档进行格式化。插入样式表有以下三种方式。

(1) 外部样式表。当样式需要被应用到很多页面的时候,外部样式表将是理想的选择。使用外部样式表,你就可以通过更改一个文件来改变整个站点的外观。

```
< head >
< link rel = "stylesheet" type = "text/css" href = "mystyle.css">
</head >
```

(2) 内部样式表。当单个文件需要特别样式时,就可以使用内部样式表。你可以在 head 部分通过< style >标签定义内部样式表。

```
< head >
< style type = "text/css">
body {background - color: red}
p {margin - left: 20px}
</style >
</head >
```

(3) 内联样式。当特殊的样式需要应用到个别元素时,就可以使用内联样式。使用内联样式的方法是在相关的标签中使用样式属性。样式属性可以包含任何 CSS 属性。以下实例显示出如何改变段落的颜色和左外边距。

```
<p style = "color: red; margin - left: 20px">
This is a paragraph
</p>
```

8) <table>

在 HTML 语法中,表格主要通过 3 个标签来构成:<table>、<tr>、<td>。

基本语法:

```
<table>
    <tr>
        <td>表格数据</td>
        ⋮
    </tr>
    <tr>
        <td>…</td>
        ⋮
    </tr>
    ⋮
</table>
```

语法说明:

- <table>标签定义表格。
- 每个表格均有若干行(由<tr>标签定义)。
- 每行被分割为若干单元格(由<td>标签定义)。
- 字母 td 指表格数据(table data),即数据单元格的内容。
- 数据单元格可以包含文本、图片、列表、段落、表单、水平线、表格等。

例 2.5 表格的应用。

```
<! -- 实例代码 -->
<html>
    <head>
        <title>定义表格</title>
    </head>
    <body>
    <table width = "600" border = "1">
        <tr>                 <! -- 表格第一行 -->
            <td>节次</td>
            <td>星期一</td>
            <td>星期二</td>
            <td>星期三</td>
            <td>星期四</td>
            <td>星期五</td>
        </tr>
        <tr>                 <! -- 表格第二行 -->
            <td>第 12 节</td>
            <td>体育</td>
            <td>大学英语</td>
            <td>高等数学</td>
            <td>数据结构实验</td>
```

```
            <td>Web 网页</td>
    </tr>
    <tr>                    <!-- 表格第三行 -->
            <td>第 34 节</td>
            <td>大学英语</td>
            <td>高等数学</td>
            <td>数据结构</td>
            <td>数据结构</td>
            <td>Web 网页</td>
    </tr>
    </table>
    </body>
</html>
```

运行效果如图 2.7 所示。

节次	星期一	星期二	星期三	星期四	星期五
第12节	体育	大学英语	高等数学	数据结构实验	Web网页
第34节	大学英语	高等数学	数据结构	数据结构	Web网页

图 2.7　表格运行效果

9) < form >

表单可以把来自用户的信息提交给服务器,是网站管理员与浏览者之间沟通的桥梁。利用表单处理程序可以收集、分析用户的反馈意见,做出科学、合理的决策。

表单使用的< form >标记是成对出现的,在首标记< form >和尾标记</ form >之间的部分就是一个表单元素。表单元素指的是不同类型的 input 元素、复选框、单选按钮、提交按钮等。

表单 form 基本语法:

```
< form name = "…" action = "…" method = "…">
    < input name = " " type = " ">
      ⋮
    < select name = " " size = " ">
          < options value = " ">
      ⋮
        < options value = " ">
    </select >
      ⋮
    < textarea name = "textarea" cols = "" rows = "" wrap = "">
    </textarea >
</form >
```

语法说明:

- name——给定表单名称,表单命名之后就可以用脚本语言(如 JavaScript 或 VBScript)对它进行控制。
- action——指定处理表单信息的服务器端应用程序。
- method——属性用于指定表单处理表单数据方法,method 的值可以为 get 或是

post,默认方式是 get。

- < input >——根据不同的 type 属性。< input >标记主要有 6 个属性：type、name、size、value、maxlength 和 check。其中 name 和 type 是必选的两个属性；name 属性的值是相应程序中的变量名。在不同的输入方式下，< input >标记的格式略有不同，type 主要有 9 种类型：text、submit、reset、password、checkbox、radio、image、hidden 和 file。

例 2.6 表单的应用。

```
< html >
    < body >
        < form method = "post" action = "do_submit.htm" >
        用户名: < input type = "text" name = "userID">< br >
        密码: < input type = "password" name = "userPWD">< br >< br >
            < input type = "submit" value = "提交" name = "b1">
            < input type = "reset" value = "重写" name = "B2">
        </form >
    </body >
</html >
```

运行效果如图 2.8 所示。

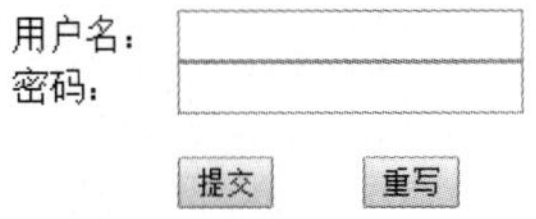

10) < frameset >

通过使用框架，可以实现在同一个浏览器窗口中显示多个
页面。每份 HTML 文档称为一个框架，并且每个框架都独立
于其他的框架。

图 2.8 form 表单运行效果

框架结构标签(< frameset >)定义如何将窗口分割为框
架，每个 frameset 定义了一系列行或列，frameset 标签也被某些文章和书籍译为框架集。
其中 rows/columns 的值规定了每行或每列占据屏幕的面积。

框架标签 Frame 定义了放置在每个框架中的 HTML 文档。

例如以下代码：

```
< frameset cols = "60 % ,40 % ">
    < frame src = "table.html">
    < frame src = "form.html">
</frameset >
```

设置了一个两列的框架集。第一列被设置为占据浏览器窗口的 25%。第二列被设置
为占据浏览器窗口的 75%。HTML 文档"frame_a.htm"被置于第一个列中，而 HTML 文
档"frame_b.htm"被置于第二个列中。运行效果如图 2.9 所示。

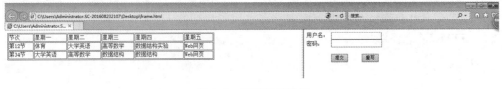

图 2.9 框架运行效果

第 2 章

JSP 技术简介

HTML 的相关知识,这里只作常用标签及属性的介绍,如果用户想详细学习,可访问 http://w3school.com.cn/。

2.3   JSP 注释

每种语言都提供了注释,注释用于阐明内容,在预编译阶段就会被处理掉,所以注释不会对程序造成额外的处理开销。

由于 JSP 允许用户将 Java、JSP、HTML 标记放在一个页面上,所以 JSP 页面就有了多种注释的方法。

2.3.1   JSP 注释

JSP 注释是描述程序代码的,和 Java 类似,运行后在界面中看不到注释,且在浏览器端的源文件查看时也没有注释内容,只有一行空白。

JSP 页面注释包括两种方式:

1. 普通的注释

普通的注释,类似于 Java 语言的注释。其注释方法是:

```
<%//注释内容%>
<%/*注释内容*/%>
```

这两种注释方式都会被浏览器忽略。

2. 隐式注释

隐式注释是嵌入在 JSP 程序的源代码中,该种注释方式目的是为了程序设计和开发人员阅读程序方便、程序的可读性强,又为了系统的安全性。

其注释方法是:

```
<%--注释内容--%>
```

提示:在 MyEclipse 中,可以采取快捷键的方式添加注释和取消注释,如 Ctrl＋Shift＋/。

2.3.2   HTML 注释

HTML 注释出现在 JSP 页面时,不被原样加载入 JSP 响应中,而是在生成的 HTML 代码中,该代码发送给浏览器,由浏览器忽略注释,即在浏览器界面中看不到注释内容,但在浏览器端查看源文件,则注释会被显示。这点与 JSP 注释不同。

该注释也分为两种:静态注释和动态注释。静态注释,即注释的内容不可改变。而动态注释会随着 JSP 页面运行环境不同而动态生成客户端的 HTML 注释。

1. HTML 静态注释

具体方法是:

```
<!--注释内容-->
```

语法说明:

注释的内容不会改变,在源文件中的代码与运行界面代码一致。

2. HTML 动态注释

具体方法是:

```
<! -- comment[<% = expression %>] -->
```

语法说明:随着环境不同,结果也会不同,如果嵌入 JSP 表达式 exception,则执行结果不同时注释内容也不同。

2.3.3 案例1:使用 JSP 注释

在学习了 HTML 和 JSP 注释后,来看一个包含 JSP 和 HTML 注释的案例,进一步加强对两种注释的理解,从而理解 JSP 页面和 HTML 页面的执行过程。

例 2.7 使用多种 JSP 注释。

```jsp
<! -- zhushi.jsp -->
<% @ page import = "java.util. * " pageEncoding = "GB2312" %>
<html>
 <head>
    <title>显示当前时间</title>
    <%! String getDate(){
    String str;
    str = new java.util.Date().toString();
    return str;
    }
    %>
</head>
<body>
    <! -- HTML 动态注释,该页目的是加载:<% = (new java.util.Date()).toLocaleString() %>-->
    <div align = "center">
    <! -- HTML 静态注释 -->
    <font color = "red" size = "4">当前时间是:<% = getDate() %></font>
    </div>
    <% -- JSP 注释 -- %>
    </body>
</html>
```

运行界面如图 2.10 所示。

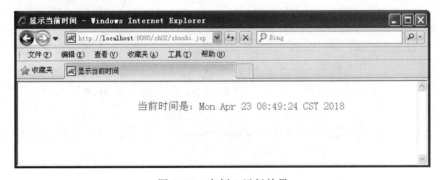

图 2.10 案例 1 运行效果

在浏览器中查看源文件，如图 2.11 所示。

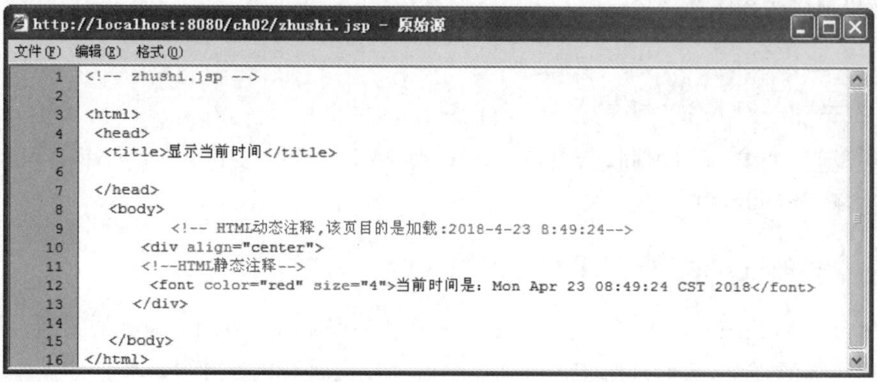

```
 1  <!-- zhushi.jsp -->
 2
 3  <html>
 4    <head>
 5      <title>显示当前时间</title>
 6
 7    </head>
 8      <body>
 9          <!-- HTML动态注释,该页目的是加载:2018-4-23 8:49:24-->
10        <div align="center">
11        <!--HTML静态注释-->
12        <font color="red" size="4">当前时间是: Mon Apr 23 08:49:24 CST 2018</font>
13        </div>
14
15      </body>
16  </html>
```

图 2.11　查看源文件

经过比较就可以看出：

- "<! -- HTML 动态注释,该页目的是加载：2018-4-23 08：49：24-->"确实在浏览器 查看源文件中出现，且表达式随着时间的不同而不同；
- "<! --HTML 静态注释-->"被原样显示在查看源文件中。
- "<%-- JSP 注释 --%>"在查看源文件中并未出现，而是用一个空行代替。

2.4　JSP 指令元素

JSP 指令为 JSP 引擎而设计，告诉引擎该如何处理 JSP 页面，而不直接产生任何可见输出。指令主要用来提供整个 JSP 网页相关的信息，并且用来设定 JSP 页面的相关属性。

指令的语法格式如下：

```
<%@ directive {attr = "value"} %>
```

其中 directive 为指令名，attr 为指令元素的属性名，value 为属性值，一个指令可包含多个属性，属性之间用空格分隔，每条指令都放在"<%@　%>"标记中。

JSP 指令有三种，分别为页面设置指令 page、页面包含指令 include 和自定义指令 taglib，其中前两者比较常用。

2.4.1　include 指令

在 JSP 开发中，为了减少代码冗余，可以把多次使用的功能代码封装成一个独立的 JSP 文件。这样，其他 JSP 页面需要使用其功能时只要直接把封装页面包含到 JSP 页面即可。在网站设计中，一些标题、页脚和导航栏等在多个 JSP 页面都出现时，就可以用 include 实现。

include 指令作用就是在 JSP 页面出现该指令的位置处静态包含一个文件，该文件可以是 JSP 文件、HTML 文件、文本文件或者只是一段 Java 代码等。其语法格式为：

```
<%@ include file = "URL" %>
```

其中 file 是属性名,URL 表示被包含文件名及其路径。

include 指令在 JSP 页面请求后 JSP 引擎翻译成 Servlet 阶段,读入被包含的页面,并将包含也被包含页面合成一个新的 JSP 页面,并由 JSP 引擎将这个新的 JSP 页面翻译成 .java 文件,所以,在使用 include 指令包含文件时,应注意以下两个问题:

(1) include 指令包含文件的文件名不能是变量,文件名后也不能带任何参数。被包含的文件中最好不使用<html><body>等标签,因为使用它们可能影响原 JSP 页面的标签。

(2) 如果在文件名中包含路径信息,则路径必须是相对于当前 JSP 网页文件的路径,一般情况下该文件必须和当前 JSP 页面在同一项目中。

2.4.2 page 指令

page 指令用来设置 JSP 页面的相关属性。它作用于整个 JSP 页面,当然也包括静态的包含文件,但 page 不能用作动态的包含文件,如第 2.5.1 节中的<jsp:include>。为了 JSP 程序的可读性及好的编程习惯,最好将它放在 JSP 文件的顶部。例如,前面一节出现的 "<%@ page contentType="text/html;charset=GB2312"%>",在这条 page 指令中就指出了 contentType 属性的值是"text/html;charset=GB2312",即 JSP 页面的 MIME 类型是 text/html,使用的字符集是 GB2312,这样就能显示标准的汉字了。

JSP 2.0 规范中 page 指令的语法格式如下:

```
<%@ page
[ language = "java" ]
[ extends = "package.class" ]
[ import = "{package.class | package. * },..." ]
[ session = "true | false" ]
[ buffer = "none | 8kb | sizekb" ]
[ autoFlush = "true | false" ]
[ isThreadSafe = "true | false" ]
[ info = "text" ]
[ errorPage = "relativeURL" ]
[ isErrorPage = "true|false " ]
[ contentType = "mimeType [ ;charset = characterSet ]" | "text/html ; charset = ISO - 8859 - 1" ]
[ pageEncoding = "ISO - 8859 - 1" ]
[ isELlgnored = "true | false" ]
%>
```

page 指令的属性及其用法如表 2.1 所示。

表 2.1 page 指令的属性及其用法

属 性	功 能	示 例
language	用于指定在脚本元素中使用的脚本语言,默认 Java。在 JSP 2.0 规范中,只能是 Java	<%@ page language = "java" %>
contentType	指定 JSP 页面的 MIME 格式以及网页的编码格式。(servlet 默认 MIME 是 text/plain,jsp 默认 MIME 是 text/html)默认格式为 ISO-8859-1	<%@ page contentType = " text/html; charset = GB2312" %>

属 性	功 能	示 例
session	指定 JSP 页面是否可以使用 session 对象，true 为可以，false 则不可以，默认为 true。对于不需要会话跟踪的页面那就设置为 false；当设置为 false 时 session 对象是不可访问的	`<%@ page session = "true" %>`
buffer	指定输出流是否具有缓冲区，并设置缓冲区大小。none 不具有缓冲功能，或者其他具体数值，默认值为 8kb	`<%@ page buffer = "24kb" %>`
pageEncoding	只用于更改字符编码。常见字符编码：ISO-8859-1、GB2312(GBK)、UTF-8	`<%@ page pageEncoding = "GB2312" %>`
import	page 指令中唯一容许在同一文档中出现多次的属性，属性的值可以以逗号隔开。指定导入的 Java 包，可以是环境变量中所指定目录下的类文件，也可以是 Web 项目 WEB-INF 下的 classes 目录中的自定义文件	`<%@ page import = "java.util. * " %>` `<%@ page import = "java.io. * " %>` 或`<%@ page import = "java.util. * , java.io. * " %>`
autoFlush	指定缓冲区溢出是否进行强制输出，默认为 true。当为 true 时，缓冲区满时仍正常输出，false 时产生异常。当 buffer 为 none 时，不能设置为 false	`<%@ page autoFlush = "true" %>`
isThreadSafe	指定 JSP 页面是够支持多线程使用，true 时支持多线程，同时能处理多个用户的请求，false 则不能，只能单用户，默认为 true	`<%@ page isThreadSafe = "true" %>`
info	设置 JSP 页面的相关信息，可以为任意字符串。可通过 Servlet.getServletInfo( ) 来获取该信息	`<%@ page info = "hello!" %>`
errorPage	发生异常时跳到能够处理异常的 JSP 文件。指定的页面可以通过 exception 变量访问异常信息	`<%@ page errorPage = "error.jsp" %>`
isErrorPage	表示当前页是否可以作为其他 jsp 页面的错误页面。默认为 false	`<%@ page isErrorPage = "true" %>`
isELlgnored	是否忽略 EL 表达式，true 则忽略，不执行。默认为 false	`<%@ page isELlgnored = "true" %>`
extends	指定该 JSP 页面生成的 Servlet 继承于哪个父类，必须指定该类全名，即包名加类名。少用，慎用，可能限制 JSP 页面编译能力	`<%@ page extends = "MyHttp" %>`

另外，extends 属性是服务器提供商该做的事情，开发人员应避免使用。

在使用 page 指令时，不需要列出所有的属性，根据页面需要进行设置即可。

2.4.3　taglib 指令

taglib 指令用于引入一些特定的标记库以简化 JSP 页面的开发。这些标记可以是 JSP 标准标记库(JSP Standard Tag Library，JSTL)中的标记，也可以是开发人员自己定义和开发的标记。使用 JSP 标记库的语法格式如下：

```
<% @taglib prefix = "tagPrefix" uri =  = "taglibURI" %>
```

其中，prefix 指出要引入的标记的前缀，uri 用于指出所引用标记资源的位置，可采用相对和绝对地址两种。例如，

```
<% @ taglib prefix = "c" uri = "http://java.sun.com/jsp/jstl/core" %>
```

表示从 JSP 标准标记库的 core 库中引入前缀为 c 的标记。

使用标记库的主要好处是增加了代码的重用度，使页面易于维护。然而，要使用标准标记库，需要下载和安装标记库文件，修改 web.xml 文件并进行相关的设置等。我们将在第 8 章进行介绍。

2.4.4 案例 2：使用指令元素

当前有 3 个文件，分别是 top.jsp、bottom.jsp 和 content.jsp 共同组成一个新的 JSP 页面 welcom.jsp。

1. 页面顶端文件 top.jsp
代码如下：

```
<% -- top.jsp -- %>
<% @ page contentType = "text/html;charset = GB2312" %>
<% -- 采用表格形式,便于对齐 -- %>
<table width = "100 %" border = "0" cellspacing = "0" cellpadding = "0">
    <tr>
        <td>
          <center><img src = "ad.jpg"></center>
        </td>
    </tr>
    <tr>
        <td width = "*" valign = "bottom" class = "borders">
        <center><h1>欢迎光临甜橙音乐网</h1>
          访问时间:<% = (new java.util.Date()).toLocaleString() %>
        <%! int i = 0; %><% i = i + 1; %>
      您是本页面的第<% = i%>位访问者
        </center>
      </td>
    </tr>
</table>
```

2. 页面底端 bottom.jsp
代码如下：

```
<% @ page contentType = "text/html;charset = GB2312" %>
<center>
<hr width = 420 size = 1>
<table width = "90 %" align = "center" cellpadding = "0" cellspacing = "0">
  <tr>
```

```
< td align = center >
    < font color = #333333 >
    本页面采用 JSP 实现,版权所有 &copy;2014
    </font >
</td >
</tr >
</table >
</center >
```

3. 页面内容 content. jsp

代码如下:

```
<%@ page contentType = "text/html;charset = GB2312" %>
< center >
< div id = "main" style = "padding - top:5px;margin - bottom:5px;" class = "tableBorder_blue">
    < form >
        < table width = "200" border = "0" >
            < tr >
                < td height = "69" colspan = "2" align = "center">请您先登录</td>
            </tr >
            < tr >
                < td width = "80" height = "30" >管理员 :</td>
                < td width = "120"><input name = "manager" type = "text" size = "16" ></td>
        </tr >
        < tr >
            < td height = "30">密         码:</td>
            < td >< input name = "pwd" type = "password" size = "16"></font ></td>
        </tr >
        < tr >
            < td height = "30" colspan = "2" align = "center">< input name = "Submit2" type =
"submit" class = "btn_green" value = "确定">
             
            < input name = "Submit3" type = "reset" class = "btn_green" value = "重置"></td>
        </tr >
    </table >
    </form >
</div >
</center >
```

4. 将以上 3 个文件加载到 welcom. jsp 文件中

文件代码如下:

```
<%@ page contentType = "text/html;charset = GB2312" %>
<%@ include file = "top. jsp" %>
<%@ include file = "content. jsp" %>
<%@ include file = "bottom. jsp" %>
```

执行 welcome. jsp 的界面如图 2.12 所示。

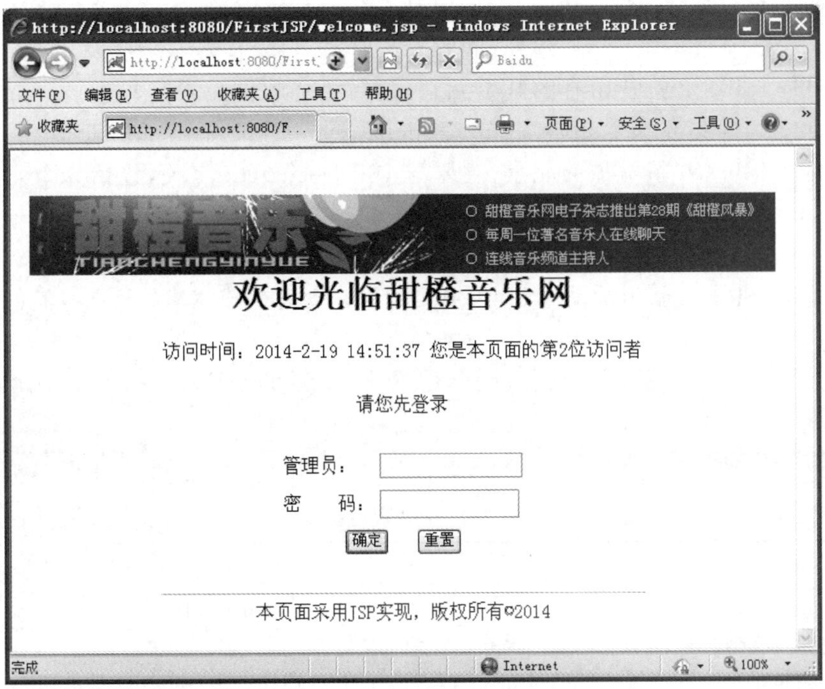

图 2.12　使用指令元素

2.5　JSP 动作元素

指令元素是在编译阶段发生作用的,但有时要求 JSP 页面能够在请求或执行阶段根据具体情况采取相应的动作,这时就需要另外一类元素来完成,这种元素就是动作元素。

JSP 动作元素(action elements)为请求处理阶段提供信息。动作元素遵循 XML 元素的语法,有一个包含元素名的开始标记,可以有属性、可选的内容和与开始标签匹配的结束标记。利用这些标记可以达到控制 Servlet 引擎的作用,如动态插入文件、调用 JavaBean 等。Servlet 容器在处理 JSP 页面时,如果遇到动作元素,会根据其标识进行特殊的处理。

JSP 动作元素的语法格式有以下两种:

(1) 空标记。

< prefix：tag attribute＝value attribute-list.../>

(2) 非空标记。

< prefix：tag attribute＝value attribute-list...>

　　⋮

</prefix：tag >

语法说明:

其中 prefix 为前缀,JSP 规定了一系列的标准动作,它们用 jsp 作为前缀;tag 及其前缀共同组成相应的动作。

JSP 2.0 规范中定义了 20 个标准的动作元素,可以分为以下 5 类:

第一类是与存取 JavaBean 有关的,包括:＜jsp：useBean＞、＜jsp：setProperty＞和＜jsp：getProperty＞。

第二类是 JSP 1.2 就开始有的基本元素,包括 6 个动作元素:＜jsp：include＞、＜jsp：forward＞、＜jsp：param＞、＜jsp：plugin＞、＜jsp：params＞和＜jsp：fallback＞。

第三类是 JSP 2.0 新增加的元素,主要与 JSP Document 有关,包括 6 个元素:＜jsp：root＞、＜jsp：declaration＞、＜jsp：scriptlet＞、＜jsp：expression＞、＜jsp：text＞和＜jsp：output＞。

第四类是 JSP 2.0 新增的动作元素,主要是用来动态生成 XML 元素标签的值,包括 3 个动作:＜jsp：attribute＞、＜jsp：body＞和＜jsp：element＞。

第五类是 JSP 2.0 新增的动作元素,主要是用在 Tag File 中,有 2 个元素:＜jsp：invoke＞和＜jsp：dobody＞。

常用的 JSP 动作如表 2.2 所示。

表 2.2　JSP 常用动作

名　称	说　明
＜jsp：include＞	在页面被请求的时候引入一个文件
＜jsp：forward＞	将请求转到一个新的页面
＜jsp：plugin＞	据浏览器类型为 Java 插件生成 Object 或 Embed 标记
＜jsp：useBean＞	寻找或实例化一个 JavaBean
＜jsp：setProperty＞	设置 JavaBean 属性
＜jsp：getProperty＞	输出 JavaBean 属性
＜jsp：param＞	不同页面之间传递参数

1. ＜jsp：include＞动作元素

该指令允许在请求的时间内,在 JSP 页面中包含静态或动态的资源。＜jsp：include＞动作可以在当前 JSP 文件中包含 txt 文件、JSP 文件、HTML 文件和 Servlet 文件。

＜jsp：include＞动作指令的语法格式为以下两种。

语法一:

```
< jsp:include page = "{relativeURI|< % expression %>}" flush = "true|false" />
```

语法二:

```
< jsp:include page = "{relativeURI|< % expression %>}" flush = "true|false" />
{ < jsp:param name = "ParameterName" value = "ParameterValue" .../>} *
</jsp:include >
```

语法说明:

- page＝"{relativeURI|＜%expression%＞为相对路径或代表相对路径的表达式。若以"/"开头,那么路径是参照 JSP 应用的上下关系路径;若路径是以文件名或目录名开头,则路径就是正在使用 JSP 文件的当前路径。
- flush＝"true|false"中默认为 false,用于指定输出缓存是否转移到被导入文件中,如果为 true,则包含被导入文件,如为 false,则包含在原文件中。
- ＜jsp：param＞用来传递一个或多个参数给动态文件,用户可以在一个页面中使用多个<jsp：param>来传递多个参数。

在前面的指令元素中,也介绍了一种包含文件的指令 include,这里的动作元素 jsp：include 与 include 的区别在于以下两个方面:

(1) 执行时间的不同。

<%@ include file="relativeURI"%> 是在翻译阶段执行。

<jsp：include page="relativeURI" flush="true" /> 在请求处理阶段执行。

(2) 引入内容的不同。

<%@ include file="relativeURI"%>引入静态文本,只是将代码简单的嵌入到主文件中,不会单独生成 Servlet。

<jsp：include page="relativeURI" flush="true"/>如果包含的是动态文件,则各自生成 Servlet,之后通过 request 和 response 进行通信,包含执行内容。

2. <jsp：forward>动作元素

该指令用于将一个 JSP 的内容传送到 page 所指定的 JSP 程序或者 Servlet 中处理 (URL)。请求被转向的资源必须同 JSP 发送请求在同一个上下环境。每当遇到<jsp：forward>操作,就停止执行当前的 JSP,转而执行指向的资源。

<jsp：forward>动作指令的语法格式为以下两种:

语法一

```
< jsp:forward page = {"relativeURL" | "<% = expression %>"} />
```

语法二

```
< jsp:forward page = {"relativeURL" | "<% = expression %>"} >
< jsp:param name = "parameterName"
value = "{parameterValue | <% = expression %>}" /> +
</jsp:forward >
```

语法说明:

- page={"{relativeURI|<%expression%>}"}为要定向的文件或 URL,可以用表达式或字符串表示。
- 使用<jsp：param>指令,其转向目标位一个动态文件,且能够处理 param 参数。

例 2.8 <jsp：forward>的应用。

```
<!--action.jsp -->
<%@ page language = "java" import = "java.util. * " pageEncoding = "GB2312"%>
< html >
   < head >
      < title >JSP:forward 动作元素</title>
   </head >
   < body >
      <! -- 重定向到 forwardTo.jsp 文件,本页面不显示 -->
      < jsp:forward page = "forwardTo.jsp"></jsp:forward >
      < p >本页面不显示</p>
   </body >
</html >
<! -- forwardTo.jsp -->
```

```
<%@ page language = "java" import = "java.util. * " pageEncoding = "GB2312" %>
<html>
    <head>
        <title>forwardTo.jsp</title>
    </head>
    <body>
        这是 forwardTo.jsp 页面.
    </body>
</html>
```

执行以上代码运行效果如图 2.13 所示。

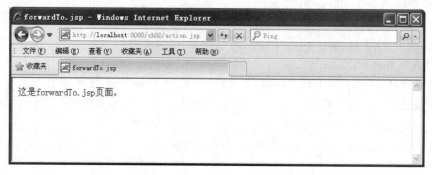

图 2.13 <jsp：forward>运行效果

3. <jsp：param>指令元素

该指令用于页面之间传递参数。在使用该动作指令时须配合<jsp：include>、<jsp：forword>和<jsp：plugin>使用。

<jsp：param>动作指令的语法格式为：

```
<jsp:param name = "parameterName" value = "{parameterValue | <% = expression %>}" />
```

语法说明：

- name 表示传递参数的名称。
- value 表示传递参数的值,该值可以是一个字符串或变量值。

4. <jsp：plugin>动作元素

该指令用来产生客户端浏览器的特别标记(Object 或 Embed)。当 JSP 文件被编译把结果发送到浏览器时,<jsp：plugin>将会根据浏览器的版本替换成<object>或<embed>元素,<object>用于 HTML 4.0 <embed>用于 HTML 3.2。

<jsp：plugin>元素用于在浏览器中播放或显示一个对象(典型的就是 Applet 和 Bean),而这种显示需要在浏览器的 Java 插件。一般来说,<jsp：plugin>元素会指定对象是 Applet 还是 Bean,同样也会指定 class 的名字,且指定将从哪里下载这个 Java 插件。

<jsp：plugin>动作指令的语法格式为：

```
<jsp:plugin
type = "bean | applet"
code = "classFileName"
codebase = "classFileDirectoryName"
[ name = "instanceName" ]
```

```
[ archive = "URIToArchive, …" ]
[ align = "bottom | top | middle | left | right" ]
[ height = "displayPixels" ]
[ width = "displayPixels" ]
[ hspace = "leftRightPixels" ]
[ vspace = "topBottomPixels" ]
[ jreversion = "JREVersionNumber | 1.1" ]
[ nspluginurl = "URLToPlugin" ]
[ iepluginurl = "URLToPlugin" ] >
[ < jsp:params >
[ < jsp:param name = "parameterName" value = "{parameterValue | < % = expression %>}" /> ] +
</jsp:params > ]
[ < jsp:fallback > text message for user </jsp:fallback > ]
</jsp:plugin >
```

语法说明：

- type="bean|applet"被执行的插件对象的类型，必须指定这个是 Bean 还是 Applet，这个属性不能缺省。
- code="classFileName"被 Java 插件执行的 Java Class 名字，必须以. class 结尾。该文件必须存在于 codebase 属性指定的目录中。
- codebase="classFileDirectoryName"被执行的 Java Class 文件的目录（或者是路径），默认时使用< jsp：plugin >的 JSP 文件目录。
- name="instanceName"是 Bean 或 Applet 实例名，它将会在 JSP 其他的地方调用。
- archive="URIToArchive,…"是一些由逗号分开的路径名，这些路径名用于预装一些将要使用的 Class，可以提高 Applet 的性能。
- align="bottom |top|middle|left|right"表示图形、对象和 Applet 的位置，有以下值：bottom、top、middle、left、right。
- height="displayPixels"width="displayPixels"表示 Applet 或 Bean 将显示的长宽的值，此值为数字，单位为像素。
- hspace="leftRightPixels"vspace="topBottomPixels"表示 Applet 或 Bean 显示时在屏幕水平和垂直方向上留下的空间，单位为像素。
- jreversion = "JREVersionNumber|1.1"表示 Applet 或 Bean 运行所需的 Java Runtime Environment（JRE)的版本，默认值是 1.1。
- nspluginurl="URLToPlugin"表示 Netscape Navigator 用户能够使用的 JRE 的下载地址，此值为一个标准的 URL。
- iepluginurl="URLToPlugin"表示 IE 用户能够使用的 JRE 的下载地址，此值为一个标准的 URL。
- < jsp：params > [< jsp：param name = "parameterName" value = "{parameterValue | <% = expression %>}" />]+ </jsp：params >表示向 applet 或 Bean 传送的参数或参数值。

其他指令元素在后续章节中会一一介绍。

2.6　JSP 脚本元素

第 2.2 节中提到 JSP 页面的动态部分可由脚本程序、JSP 标签等完成数据的处理,JSP 脚本元素的作用就是将 Java 代码插入到与 JSP 页面对应的 Servlet 中。在 JSP 页面中有 3 种脚本元素(Scripting Elements):声明、脚本小程序和表达式。

2.6.1　案例 3：使用声明元素

声明(declaration)用来在 JSP 页面中声明变量、定义方法和定义类。任何一个对象在 JSP 页面中进行了声明,它的作用域范围就是当前页面。也就是说,JSP 声明用来定义页面级变量,以保存信息或定义 JSP 页面的其余部分可能需要的方法或类。

声明的语法格式为:

```
<%!声明 1; 声明 2; ...%>
```

注意:"<%"和"!"中间没有空格。

1. 变量声明

在一个页面中的任何位置都可以使用某些变量,可以采用变量声明的方式。

变量声明的格式为:

```
<%!变量声明 1; 变量声明 2; ...%>
```

注意:每个变量声明后都要以分号结束。

示例 2.1 在 JSP 页面中采用的变量声明示例为:

```
<%!int i = 0;i++; %>
<p>您是第<% = i%>位访客
```

注意:当前的访问页面关闭时,i 值将从 0 开始。

2. 方法声明

在一个 JSP 页面中,如果需要多次执行一个特定的功能,为了减少代码的重复,可以把功能代码定义为一个方法置于 JSP 页面中声明。其声明只需放于<%!　　%>中。

例 2.9　在 JSP 页面中利用声明的变量实现访客计数。

```
<%!int i = 0;
synchronized void visitor(){
i++;}
%>
<% visitor(); %>
<p>您是第<% = i%>位访客
```

本例采用在 JSP 页面中定义同步方法 visitor()的方式,在本页的其他部分可以调用,但是当前方法被执行时,不允许其他访客使用。

3. 类声明

JSP 页面中不仅可以声明变量、方法,还可以声明类。类的声明格式同以上两种。声明的类被认为是当前 JSP 页面的内部类。

例 2.10 使用声明元素实现访客计数。

```
<%@ page language = "java" import = "java.util. * " pageEncoding = "GB2312" %>
<%!int i = 0; %>
<%!class Visitor{
        synchronized int visitor(){
        i++;
        return i;}
    }
%>
<% Visitor v = new Visitor(); %>
<p>您是第<% = v.visitor() %>位访客
```

Visitor 为类名,只包含一个同步方法,计数的 i 作为页面变量进行了声明,如果将其放在类中作为成员变量,则不能正确输出。

2.6.2 案例4：使用小脚本程序

小脚本(scriptles)是嵌入在 JSP 页面中的 Java 代码段。小脚本是以<%开头,以%>结束的标签。例如:

```
<% count++; %>
```

小脚本在每次访问页面时都被执行,因此 count 变量在每次请求时都增1。由于小脚本可以包含任何 Java 代码,所以它通常用来在 JSP 页面嵌入计算逻辑。同时还可以使用小脚本打印 HTML 模板文本。

一个 JSP 页面可以有任意数量的脚本片段,同一页面中的脚本片段,按出现在 JSP 页面的顺序组合,必须构成有效语句或语句序列。脚本片段只有 out 对象的输出才会在客户端显示。

例 2.11 输出模板数据,利用 Java 脚本实现根据机器时间进行问好,最后修改数据并再次显示。

Scriptlet.jsp 代码如下:

```
<!-- scriptlet.jsp -->
<%@ page contentType = "text/html;charset = GBK" import = "java.util. * " %>
<html>
<body>
<%
 String str = "欢迎";
 out.write("音乐之声 " + str +"!" + "<br/>");
 %>
 <% if (Calendar.getInstance().get(Calendar.AM_PM) == Calendar.AM) { %>
早上好!<! 模板数据输出>
<% } else { %>
下午好!<! 模板数据输出>
<% } %>
<br/>下面修改局部变量 str 的值…<! 模板数据输出>
<% str = str.concat("您") ; %>
<% out.write("<br/>" + str); %>
```

```
</body>
</html>
```

运行界面如图 2.14 所示。

图 2.14 小脚本实例

2.6.3 案例 5：使用表达式元素

表达式(expression)用来将数据或数据操作后的结果转换为字符串，插入到当前 Servlet 的输入流中。

语法格式为：

```
<% = 符合 Java 语法的表达式 %>
```

语法说明：

- <%＝之间没有空格。
- 表达式执行后返回 String 类型的结果值，并按先后顺序依次将结果值输出到浏览器。
- 表达式计算发生在请求包含该表达式的 JSP 页面时，计算依据从左到右的顺序进行。
- 计算结果转换成字符串后插入到 JSP 文件对应位置。

例 2.12 利用表达式输出标准格式时间和自定义格式时间，并对访问用户进行计数。

Expression.jsp 代码如下：

```
<! -- expression.jsp -->
<% @ page contentType = "text/html;charset = GBK" %>
<html>
<body>
标准格式当前日期和时间：
<% = (new java.util.Date()).toLocaleString() %>
<% java.util.Calendar currDate = new java.util.GregorianCalendar();
    int month = currDate.get(currDate.MONTH) + 1;
    int day = currDate.get(currDate.DAY_OF_MONTH);
```

```
         int year = currDate.get(currDate.YEAR);
  %>
  <br/>自定义格式当前日期(月/日/年):<% = month %>/<% = day %>/<% = year %>
    <%! int i = 0; %><% i = i + 1; %><br>
        您是本页面的第<% = i %>位访问者
  </body>
  </html>
```

运行结果如图 2.15 所示。

图 2.15　表达式实例

JSP 2.0 规范中新增了 EL 表达式,在第 7 章中将详细介绍。

2.7　小　　结

当浏览器向 Web 应用服务器请求一个 JSP 页面时,Web 应用服务器将其转换为一个 Servlet 文件(即一个 .Java 文件),然后将这个 Java 文件编译成一个字节码文件(.class 文件),最后 Web 应用服务器加载转换后的 Servlet 实例,处理客户端的请求,并返回 HTML 格式的响应回应给客户端浏览器。

一个 JSP 页面由两部分组成:静态部分和动态部分。主要包括注释、指令元素、动作元素和脚本元素等内容。

指令元素用于编译阶段,主要包含 include、page 和 taglib 指令。重点掌握三个指令的功能及其属性。动作元素主要用于执行阶段,主要包含<jsp：include>、<jsp：forward>、<jsp：plugin>和<jsp：param>等,动作元素不仅作为本章的重点,也是本章的难点,掌握其使用尤为重要。

本章应把注意力放在 JSP 的工作原理及页面各个组成部分的使用上,为以后的章节打下坚实的基础。本章指令及属性较多,需要进行实践操作来掌握属性及其用法。

2.8　习　　题

一、选择题

1. 在 JSP 页面中如果要导入 java.io. * 包,需要使用(　　)指令。

  A. page   B. taglib

  C. include   D. forward

2. 如果当前 JSP 页面出现异常时需要转到一个异常页,需要设置 page 指令的(　　)属性。

    A. error　　　　　　　　　　　　B. errorPage

    C. isErrorPage　　　　　　　　　　D. Exception

3. JSP 中的隐式注释是(　　)。

    A. //注释内容　　　　　　　　　　B. <! --注释内容-->

    C. <%--注释内容--%>　　　　　　　D. / * 注释内容 * /

4. 在 JSP 中,(　　)动作用于将请求转发给其他 JSP 页面。

    A. forward　　　　　　　　　　　　B. include

    C. param　　　　　　　　　　　　　D. plugin

二、填空题

1. JSP 指令元素包含三种,它们是:page、(　　)和(　　)。

2. JSP 技术开发的应用模式只能是(　　)或(　　)。

3. 客户端和服务器端通信是通过(　　)协议来完成的。

4. <jsp:plugin>动作元素的主要作用是在客户端运行(　　)。

5. 使用 include 指令只有一个属性(　　)。

三、简答题

1. JSP 的工作原理是什么?

2. 简述 JSP 页面的执行步骤。

3. 指令元素 include 和动作元素<jsp:include>有什么联系和区别?

4. 小脚本程序包含哪几种?它们何时被执行?

5. 设计一班级首页,该 JSP 页面分为:标题 header. html、动态菜单 menu. jsp、学生信息 info. jsp 和登录界面 login. jsp。根据要求可以自由发挥,创建该首页。

第3章 JSP 隐含对象

本章导读

前一章主要介绍了 JSP 页面的组成元素及其使用。本章主要介绍如何简化页面开发的复杂性,JSP 提供了一些由容器实现和管理的隐含对象,也就是说,用户不需要实例化就可以直接使用的对象,通过存取这些隐含对象实现与 JSP 页面的 Servlet 环境的相互访问,因此要求用户必须熟悉这些对象,并掌握其主要方法的使用。

本章要点

- 对象的 4 种有效范围
- JSP 有 9 个隐含对象

JSP 容器提供了以下几个隐含对象,它们是:request、response、out、session、application、config、page、pageContext 和 exception。由于 JSP 是构建在 Servlet 上的,从本质上来讲,JSP 的每个隐含对象都与 Java Servlet API 包中的类相对应,在服务器运行时自动生成。本章对它们进行详细的介绍。

3.1 对象的属性与有效范围

1. 对象的属性

JSP 技术提供给开发人员一种传递数据的机制,就是利用 setAttribute()和 getAttribute()方法。

1) setAttribute()方法

setAtrribute 是应用服务器把对象放在该页面对应的一块内存中,当页面服务器重定向到另一个页面中时,应用服务器会把这块内存拷贝到另一个页面所对应的内存中。这种方式可以传对象,对于不同的隐含对象,这个传递的对象在内存中的生命周期不同。

方法的声明格式:

```
void setAttribute(String name,Object object)
```

说明:

将对象 object 绑定到 Servlet 上下文中提供的属性名称 name 中,如果指定的名称已经使用,则方法 setAttribute()将该属性值替换为新的属性值。

2) getAttribute()方法

getAttribute 用于获取容器中的数据。但它只能接收 setAttribute 传过来的数据值。方法的声明格式:

```
Object getAttribute(String name)
```

说明:

返回指定名称的属性值,如果属性不存在,则返回 null。与 setAttribute 方法配合使用可实现两个 JSP 文件之间的参数传递。

例如,定义类 User(带参数的构造方法及 getName()方法)的对象 curruser:

```
User curruser = new User("susan", 20, "女");
```

则 request. setAttribute("curruser", curruser)方法就是将 curruser 这个对象保存在 request 作用域中,然后在转发进入的页面就可以获取值,可以在 JSP 页面编写 Java 小脚本来获取:<% User myuser =(User)request. getAttribute("curruser")%>,在 JSP 页面显示值:<%=myuser. getName()%>。

2. 对象的有效范围

有时会将 pageContext、request、session 和 application 归为一类,原因在于它们都借助以上 setAttribute()和 getAttribute()方法来设定和取得其属性。而这 4 个隐含对象最大的区别在于其范围不同。

1) 页内有效

具有页内有效范围的对象被绑定到 javax. servlet. jsp. PageContext 对象中。在这个范围内的对象,只能在创建对象的页面中访问。可以调用 pageContext 这个隐含对象的 getAttribute()方法来访问具有这种范围类型的对象(pageContext 对象还提供了访问其他范围对象的 getAttribute 方法),pageContext 对象本身也属于 page 范围。page 范围内的对象,在客户端每次请求 JSP 页面时创建,在页面向客户端发送回响应或请求被转发(forward)到其他的资源后被删除。

例 3.1 在同一 JSP 页面 pageSetGet. jsp 中利用 pageContext 对象、利用 setAttribute()和 getAttribute()两个方法实现对参数的设值和取值。代码如下:

```
<! -- pageSetGet. jsp -->
<% @ page contentType = "text/html;charset = GB2312" %>
<html>
<head>
    <title>页内有效范围</title>
</head>
<body>
页内有效 - 使用页面上下文对象 pageContext.setAttribute()和 pageContext.getAttribute()
<p/>
<%
    pageContext.setAttribute("歌曲名称","爸爸去哪儿");
%>
<em>
```

```
<%
    String Name = (String)pageContext.getAttribute("歌曲名称");
    out.print(" 歌曲名称 = " + Name);
%>
</em>
</body>
</html>
```

将该文件放在 FirstJSP 项目下,运行界面如图 3.1 所示。

图 3.1 同一页面的 pageContext 对象的执行结果

在同一个页面内,参数的设值和取值均能实现。

如果现在将设值和取值分别放在两个不同的页面,结果会是如何呢?

例 3.2 修改例 3.1,参数的设置放在 pageSet.jsp 中,代码如下:

```
<! -- pageSet.jsp -->
<%@ page contentType = "text/html;charset = GB2312" %>
<html>
<head>
    <title>页内有效范围</title>
</head>
<body>
<
页内有效 - 使用页面上下文对象 pageContext.setAttribute()
<%
    pageContext.setAttribute("歌曲名称","爸爸去哪儿");
%>
<jsp:forward page = "pageGet.jsp"/>
</body>
</html>
```

参数的取值放在 pageGet.jsp 中,代码如下:

```
<! -- pageGet.jsp -->
<%@ page contentType = "text/html;charset = GB2312" %>
<html>
<head>
 <title>页内有效范围</title>
</head>
```

```
< body >
< h3 >页内有效 - 使用页面上下文对象 pageContext.getAttribute()</h3>
< em >
< %
    String Name = (String) pageContext.getAttribute("歌曲名称");
    out.print(" 歌曲名称 = " + Name);
% >
</em >
</body >
</html >
```

将两个文件放在 FirstJSP 项目下,执行 http://localhost:8080/FirstJSP/pageSet.jsp 后运行界面如图 3.2 所示。

图 3.2　不同页面的 pageContext 对象的执行结果

2) 请求有效

请求有效的对象在同一请求不同 JSP 页面内都可以访问。如果请求转向到同一运行时(Runtime)的其他资源,那么这些对象依然有效。请求有效的对象在请求处理结束时就会失效。所有的请求有效的对象都存储在 JSP 页面的 request 对象中。

request 对象在服务器启动时自动创建,是 javax.servlet.HttpServletRequest 接口的一个实例。request 对象的作用是与客户端交互,收集客户端的 Form、Cookies、超链接或收集服务器端的环境变量。

例 3.3　修改例 3.2 中的 pageSet.jsp 和 pageGet.jsp,将 pageContext 对象修改为 request 对象。

requestSet.jsp 代码如下:

```
<! -- requestSet.jsp -->
< % @ page contentType = "text/html;charset = GB2312" % >
< html >
< head >
    < title >请求有效范围</title>
</head >
< body >
<
请求有效 - 使用 request 对象 request.setAttribute()
< %
```

```
        request.setAttribute("歌曲名称","爸爸去哪儿");
%>
<jsp:forward page = "requestGet.jsp"/>
</body>
</html>
```

requestGet.jsp 代码如下：

```
<! -- requestGet.jsp -->
<%@ page contentType = "text/html;charset = GB2312" %>
<html>
<head>
    <title>请求有效范围</title>
</head>
<body>
<h3>请求有效 – 使用 request 对象 request.getAttribute()</h3>
<em>
<%
    String Name = (String)request.getAttribute("歌曲名称");
    out.print(" 歌曲名称 = " + Name);
%>
</em>
</body>
</html>
```

运行结果如图 3.3 所示。

图 3.3　请求有效

　　从两个运行结果可以看出，request 对象在不同的页面进行设值和取值显示正常，也就是说，两个页面之间的请求有效。如果在第三个页面中再获取参数将会失败。除了利用转向(forward)的方法可以存取 request 对象的数据外，还能使用包含(include)的方法，观察两者的异同。

　　3) 会话有效

　　会话是指客户端和服务器之间持续连接的一段时间。在这段时间内，当需要多次和服务器交互信息时，可以将有关信息存入 session 对象中，这些信息是会话有效的。在与服务器断线后，就会失效。可以说，session 的作用范围就是一段用户持续和服务器连接的时间。

　　会话有效的所有对象都存储在 JSP 页面的 session 对象中。

例 3.4 修改例 3.3，修改 requestSet.jsp 为 seesionSet.jsp，requestGet.jsp 修改为 sessionGet1.jsp，并在该代码中添加<jsp：include>，包含 sessionGet2.jsp 页面，重新获取参数并显示。

seesionSet.jsp 代码如下：

```
<!-- sessionSet.jsp -->
    <%@ page contentType = "text/html;charset = GB2312" %>
    <html>
    <head>
        <title>会话有效范围</title>
    </head>
    <body>
    会话有效 - 使用 session 对象 session.setAttribute()
    <%
    session.setAttribute("歌曲名称","爸爸去哪儿");
     %>
    <jsp:forward page = "sessionGet1.jsp"/>
    </body>
    </html>
```

sessionGet1.jsp 代码如下：

```
<!-- sessionGet1.jsp -->
<%@ page contentType = "text/html;charset = GB2312" %>
<html>
<head>
  <title>会话有效范围</title>
</head>
<body>
<h3>会话有效 - 使用 session 对象 session.getAttribute()</h3>
<em>
<%
    String Name = (String)session.getAttribute("歌曲名称");
    out.print(" 歌曲名称 = " + Name);
%>
<jsp:include page = "sessionGet2.jsp"/>
</em>
</body>
</html>
```

sessionGet2.jsp 代码如下：

```
<!-- sessionGet2.jsp -->
<%@ page contentType = "text/html;charset = GB2312" %>
<html>
<head>
  <title>会话有效范围</title>
</head>
<body>
<h3>会话有效 2 - 使用 session 对象 session.getAttribute()</h3>
<em>
```

```
<%
    String Name = (String)session.getAttribute("歌曲名称");
    out.print(" 歌曲名称重新显示 = " + Name);
%>
</em>
</body>
</html>
```

运行效果如图 3.4 所示。

图 3.4   session 对象

由该例可以看出,只要在一个会话中,多个页面都可以获取参数。但是如果是在多个会话之间,则不能获取参数。

4) 应用有效

应用有效的作用范围是从 Web 应用服务器一开始执行服务直到结束服务为止。应用有效范围最大、影响最长。应用有效的对象都存储在 JSP 页面的 application 对象中,其实就是服务端 Servlet 上下文信息对象(ServletContext)。在实际使用时注意不要使用过多,以免造成服务器负载过大。

例 3.5   修改例 2.4 中的登录页面 content.jsp,在代码最后添加如下脚本:

```
<%
    application.setAttribute("manager", request.getParameter("manager"));
    application.setAttribute("pwd", request.getParameter("pwd"));
%>
```

另创建一个 TestApplication.jsp 页面,与 content.jsp 表面上没有关系,代码如下:

```
<! -- TestApplication.jsp -->
<%@ page language = "java" contentType = "text/html; charset = GBK" %>
<% request.setCharacterEncoding("GBK"); %>
<html>
    <body>
        用户名:<% = application.getAttribute("manager") %><br>
        密  码:<% = application.getAttribute("pwd") %><br>
    </body>
</html>
```

JSP 隐含对象

运行 content.jsp,如图 3.5 所示,并在"管理员"文本框中输入 application,在"密码"文本框中输入 test,然后单击"确定"按钮。

图 3.5　有关 application 的登录界面

再运行 TestApplication.jsp 页面,显示效果如图 3.6 所示。

图 3.6　利用 application 对象获取信息

可以看出,访问同一个网站的客户都共享一个 application 对象,因此,application 对象可以实现多客户间的数据共享。

3.2　JSP 的隐含对象

JSP 2.0 中有 9 个隐含对象,其名称、实现类及说明如表 3.1 所示。

表 3.1　9 个隐含对象

JSP 隐含对象	实现类	对象说明
out	JspWriter	HTML 标准输出
request	HttpServletRequest	请求信息
response	HttpServletResponse	响应信息
application	ServletContext	服务端 Servlet 上下文信息
session	HttpSession	HTTP 联机会话信息
config	ServletConfig	JSP 页面的 Servlet 配置信息,由 Web 应用配置描述文件(web.xml)指定
exception	Throwable	异常处理信息
page	Object	如同 Java 中的 this
pageContext	PageContext	当前 JSP 页面的上下文信息

3.2.1　案例 1:使用 out 隐含对象

第 2 章介绍过表达式可以完成输出,但是表达式在求值之后的结果转换成了 String 对象,该对象被发送到 out 对象中,也就是说,客户端浏览器中显示的信息,就是服务器端通过 out 对象实现的。

out 对象的常用方法如表 3.2 所示。

表 3.2　out 常用方法

方法名称	方法说明
public abstract void clear()	清除缓冲区中的内容,不将数据发送至客户端
public abstract void clearBuffer()	将数据发送至客户端后,清除缓冲区中的内容
public abstarct void close()	关闭输出流
public abstract void flush()	输出缓冲区中的数据
public int getBufferSize()	获取缓冲区的大小。缓冲区的大小可用<%@ page buffer = "size" %>设置
public abstract int getRemainning()	获取缓冲区剩余空间的大小
public boolean isAutoFlush()	获取用<%@ page is AutoFlush = "true/false"%>设置的 AutoFlush 值
public abstract void newLine()	输出一个换行字符,换一行
public abstract void print()	显示各种数据类型的内容
public abstract void println()	分行显示各种数据类型的内容

在 JSP 中,out 对象主要用来管理响应缓冲和向客户端输出内容。

例 3.6　利用 out.print 和表达式两种方式进行输出。

out1.jsp 采用 out.print 方式输出,代码如下:

```
<!-- out1.jsp -->
<%@ page language = "java" buffer = "1kb" autoFlush = "true" contentType = "text/html;charset
= GB2312" %>
<html>
    <head>
```

```
        <title>out 对象</title>
    </head>
    <body>
    <%
    out.println("<h2>Hello!</h2>");
    out.println("BufferSize of the Out Object is:" + out.getBufferSize() + "<br>");
    out.println("Remain of BufferSize is:" + out.getRemaining() + "<br>");
    %>
    <%
    for(int i = 0;i < 5;i++)
    out.println("<h3>Test</h3>");
    %>
    <% out.println("autoFlush:" + out.isAutoFlush()); %>
    </body>
</html>
```

out2.jsp 采用表达式方式输出，代码如下：

```
<!-- out2.jsp -->
<%@ page language = "java" buffer = "1kb" autoFlush = "true" contentType = "text/html;charset =
GB2312" %>
<html>
    <head>
        <title>out 对象</title>
    </head>
    <body>
    <h2>Hello!</h2>
    BufferSize of the Out Object is:<% = out.getBufferSize() %><br>
    Remain of BufferSize is:<% = out.getRemaining() %><br>
    <%
    for(int i = 0;i < 5;i++)
    out.println("<h3>Test</h3>");
    %>
    autoFlush:<% = out.isAutoFlush() %>
    </body>
</html>
```

两个页面的运行结果都如图 3.7 所示。

值得注意的是，程序实际在处理时是先将数据放在缓冲区，等 JSP 容器解析完整个程序后才把缓冲区的数据输出到客户端浏览器上。在 page 指令中 buffer＝"1kb"代表缓冲区为 1kb，autoFlush 属性为 false 时，当数据超过 1kb 时，则出现错误，所以这里设 autoFlush＝"true"。

3.2.2 案例 2：使用 request 隐含对象

request 对象是从客户端向服务器发出请求，包括用户提交的信息以及客户端的一些信息。客户端可通过 HTML 表单或在网页地址后面提供参数的方法提交数据，然后通过 request 对象的相关方法来获取这些数据。request 的各种方法主要用来处理客户端浏览器提交的请求中的各项参数和选项。常见的方法如表 3.3 所示。

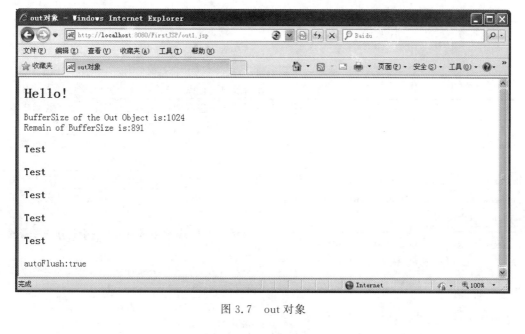

图 3.7　out 对象

表 3.3　request 常用方法

方 法 名 称	方 法 说 明
public java. lang. Object getAttribute(java. lang. String name)	返回以 name 为名字的属性的值。如果该属性不存在,这个方法将返回 null
public java. util. Enumeration getAttributeNames()	返回请求中所有可用的属性的名字。如果在请求中没有属性,这个方法将返回一个空的枚举集合
public void removeAttribute (java. lang. String name)	移除请求中名字为 name 的属性
public void setAttribute(java. lang. String name, java. lang. Object o)	在请求中保存名字为 name 的属性。如果第二个参数 o 为 null,那么相当于调用 removeAttribute(name)
public java. lang. String getCharacterEncoding()	返回请求正文使用的字符编码的名字。如果请求没有指定字符编码,这个方法将返回 null
public int getContentLength()	以字节为单位,返回请求正文的长度。如果长度不可知,这个方法将返回 1
public java. lang. String getContentType()	返回请求正文的 MIME 类型。如果类型不可知,这个方法将返回 null
public ServletInputStream getInputStream()	返回一个输入流,使用该输入流以二进制方式读取请求正文的内容。javax. servlet. ServletInputStream 是一个抽象类,继承自 java. io. InputStream
public java. lang. String getLocalAddr()	返回接收到请求的网络接口的 IP 地址,这个方法是在 Servlet 2.4 规范中新增的
public java. lang. String getLocalName()	返回接收到请求的 IP 接口的主机名,这个方法是在 Servlet 2.4 规范中新增的
public int getLocalPort()	返回接收到请求的网络接口的 IP 端口号,这个方法是在 Servlet 2.4 规范中新增的

第
3
章

JSP 隐含对象

方 法 名 称	方 法 说 明
public java. lang. String getParameter(java. lang. String name)	返回请求中 name 参数的值。如果 name 参数有多个值,那么这个方法将返回值列表中的第一个值。如果在请求中没有找到这个参数,这个方法将返回 null
public java. util. Enumeration getParameterNames()	返回请求中包含的所有参数的名字。如果请求中没有参数,这个方法将返回一个空的枚举集合
public java. lang. String [ ] getParameterValues (java. lang. String name)	返回请求中 name 参数所有的值。如果这个参数在请求中并不存在,这个方法将返回 null
public java. lang. String getProtocol()	返回请求使用的协议的名字和版本,例如: HTTP/1.1
public java. io. BufferedReader getReader ( ) throws java. io. IOException	返回 BufferedReader 对象,以字符数据方式读取请求正文
public java. lang. String getRemoteAddr()	返回发送请求的客户端或者最后一个代理服务器的 IP 地址
public java. lang. String getRemoteHost()	返回发送请求的客户端或者最后一个代理服务器的完整限定名
public int getRemotePort()	返回发送请求的客户端或者最后一个代理服务器的 IP 源端口,这个方法是在 Servlet 2.4 规范中新增的
public RequestDispatcher getRequestDispatcher (java. lang. String path)	返回 RequestDispatcher 对象,作为 path 所定位的资源的封装
public java. lang. String getServerName()	返回请求发送到的服务器的主机名
public int getServerPort()	返回请求发送到的服务器的端口号
public void setCharacterEncoding (java. lang. String env)throws java. io. Unsupported EncodingException	覆盖在请求正文中所使用的字符编码的名字
public HttpSession getSession()	取得与当前请求绑定的 session,如果当前 session 不存在,则为这个请求创建一个新的 session

例 3.7　利用 request 常见方式,显示客户端发送的 HTTP 请求包的信息、获取到的客户端和服务器端的信息。

```
<! -- request.jsp -->
<%@ page contentType = "text/html;charset = GBk" import = "java.util. * " %>
<html>
<head>
<title>request 的使用</title>
</head>
<body>
<p>您的客户端发送的 HTTP 请求头包含如下信息:</p>
<%
Enumeration enum1 = request.getHeaderNames();
while (enum1.hasMoreElements()) {
    String headerName = (String) enum1.nextElement();
    String headerValue = request.getHeader(headerName);
%>
    <b><% = headerName %></b>:<% = headerValue %><br>
<%}%>
```

```
<p>使用 request 对象的方法获取如下信息:</p>
<%
//服务器
String localName = request.getLocalName();
String serverName = request.getServerName();
String localAddr = request.getLocalAddr();
int localPort = request.getLocalPort();
int serverPort = request.getServerPort(); %>
<b>服务器</b>:<% = localName %><br/>
<b>服务器端 IP</b>:<% = localAddr %><br/>
<b>服务器端口</b>:<% = localPort %><p/>
<%
//客户端信息
String remoteHost = request.getRemoteHost();
String remoteAddr = request.getRemoteAddr();
int remotePort = request.getRemotePort(); %>
<b>浏览器端</b>:<% = remoteHost %><br/>
<b>浏览器端 IP 是</b>:<% = remoteAddr %><br/>
<b>浏览器端口</b>:<% = remotePort %><p/>
<%
//协议相关
String pro = request.getProtocol();
String pro1 = request.getScheme();
int len = request.getContentLength();
String type = request.getContentType();
String charEncode = request.getCharacterEncoding();
%>
<b>协议版本</b>:<% = pro %><br/>
<b>协议</b>:<% = pro1 %><br/>
<b>数据内容长度</b>:<% = len %><br/>
</body>
</html>
```

运行界面如图 3.8 所示。

在 Web 动态网站技术中,重要的一个环节就是获取从客户端发送的请求信息,如客户端表单登录信息、客户查询信息等,并根据提交信息做进一步操作。在 JSP 程序中,完成从客户端获取数据的方法可以是 getParameter()、getParameterName()和 getParameterValues(),其中比较常用的为 getPatameter()方法。getPatameter()方法与 getAttribute()方法不同,二者的区别主要是:

- getParameter()通过容器的实现来取得类似 post、get 等方式传入的数据;setAttribute()和 getAttribute()只是在 Web 容器内部流转,仅仅是请求处理阶段。
- getParameter()方法传递的数据,会从 Web 客户端传到 Web 服务器端,代表 HTTP 请求数据。getParameter()方法返回 String 类型的数据。setAttribute()和 getAttribute()方法传递的数据只会存在于 Web 容器内部。
- HttpServletRequest 类有 setAttribute()方法,而没有 setParameter()方法。

通常情况下,当一个浏览器向 Web 站点提出页面请求时,首先向服务器发送连接请求,请求的内容包括服务器地址、请求的页面路径等。服务器会将它们组合成确定所请求的页

图 3.8 request 对象方法的使用

面,返回到客户端。客户端向服务器发送数据时,通常采用 get 方法或 post 方法。二者的区别如下:

- get 是从服务器上获取数据;post 是向服务器传送数据。
- get 是把参数数据队列加到提交表单的 action 属性所指的 URL 中,值和表单内各个字段要一一对应,在 URL 中可以看到;post 是通过 HTTP post 机制,将表单内各个字段与其内容放置在 HTML HEADER 内一起传送到 action 属性所指的 URL 地址,用户看不到这个过程。
- 对于 get 方式,服务器端用 request. QueryString 获取变量的值;对于 post 方式,服务器端用 request. Form 获取提交的数据。
- get 传送的数据量较小,不能大于 2KB;post 传送的数据量较大,一般被默认为不受限制。但理论上,IIS4 中最大量为 80KB,IIS5 中为 100KB。
- get 安全性非常低,但是执行效率却比 post 方法好;post 安全性较高。get 方式的安全性较 post 方式要差些,包含机密信息的话,建议用 post 数据提交方式;数据查询时,建议用 get 方式;而数据添加、修改或删除时,建议用 post 方式。

3.2.3 案例 3:使用 response 隐含对象

response 对象是 javax. servlet. ServletResponse 接口中的一个针对 HTTP 协议和实现的子类的实例。Response 对象是表示服务器对请求的响应的 HttpServletResponse 对象,用于动态响应客户端请示,控制发送给用户的信息,并将动态生成响应。

response 对象和 request 对象功能恰好相反,request 对象封装的是客户端提交的信息,而对象封装的是返回客户端的信息。response 对象和 request 对象的作用域相同。response 对象也由容器生成,作为 jspService()方法的参数被传入 JSP。

response 方法可以分为三类:设定表头方法、设定响应状态码和重定向方法。具体如表 3.4 所示。

表 3.4　response 方法

方 法 名 称	方 法 说 明
String getCharacterEncoding()	返回在响应中发送的正文所使用的字符编码(MIME 字符集)
ServletOutputStream getOutputStream()	返回 ServletOutputStream 对象,用于在响应中写入二进制数据
public java.lang.String getContentType()	返回在响应中发送的正文所使用的 MIME 类型
PrintWriter getWriter()	返回 PrintWriter 对象,用于发送字符文本到客户端
void setContentLength(int len)	对于 HTTP Servlet,在响应中,设置内容正文的长度
void setBufferSize(int size)	设置响应正文的缓存大小
void setDateHeader(String name,long date)	指定 long 类型的值到 name 标头
void setHeader(String name,String value)	指定 String 类型的值到 name 标头
void setIntHeader(String name,int value)	指定 int 类型的值到 name 标头
void sendError(int sc, String msg)	传送状态码和错误信息
void setStatus(int sc)	设定状态码
String encodeRedirectURL(String url)	对使用 sendRedirect()方法的 URL 予以编码
abstract void sendRedirect(String url）	将客户端的响应重定向到指定的 URL(JSP 页面、HTML 页面或 Servlet 等)上

在动态网站的操作中,经常需要从一个页面转向到另一个页面,如登录成功与否,可能需要转向不同的页面。要达到页面重定向的效果,可以采用第 2 章的动作指令 jsp:forward,也可以采用 response 对象的 sendRedirect 方法。该方法的具体格式为:

```
public abstract void sendRedirect(String url)
```

例 3.8　将前面请求有效的例子进行修改,将 requestSet.jsp 中转向页面的< jsp:forward >语句修改为:<%response.sendRedirect("requestGet.jsp"); %>,requestGet.jsp 保持不变,则运行界面如图 3.9 所示。

从执行效果可以看出,动作指令 jsp: forward 与 sendRedirect(String url)方法的不同在于以下几点:

1. 地址栏显示不同

forward 是服务器请求资源,服务器直接访问目标地址的 URL,把那个 URL 的响应内容读取过来,然后把这些内容再发给浏览器。浏览器根本不知道服务器发送的内容从哪里来的,所以它的地址栏还是原来的地址,即仍为 http://localhost:8080/FirstJSP/requestSet.jsp,但显示的内容却是 requestGet.jsp 的结果。

redirect 是服务端根据逻辑,发送一个状态码,告诉浏览器重新去请求那个地址,所以地址栏显示的是新的 URL,即为 http://localhost:8080/FirstJSP/requestGet.jsp。redirect 等于客户端向服务器端发出两次 request,同时也接受两次 response。

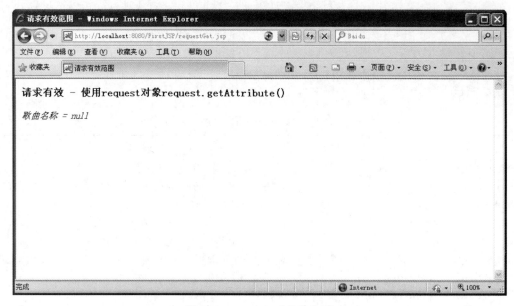

图 3.9　response 对象的应用

2. 数据共享不同

forward 转发页面和转发到的页面可以共享 request 中的数据，所以提取出来的歌曲名能正确显示，而 redirect 不能共享数据，提取出来的数据为 null。

3. 重定向范围不同

redirect 不仅可以重定向到当前应用程序的其他资源，还可以重定向到同一个站点上的其他应用程序中的资源，甚至是使用绝对 URL 重定向到其他站点的资源。forward 只能在同一个 Web 应用程序内的资源之间转发请求。

3.2.4　案例 4：使用 application 隐含对象

一个 Web 服务器通常有多个 Web 服务目录（网站），当 Web 服务器启动时，它自动为每个 Web 服务目录都创建一个 application 对象，这些 application 对象各自独立，而且和 Web 服务目录一一对应。访问同一个网站的客户都共享一个 application 对象，因此，application 对象可以实现多客户间的数据共享。

一个 Web 应用程序启动后，将会自动创建一个 application 对象，而且在整个应用程序的运行过程中只有一个 application 对象，就是说所有访问该网站的客户都共享一个 application 对象。不管哪个客户来访问网站 A，也不管客户访问网站 A 下的哪个页面文件，都可以对网站 A 的 application 对象进行操作，因为所有访问网站 A 的客户都共用一个 application 对象。访问不同网站的客户，对应的 application 对象不同。

application 对象的基类是 javax. servlet. ServletContext 类，有些 Web 服务器不直接支持使用 application 对象，必须用 ServletContext 类（用于表示应用程序的上下文）来声明 application 对象，再调用 getServletContext( )方法来获取当前页面的 application 对象。application 常用方法见表 3.5。

表 3.5 application 常用方法

方 法 名 称	方 法 说 明
String getAttribute(String name)	根据属性名称获取属性值
Enumeration getAttributeNames()	获取所有的属性名称
void setAttribute(String name，Object object)	设置属性,指定属性名称和属性值
void removeAttribute(String name)	根据属性名称删除对应的属性
ServletContext getContext(String uripath)	获取指定 URL 的 ServletContext 对象
String getContextPath()	获取当前 Web 应用程序的根目录
String getInitParameter(String name)	根据初始化参数名称,获取初始化参数值
int getMajorVersion()	获取 Servlet API 的主版本号
int getMinorVersion()	获取 Servlet API 的次版本号
String getMimeType(String file)	获取指定文件的 MIME 类型
String getServletInfo()	获取当前 Web 服务器的版本信息
String getServletContextName()	获取当前 Web 应用程序的名称
void log(String message)	将信息写入日志文件中

例 3.9 利用 application 对象设计一个所有用户对某网页的访问次数,并显示当前服务器的版本号。counter. jsp 代码如下:

```
<! -- counter.jsp -->
<%@ page language = "java" contentType = "text/html; charset = UTF - 8" pageEncoding = "UTF -
8" %>
<html>
<head>
<meta http - equiv = "Content - Type" content = "text/html; charset = UTF - 8">
<title> Insert title here</title>
</head>
<body>
    <%
    //判断 application 对象中有没有保存名为 count 的参数
    //如果没有,在 application 对象中新增一个名为 count 的参数
    if(application.getAttribute("count") == null){
        application.setAttribute("count", new Integer(0));
    }
    Integer count = (Integer)application.getAttribute("count");
    //使用 application 对象读取 count 参数的值,再在原值基础上累加 1
    application.setAttribute("count",new Integer(count.intValue() + 1));
%>
    <h2>
        <! -- 输出累加后的 count 参数对应的值 -->
        欢迎您访问,本页面已经被访问过 < font color = " # ff0000"><% = application.
getAttribute("count") %></font>次.
    </h2>
    当前服务器的版本为 <% = application.getServerInfo() %>
</body>
</html>
```

运行界面如图 3.10 所示。

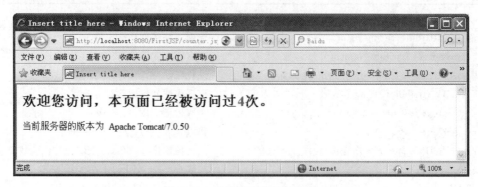

图 3.10　统计网页的访问次数

值得注意的是,本例采用的是 application 对象,但在服务器重启后计数将重新开始。

3.2.5　案例 5:使用 session 隐含对象

session 对象是 java. servlet. http. HttpSession 子类的对象,表示当前的用户会话信息。在 session 中保存的对象在当前用户连接的所有页面中都是可以被访问到的,在 3.1 中已经指出了这一特点。

当用户登录网站时,系统会自动分配给用户一个 session ID,用来标识不同的访问客户。JSP 容器会将这个 ID 号发送到客户端,保存在客户的 Cookie 中,这样 session 对象和客户之间就建立起一一对应的关系,即每个客户对应一个 session 对象。

1. Cookie 对象

Cookie 对象是 javax. servlet. http. Cookie 的实例,是由 Web 服务器端产生后被保存到浏览器中的信息。Cookie 对象可以用来保存一些信息在浏览器中,当浏览器请求服务器的页面时会自动发送到服务器端。目前主流的浏览器 IE、Netscape Navigator 都支持 Cookie。大多数浏览器允许用户禁止 Cookie 的使用,因此,如果应用中必须使用 Cookie 对象,一定要提示用户。

Cookie 对象的属性如表 3.6 所示。

表 3.6　Cookie 的属性

属　性　名	说　　明
name	Cookie 名称
value	Cookie 值
domain	只有在该域中的服务器才会发送该 Cookie,例如,www. bjtu. edu. cn
maxAge	Cookie 持续存在的时间,−1 表示一直有效
path	只有 URL 中包含指定的路径的服务器才发送该 Cookie,例如,helloBeijing
secure	是否仅当使用 https 协议才发送 Cookie。https 是 http 的加密形式

Cookie 对象的常用方法如表 3.7 所示。

表 3.7　Cookie 的方法

方 法 名 称	方 法 说 明
String getComment()	返回 Cookie 中注释,如果没有注释的话将返回空值
String getDomain()	返回 Cookie 中 Cookie 适用的域名,使用 getDomain()方法可以指示浏览器把 Cookie 返回给同一域内的其他服务器,而通常 Cookie 只返回给与发送它的服务器名字完全相同的服务器。注意域名必须以点开始(例如,yesky.com)
int getMaxAge()	返回 Cookie 过期之前的最大时间,以秒计算
String getName()	返回 Cookie 的名字
String getPath()	返回 Cookie 适用的路径。如果不指定路径,Cookie 将返回给当前页面所在目录及其子目录下的所有页面
boolean getSecure()	如果浏览器通过安全协议发送 Cookie 将返回 true 值,如果浏览器使用标准协议则返回 false 值
String getValue()	返回 Cookie 的值
int getVersion()	返回 Cookie 所遵从的协议版本
void setComment(String purpose)	设置 Cookie 中注释
void setDomain(String pattern)	设置 Cookie 中 Cookie 适用的域名
void setMaxAge(int expiry)	以秒计算,设置 Cookie 过期时间
void setPath(String uri)	指定 Cookie 适用的路径
void setSecure(boolean flag)	指出浏览器使用的安全协议,例如 HTTPS 或 SSL
void setValue(String newValue)	Cookie 创建后设置一个新的值
void setVersion(int v)	设置 Cookie 所遵从的协议版本

例 3.10　简单地写入和读出 Cookie。

写入 Cookie 的 writeCookie.jsp 代码如下:

```
<! -- writeCookie.jsp -->
<%@ page language = "java" import = "java.util. * " pageEncoding = "GB2312" %>
<%
String str1 = "hello";
Cookie c = new Cookie("str2",str1);
response.addCookie(c);
%>
正在将<% = str1 %>写入 Cookie...<br>
<jsp:include page = "readCookie.jsp"/>
```

读出 cookie 的 readCookie.jsp 代码如下:

```
<! -- readCookie.jsp -->
<%@ page language = "java" import = "java.util. * " pageEncoding = "GB2312" %>
<br>
```

读出 Cookie 的值:

```
<%
Cookie cookies[] = request.getCookies();
for(int i = 0;i < cookies.length;i++){
  if(cookies[i].getName().equals("str2"))
```

```
        out.print(cookies[i].getValue());
    }
%>
```

运行 writeCookie. jsp 的结果如图 3.11 所示。

图 3.11   读写 Cookie 对象

2. Session 对象

Session 的常用方法如表 3.8 所示。

表 3.8   Session 的常用方法

方 法 名 称	方 法 说 明
void setAttribute(String attribute, Object value)	设置 Session 属性。value 参数可以为任何 Java Object。通常为 Java Bean。value 信息不宜过大
String getAttribute(String attribute)	返回 Session 属性
Enumeration getAttributeNames()	返回 Session 中存在的属性名
void removeAttribute(String attribute)	移除 Session 属性
String getId()	返回 Session 的 ID。该 ID 由服务器自动创建, 不会重复
long getCreationTime()	返回 Session 的创建日期。返回类型为 long, 常被转化为 Date 类型, 例如, Date createTime = new Date(session.getCreationTime())
long getLastAccessedTime()	返回 Session 的最后活跃时间。返回类型为 long
int getMaxInactiveInterval()	返回 Session 的超时时间。单位为秒。超过该时间没有访问, 服务器认为该 Session 失效
void setMaxInactiveInterval(int second)	设置 Session 的超时时间。单位为秒

例 3.11   该案例包含三个文件, 一个登录界面 login. jsp, 一个判断页面 select. jsp, 如果输入用户名为"susan", 密码为"1234"时, 跳转到 ok. jsp 页面, 若成功跳转将会显示 session 的 ID 及用户名, 如果用户名或密码错误直接给出提示。

login. jsp 的代码如下:

```
<! -- login. jsp -->
<% @ page contentType = "text/html; charset = UTF - 8" language = "java" %>
<html>
```

```
< head >
    <title>在线音乐_用户登录</title>
</head>
 < body >
< jsp:include page = "top.jsp"/>
< div id = "navigation" style = "font－size:12px; color:♯000000">→ 欢迎您进入甜橙音乐网登
录页面,请您填写正确的用户名与密码进行后台登录!    祝您天天有份好心情!</div>
< div id = "main" style = "padding－top:5px;margin－bottom:5px;" class = "tableBorder_blue">
  < form name = "form1" method = "post" action = "select.jsp" onSubmit = "return check()">
    < table width = "200" border = "0" cellspacing = "0" cellpadding = "0">
      < tr >
        < td height = "69" colspan = "2" align = "center">  </td>
      </tr>
      < tr >
        < td width = "80" height = "30" class = "word_gray1">用户名:</td>
        < td width = "120"><input name = "userName" type = "text" id = "user" size = "16"></td>
      </tr>
      < tr >
        < td height = "30" class = "word_gray1">密    码:</td>
        < td >< input name = "pwd" type = "password" id = "pwd" size = "16"></td>
      </tr>
      < tr >
         < td height = "30" colspan = "2" align = "center"> < input name = "Submit2" type =
"submit" class = "btn_green" value = "确定">
         
        < input name = "Submit3" type = "reset" class = "btn_green" value = "重置"></td>
      </tr>
    </table>
  </form>
</div>
</body>
</html>
```

select.jsp 的代码如下:

```
<! -- select.jsp -->
< % @ page contentType = "text/html;charset = GBK" % >
< html >
< body >
< %
String name = new String(request.getParameter("userName").getBytes("ISO－8859－1"));
String pwd = new String(request.getParameter("pwd").getBytes("ISO－8859－1"));
if(("susan".equals(name))&&("1234".equals(pwd)))
{
session.setAttribute("userName", name);
% >
< jsp:forward page = "ok.jsp"/>
< %
}
```

75

第
3
章

JSP 隐含对象

```
else
out.print("用户名或密码错误");
%>
</body>
</html>
```

ok.jsp 的代码如下：

```
<!-- ok.jsp -->
<%@ page contentType = "text/html;charset = GBK" %>
<body>
<%
String name = (String)session.getAttribute("userName");
String ID = session.getId();
%>
<table>
<tr>
<td><h2>服务器为您分配的账号是:<% = ID %><h2></h2></td>
</tr>
<tr>
<td><h2>欢迎您<% = name %><h2></h2></td>
</tr>
</table>
```

运行结果如图 3.12~图 3.14 所示。

图 3.12　登录界面

图 3.13　用户名或密码错误界面

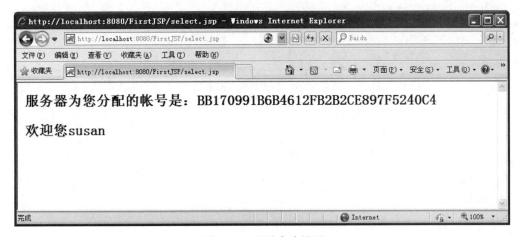

图 3.14　登录成功界面

3.2.6　案例 6：使用 config 隐含对象

config 对象实现于 javax. servlet. ServletConfig 接口，Web 容器在初始化时使用一个 ServletConfig（即 config）对象向 JSP 页面传递信息，此配置信息包括初始化参数（在当前 Web 应用的应用部署描述文件 web. xml 中定义）以及表示 Servlet 或 JSP 页面所属 Web 应用的 ServletContext 对象。

config 对象的方法如表 3.9 所示。

表 3.9　config 对象的方法

方 法 名 称	方 法 说 明
public String getInitParameter(name)	获取指定名字的初始参数
public java. util. Enumeration getInitParameterNames( )	获取所有初始参数
public ServletContext getServletContext( )	获取 ServletContext 对象（application）
public Sring getServletName( )	获取 Servlet 名字

如果在 web. xml 文件中，针对某个 servlet 文件或 JSP 文件设置了初始化参数，则可以通过 config 对象来获取这些初始化参数。

例 3.12 利用 config 对象获取 web.xml 的初始化参数。

```
<!-- config.jsp -->
<%@ page contentType = "text/html;charset = GBK" import = "java.util. * " %>
<html>
<head>
<title>config 对象</title>
</head>
<body>
<b>web 应用初始参数:</b>
<pre>
<%
Enumeration e = config.getInitParameterNames();
while (e.hasMoreElements())
        {
            Object nameOb = e.nextElement();
            String name = (String) nameOb;
            out.print(name + ": ");
            out.println(config.getInitParameter(name));
        }
%>
<b>web 应用名称:</b>
<% = config.getServletName() %><br/>
</pre>
</body>
</html>
```

没有对 web.xml 进行初始化设置的情况下,运行结果如图 3.15 所示。

图 3.15 获取 web.xml 初始化参数

3.2.7 案例 7: 使用 exception 隐含对象

exception 对象的基类是 javax.servlet.jsp.JspException 类。当 JSP 页面在执行过程中发生异常或错误时,会自动产生一个 exception 对象。在 JSP 页面中,使用 page 指令,设置 isErrorPage 属性值为 true 后,就可以使用该 exception 对象,来查找页面出错信息。

Exception 对象的使用包括两部分：确定可能出现异常的页面和专门处理异常的页面。

1. 可能出现异常的页面

在有可能产生异常或错误的 JSP 页面中，使用 page 指令设置 errorPage 属性，属性值为能够进行异常处理的某个 JSP 页面。

2. 专门处理异常的页面

在专门负责处理异常的 JSP 页面中，使用 page 指令设置 isErrorPage 属性为 true，并使用 exception 对象来获取出错信息。

exception 对象的常用方法如表 3.10 所示。

表 3.10　exception 的常用方法

方 法 名 称	方 法 说 明
String getMessage()	返回简短的 JSP 页面的出错信息
String toString()	返回详细的 JSP 页面的出错信息
String getLocalizedMessage()	输出错误信息
void printStackTrace()	显示异常的栈跟踪轨迹
nativeThrowable fillInStackTrace()	重写异常错误的栈执行轨迹

例 3.13　创建一个出现异常的页面 exception.jsp 和一个专门处理异常的页面 error.jsp。代码如下：

```
<! -- exception.jsp -->
<%@ page isErrorPage = "true" errorPage = "error.jsp" contentType = "text/html;charset = GBK"
%>
<h2>发生异常</h2>
<%! boolean throwError = true; %>
<%
  if (throwError){
    throwError = false;
    throw new Exception("抛出异常");
    }
%>
<i>错误描述:<i><% = exception.getMessage() %><br/>
<% = exception.toString() %><p/>
<i>详细出错原因:</i><p/>
<pre>
<% exception.printStackTrace(new java.io.PrintWriter(out));
  throwError = true;
  %>
</pre>
<! -- error.jsp -->
<%@ page contentType = "text/html; charset = UTF - 8" language = "java" import = "java.sql. * "
errorPage = "" %>
<html>
<head>
<title>错误提示</title>
<link href = "CSS/style.css" rel = "stylesheet">
</head>
```

```
< body >
< table width = "100 %" height = "100 %" border = "0" cellpadding = "0" cellspacing = "0">
  < tr >
    < td align = "center">< table width = "419" height = "226" border = "0" cellpadding = "0"
cellspacing = "0">
      < tr >
        < td align = "center">  错误提示信息  $ {error}< br >
          < br >
          < input name = "Submit" type = "submit" class = "btn_grey" value = "返回" onClick =
"history. back( - 1)"></td>
      </tr>
    </table></td>
  </tr>
</table>
< center >
</center >
</body >
</html >
```

运行 exception. jsp 的结果如图 3.16 所示。

图 3.16 exception 对象的应用

3.2.8 案例 8：使用 page 隐含对象

page 是 java. lang. Object 类的对象。page 对象在当前 JSP 页面中可以用 this 关键字替代。在 JSP 页面的 Java 程序脚本中和 JSP 表达式中都可以使用 page 对象。

page 对象常见的方法如表 3.11 所示。

表 3.11 page 的常用方法

方 法 名 称	方 法 说 明
class getClass()	返回当时 Object 的类
int hashCode()	返回此时 Object 的哈希代码
String toString()	将此时的 Object 类转换成字符串
boolean equals(Object ob)	比较此对象是否与指定的对象相等

方 法 名 称	方 法 说 明
void copy(Object ob)	将此对象复制到指定的对象中
Object clone()	对此对象进行克隆
ServletConfig getServletConfig()	获取 ServletConfig 对象
ServletContext getServletContext()	获取 ServletContext 对象
String getServletInfo()	获取当前 JSP 页面的 Info 属性

例 3.14　使用 page 指令定义属性 info,然后使用 getServletInfo()方法取得属性 info 的值,page. jsp 代码如下:

```
<! -- page.jsp -->
<%@ page info = "音乐之声 可以试听下载。" contentType = "text/html;charset = GBK" %>
< html >
< head >
  < title > page 对象</title >
</head >
< body >
<b>页面指令中定义的 Info 属性 :</b>
<% = this.getServletInfo() %>
</body >
</html >
```

运行结果如图 3.17 所示。

图 3.17　page 对象的应用

3.2.9　案例 9:使用 pageContext 隐含对象

pageContext 对象是 javax. servlet. jsp. PageContext 类的实例对象,它是一个比较特殊的对象,它相当于页面中所有其他对象功能的最大集成者,即使用它可以访问到本页面中所有其他的对象,例如前面描述过的 request、response、out 和 page 对象等。由于在 JSP 中 request 和 response 等对象本来就可以通过直接调用方法使用,所以 pageContext 对象在实际 JSP 开发中很少使用到。

pageContext 对象在存取其他隐含对象属性的 setAttribute 方法中需要指定范围的参数,其语法格式为:

```
void setAttribute(String name, Object value, int scope)
```

语法说明：

范围参数 scope 有 4 个，分别代表 4 种范围：PAGE_SCOPE、REQUEST_SCOPE、SESSION_SCOPE、APPLICATION_SCOPE。

pageContext 对象的常用方法如表 3.12 所示。

表 3.12　pageContext 常用方法

方 法 名 称	方 法 说 明
Exception getException( )	回传网页的异常
JspWriter getOut( )	回传网页的输出流，例如，out
Object getPage( )	回传网页的 Servlet 实体(instance)，例如，page
ServletRequest getRequest( )	回传网页的请求，例如，request
ServletResponse getResponse( )	回传网页的响应，例如，response
ServletConfig getServletConfig( )	回传此网页的 ServletConfig 对象，例如，config
ServletContext getServletContext( )	回传此网页的执行环境(context)，例如，application
HttpSession getSession( )	回传和网页有联系的会话(session)，例如，session
Object getAttribute(String name, int scope)	回传 name 属性，范围为 scope 的属性对象，回传类型为 Object
Enumeration getAttributeNamesInScope(int scope)	回传所有属性范围为 scope 的属性名称，回传类型为 Enumeration
int getAttributesScope(String name)	回传属性名称为 name 的属性范围
void removeAttribute(String name)	移除属性名称为 name 的属性对象
void removeAttribute(String name, int scope)	移除属性名称为 name，范围为 scope 的属性对象
void setAttribute(String name, Object value, int scope)	指定属性对象的名称为 name、值为 value、范围为 scope
Object findAttribute(String name)	寻找在所有范围中属性名称为 name 的属性对象

例 3.15　利用 pageContext 对象设置 4 种范围的属性值并进行获取。利用 pageContext 对象的常用方法进行删除、查找属性等简单操作。pageContext.jsp 代码如下：

```
<! -- pageContext.jsp -->
<%@page contentType = "text/html;charset = gb2312"%>
<html>
<head>
<title>pageContext 对象_例 1</title>
</head>
<body>
<h2>pageContext 对象</h2>
<%
pageContext.setAttribute("name","爸爸去哪儿");
request.setAttribute("name","下载歌曲");
session.setAttribute("name","甜橙音乐之声");
application.setAttribute("name","音乐之声");
%>
page 设定的值:<% = pageContext.getAttribute("name")%><br>
request 设定的值:<% = pageContext.getRequest().getAttribute("name")%><br>
session 设定的值:<% = pageContext.getSession().getAttribute("name")%><br>
```

```
application 设定的值:<%=pageContext.getServletContext().getAttribute("name")%><br>
<br>
页面有效的值:<%=pageContext.getAttribute("name",1)%><br>
请求有效的值:<%=pageContext.getAttribute("name",2)%><br>
会话有效的值:<%=pageContext.getAttribute("name",3)%><br>
应用有效的值:<%=pageContext.getAttribute("name",4)%><br>
<br>
<i>现在利用 removeAttribute 方法删除 session 设置。</i><br>
<%pageContext.removeAttribute("name",3);%>
<br>
pageContext 修改后的 session 设定的值:<%=session.getValue("name")%><br>
<br>
<i>现在修改 application 的值。</i><br>
<%pageContext.setAttribute("name","音乐网",4);%>
<br>
pageContext 修改后的 application 设定的值:<%=pageContext.getServletContext().getAttribute
("name")%><br>
<br>
默认属性的值:<%=pageContext.findAttribute("name")%><br>
默认属性的范围值:<%=pageContext.getAttributesScope("name")%><br>
</body>
</html>
```

运行界面如图 3.18 所示。

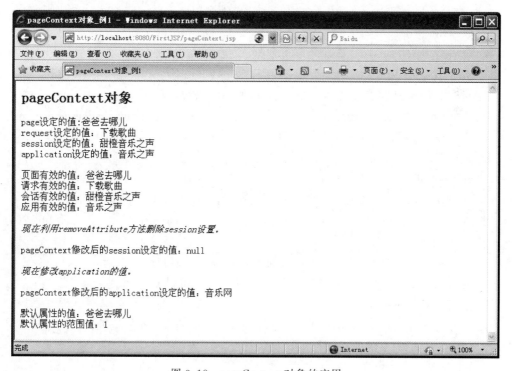

图 3.18　pageContext 对象的应用

3.3　小　　结

JSP 隐含对象包括 9 种，本章主要对这 9 种对象进行了详细的介绍。从使用和开发的角度介绍了 9 种隐含对象各自的由来、特点以及常用方法，对每个隐含对象都有案例进行相应的解释。

9 种隐含对象中涉及了 4 种有效范围，重点学习 4 种有效范围的特点。

学习本章时，应把注意力放在掌握各种隐含对象的使用上，为以后的编程打下坚实的基础。由于对象比较多，方法又很丰富，因此用了比较简单的例子进行说明。

3.4　习　　题

一、选择题

1. 下面不属于 JSP 内置对象的是（　　　）。

   A. out 对象　　　　　B. respone 对象　　　C. application 对象　　D. page 对象

2. 以下哪个对象提供了访问和放置页面中共享数据的方式？（　　　）

   A. pageContext　　　B. response　　　　　C. request　　　　　　D. session

3. 在 JSP 中为内建对象定义了 4 种作用范围，即 Application Scope、Session Scope、Page Scope 和（　　　）4 个作用范围。

   A. Request Scope　　　　　　　　　　　B. Response Scope
   C. Out Scope　　　　　　　　　　　　　D. Writer Scope

4. Form 表单的 method 属性能取下列哪项的值？（　　　）

   A. submit　　　　　　B. puts　　　　　　C. post　　　　　　　D. out

5. 可以利用 JSP 动态改变客户端的响应，使用的语法是（　　　）。

   A. response. setHeader()　　　　　　　B. response. outHeader()
   C. response. writeHeader()　　　　　　D response. handlerHeader()

6. JSP 页面中 request. getParamter(String)得到的数据，其类型是（　　　）。

   A. Double　　　　　　B. int　　　　　　　C. String　　　　　　D. Integer

7. 当利用 request 的方法获取 Form 中元素时，默认情况下字符编码是（　　　）。

   A. ISO-8859-1　　　　B. GB2312　　　　　C. GB3000　　　　　　D. ISO-82591

二、填空题

1. JSP 的（　　　）对象用来保存单个用户访问时的一些信息。

2. response 对象的（　　　）方法可以将当前客户端的请求转到其他页面去。

3. 当客户端请求一个 JSP 页面时，JSP 容器会将请求信息包装在（　　　）对象中。

4. 表单标记中的（　　　）属性用于指定处理表单数据程序 url 的地址。

5. <select>标记中的 size 属性默认值为（　　　）。

三、简答题

1. 请说出 JSP 中常用的隐含对象。

2. 简述 request 对象和 response 对象的作用。

3. session 对象与 application 对象有何区别？

4. 网页中的表单如何定义？通常表单中包含哪些元素？

5. JSP 隐含对象有哪 4 个作用范围？什么情况下 session 会关闭？

6. response.sendRedirect(URL url)方法有何作用？

7. 是不是所有 Web 服务目录共用一个 application？

8. 怎样使用 request、session 和 application 对象进行参数存取？

9. 设计注册表单,利用 request 对象实现获取用户注册信息。

10. 利用 session 对象实现购物车。

第4章　使用数据库

本章导读

　　MySQL 是世界上最流行的免费下载的开源数据库。无论是快速成长的 Web 应用企业、独立软件开发商或是大型企业,MySQL 都能经济有效地交付高性能、可扩展的数据库应用。

　　商业客户可灵活选择多个版本,以满足特殊的商业和技术需求,包括 MySQL 标准版、MySQL 企业版、MySQL 集群版等。

本章要点

- MySQL 的安装与使用
- 使用 JDBC 访问数据库
- 连接池技术

4.1　MySQL 的安装与使用

4.1.1　案例 1:下载安装和配置

　　MySQL 是一种流行的开放源码的数据库管理系统,其开发者为瑞典 MySQL AB 公司。MySQL AB 公司由多名 MySQL 开发人员创办。在 MySQL 的网站(http://www.mysql.com)上给出了关于 MySQL 的最新信息。MySQL 是开源的,开源意味着任何人都可以使用和修改该软件,任何人都可以从 Internet 上下载和使用 MySQL 而不需要支付任何费用。

　　对于一般的个人用户和中小型企业来说,MySQL 提供的功能已经绰绰有余,而且由于 MySQL 是开放源码软件,因此可以大大降低总体拥有成本。目前 Internet 上流行的网站构架方式 LAMP(Linux＋Apache＋MySQL＋PHP)使用 Linux 作为操作系统,Apache 作为 Web 服务器,MySQL 作为数据库,PHP 作为服务器端脚本解释器。由于这四个软件都是自由或开放源码软件,因此使用这种方式不用花一分钱就可以建立起一个稳定、免费的网站系统。在兼容性、稳定性和安全性方面,LAMP 的表现也很出色。

　　对于数据库开发首先要作出决策,是否想要使用最新的开发版本或最终的稳定版本。

MySQL 同时存在多个发布系列,每个发布处在成熟度的不同阶段。本章要介绍的是 MySQL 5.1,支持 SQL 标准并进行了相应的扩展。

1. MySQL 服务器的安装与配置

MySQL 服务器安装包可以从下载页(http://dev.mysql.com/downloads/mysql)免费下载。

在下载完成后,将压缩文件进行解压,找到 setup.exe 并双击,出现如图 4.1 所示的界面。

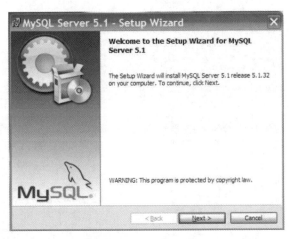

图 4.1　开始安装 MySQL

单击 Next 按钮,进入安装类型选择。安装类型有 Typical(默认)、Complete(完全)、Custom(自定义)三个选项,这里选择 Custom,如图 4.2 所示。

图 4.2　选择 MySQL 安装类型

在 MySQL Server 选项(MySQL 服务器)上单击,选择"This feature, and all subfeatures, will be installed on local hard drive."选项,即"此部分及下属子部分内容,全部安装在本地硬盘上"。单击 Change 按钮,手动指定安装目录,如图 4.3 和图 4.4 所示。

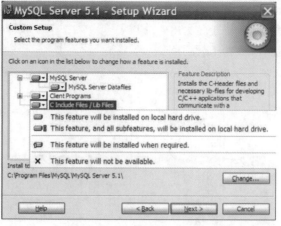

图 4.3　选择安装内容

图 4.4　选择安装路径

　　确认先前的设置,如果有误,单击 Back 按钮返回重做。如果前述操作正确,则单击
Install 按钮开始安装,如图 4.5 所示。

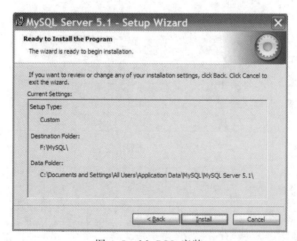

图 4.5　MySQL 安装

开始安装,直到出现如图 4.6 所示的界面。

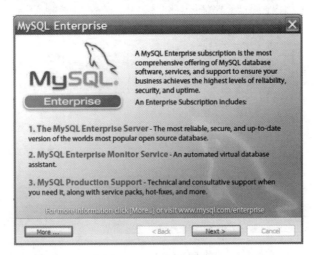

图 4.6　MySQL 介绍

单击 Next 按钮,安装向导结束,开始 MySQL 服务器配置,将选中 Configure the MySQL Server now 复选框,单击 Finish 按钮,如图 4.7 所示。

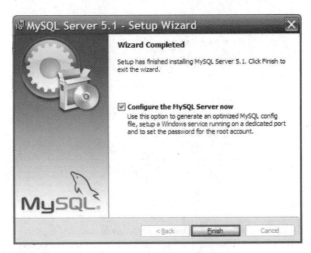

图 4.7　安装向导结束

MySQL 的配置向导,如图 4.8 所示。

在安装配置向导开始窗口单击 Next 按钮,进入配置类型选择框,在 Detailed Configuration(手动精确配置)、Standard Configuration(标准配置)中,这里选择 Detailed Configuration 单选按钮,如图 4.9 所示。

单击 Next 按钮,选择服务器类型,在 Developer Machine(开发测试类,MySQL 占用很少资源)、Server Machine(服务器类型,MySQL 占用较多资源)、Dedicated MySQL Server Machine(专门的数据库服务器,MySQL 占用所有可用资源),一般选择 Server Machine 单选按钮,如图 4.10 所示。

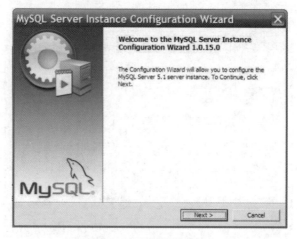

图 4.8　安装配置向导

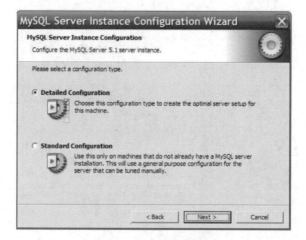

图 4.9　选择配置类型

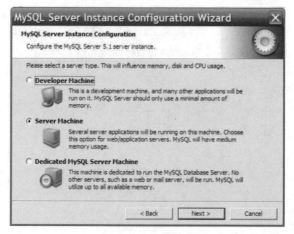

图 4.10　选择服务器类型

单击 Next 按钮,选择 MySQL 数据库的大致用途,如 Multifunctional Database(通用多功能型,好)、Transactional Database Only(服务器类型,专注于事务处理,一般)、Non-Transactional Database Only(非事务处理型,较简单,主要做一些监控、计数用,对MyISAM 数据类型的支持仅限于 non-transactional),可以按照自己的用途而选择,这里选择 Transactional Database Only 单选按钮,如图 4.11 所示。

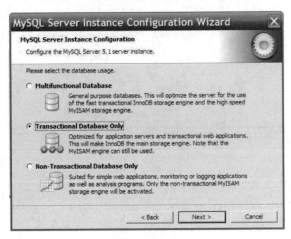

图 4.11　选择 MySQL 数据库的用途

单击 Next 按钮,对 InnoDB Tablespace Settings 进行配置,就是为 InnoDB 数据库文件选择一个存储空间,如果修改了,要记住位置,重装的时候要选择一样的地方,否则可能会造成数据库损坏。当然,对数据库做个备份就没问题了。这里没有修改,使用默认位置,如图 4.12 所示。

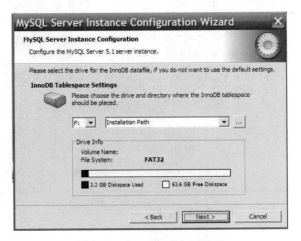

图 4.12　InnoDB 表空间设置

单击 Next 按钮,选择系统或网站的数据库访问量,可同时连接的数目可选择 Decision Support(DSS)/OLAP(20 个左右)、Online Transaction Processing(OLTP)(500 个左右)、Manual Setting(手动设置,自己输入一个数),这里选择 Online Transaction Processing (OLTP)单选按钮,如图 4.13 所示。

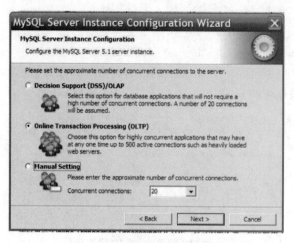

图 4.13　选择数据库连接数

单击 Next 按钮,配置是否启用 TCP/IP 连接以及设定端口。如果不启用,就只能在自己的机器上访问 MySQL 数据库了。这里启用,选中 Enable TCP/IP Networking 复选框,Port Number 为 3306,连接数据库 3306 端口,可以修改为其他端口。在这个对话框还可以选择"启用标准模式"(Enable Strict Mode),这样 MySQL 就不会允许细小的语法错误。如果是新手,则建议取消标准模式以减少麻烦。等待熟悉 MySQL 以后可以使用标准模式,因为它能降低非法数据进入数据库的可能性。还有一个关于防火墙的设置"Add firewall exception for this port"需要选中,设置 MySQL 服务的监听端口为 Windows 防火墙例外,避免防火墙阻断,如图 4.14 所示。

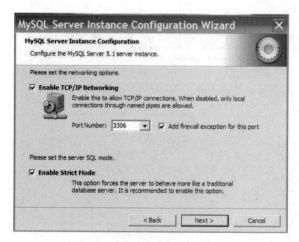

图 4.14　选用网络类型

单击 Next 按钮,选择数据库的字符集,对 MySQL 默认编码进行设置,第一个是西文编码,第二个是通用 utf8 编码,第三个可以选择特定字符集,这里选择第二个通用 utf8 字符集编码,如图 4.15 所示。

单击 Next 按钮,选择将 MySQL 安装为 Windows 服务,还可以指定 Service Name(服务标识名称),"Include Bin Directory in Windows PATH"将 MySQL 的 bin 目录加入到

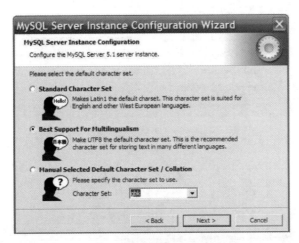

图 4.15　选择编码类型

Windows PATH(加入后,就可以直接使用 bin 下的文件,而不用指出目录名,比如连接,
"mysql. exe -u username -p password;"就可以了,不用指出 mysql. exe 的完整地址,很方
便),这里全部选中,Service Name 不变,如图 4.16 所示。

图 4.16　选择是否将 MySQL 安装为 Windows 服务

　　单击 Next 按钮,这一步询问是否要修改默认 root 用户(超级管理员)的密码(默认为
空),在"New root password:"此处填入新密码(如果是重装,并且之前已经设置了密码,在
这里更改密码可能会出错,请留空,并取消选中 Modify Security Settings 复选框,安装配置
完成后另行修改密码),在 Confirm 文本框中再填一次,防止输错。Enable root access from
remote machines(是否允许 root 用户在其他的机器上登录,如果要安全,就不要选中该选
项,如果要方便,就选中该选项)。最后,关于 Create An Anonymous Account(新建一个匿
名用户,匿名用户可以连接数据库,不能操作数据,包括查询)复选框,一般就不勾选了,设置
完毕,如图 4.17 所示。
　　单击 Next 按钮,确认设置无误;如果有误,则单击 Back 按钮返回检查。单击 Execute
使设置生效,如图 4-18 所示。设置完毕,单击 Finish 按钮结束 MySQL 的安装与配置。这

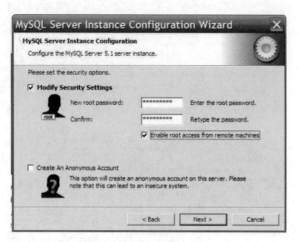

图 4.17　配置 MySQL 账户

里有一个比较常见的错误,就是不能启动服务,一般出现在以前安装过 MySQL 的服务器上,解决的办法是先保证以前安装的 MySQL 服务器彻底卸载掉了;不行的话,检查是否按上面一步所说,之前的密码是否有修改,照上面的操作;如果依然不行,将 MySQL 安装目录下的 data 文件夹备份,然后删除,在安装完成后,将安装生成的 data 文件夹删除,备份的 data 文件夹移回来,再重启 MySQL 服务就可以了,在这种情况下,可能需要将数据库检查一下,然后修复一次,防止数据出错。

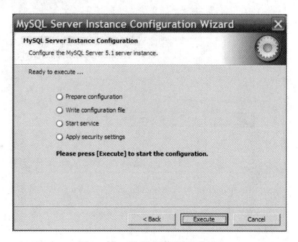

图 4.18　执行所配置的任务

至此 MySQL 数据库安装完毕,单击"开始"→"所有程序"→MySQL→MySQL Server 5.1→MySQL Command Line Client 选项,可以看到 MySQL 的命令行窗口。输入安装时设置的密码即可进入 MySQL 的命令行窗口界面。此命令行窗口类似 DOS,为了操作方便,可以安装操作 MySQL 的图形用户界面工具。

　　MySQL 的管理维护工具非常多,除了系统自带的命令行管理工具之外,还有许多其他的图形化管理工具,这里介绍几个经常使用的 MySQL 图形化管理工具,供大家参考。

　　(1)　phpMyAdmin(http://www.phpmyadmin.net/)。phpMyAdmin 是最常用的

MySQL 维护工具,是一个用 PHP 开发的基于 Web 方式架构在网站主机上的 MySQL 管理工具,支持中文,管理数据库非常方便。不足之处在于对数据库的备份和恢复不方便。

（2）MySQLDumper(http://www.mysqldumper.de/en/)。MySQLDumper 是使用 PHP 开发的 MySQL 数据库备份恢复程序,解决了使用 PHP 进行数据库备份和恢复的问题,数百兆的数据库都可以方便地备份恢复,不用担心网速太慢导致中断的问题,非常方便易用。这个软件是德国人开发的,还没有中文语言包。

（3）Navicat(http://www.navicat.com/)。Navicat 是一个桌面版 MySQL 数据库管理和开发工具。它和微软 SQL Server 的管理器很像,易学易用。Navicat 使用图形化的用户界面,可以让用户使用和管理更为轻松。支持中文,有免费版本提供。

（4）MySQL GUI Tools(http://dev.mysql.com/downloads/gui-tools/)。MySQL GUI Tools 是 MySQL 官方提供的图形化管理工具,功能很强大,值得推荐,可惜的是没有中文界面。

4.1.2 案例 2:创建数据库

要创建 MySQL 数据库,有以下几种方式。

1. 命令行方式创建数据库

打开 DOS 窗口,启动 MySQL 服务,如图 4.19 所示。

图 4.19　启动 MySQL 服务

连接 MySQL,连接成功显示如图 4.20 所示。

通过"mysql>show databases;"命令显示已经创建好的数据库,再通过"mysql>use test"命令显示 test 数据库,如图 4.21 所示。

通过创建数据库命令"mysql>create database mysqltest;",创建成功后显示如图 4.22 所示。

创建表 test 和添加记录命令如图 4.23 所示。

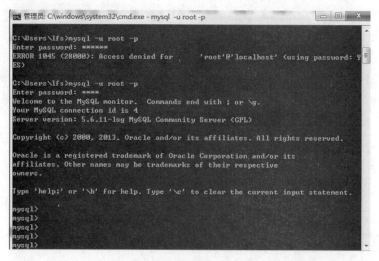

图 4.20　连接 MySQL 数据库

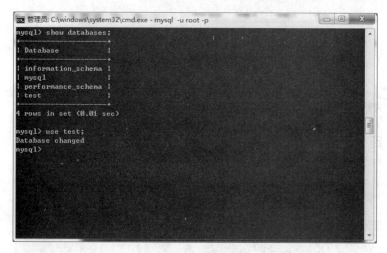

图 4.21　创建数据库

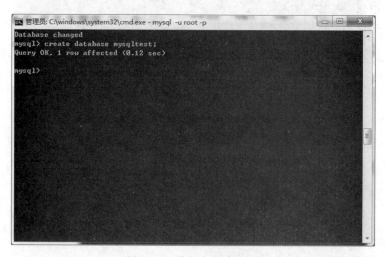

图 4.22　数据库创建成功

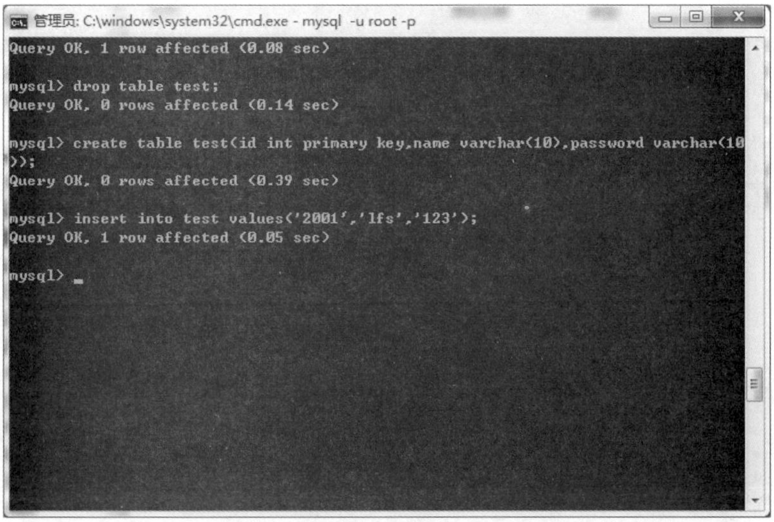

图 4.23　创建表并向表内添加记录

2. 图形化管理工具方式创建数据库

管理工具 Navicat 可以与任何 3.21 及以上版本的 MySQL 一起工作，并支持大部分的 MySQL 最新功能，包括触发器、存储过程、函数、事件、视图、管理用户，不管是对于专业的数据库开发人员还是 DB 新手来说，其精心设计的用户图形界面（GUI）都为安全、便捷地操作 MySQL 数据信息提供了一个简洁的管理平台。其不但可以在 Windows 平台稳定运行，同样兼容于 Mac OS X 和 Linux 系统。Navicat 软件的安装过程比较简单，一直单击"下一步"按钮就能完成，安装完毕后在桌面找到 Navicat Premium 的图标，双击即可打开 Navicat Premium 管理器界面，如图 4.24 所示。

图 4.24　打开 Navicat Premium 管理器

创建数据库之前先建立和数据库的连接，在导航窗口的左上角有一个"连接"的按钮，单击后会弹出一个连接属性的提示框，首先给"连接"起一个合适的名字，然后输入正确的连接信息，如果使用 root 用户，密码为安装 MySQL 时设置的密码。要管理远程的数据库，在 IP 地址栏内输入正确的 IP 地址即可，如图 4.25 所示。

如果要修改 root 的密码，单击"管理用户"图标就会列出 root 这个用户，如图 4.26 所示。

在 root@localhost 上右击，在弹出的快捷菜单中选择"编辑用户"命令，如图 4.27 所示。

单击"编辑用户"命令后，会弹出编辑 root 用户的新窗口，直接修改密码和确认密码后，单击"确定"按钮即完成了 root 密码的修改，如图 4.28 所示。

特别说明：修改 root 密码后，需要关闭 Navicat Premium 管理器，重新打开，然后在连接名上右击，在弹出的快捷菜单中选择"连接属性"命令，如图 4.29 所示，修改 root 的登录密码为新修改密码，如图 4.30 所示。

图 4.25 创建数据库连接

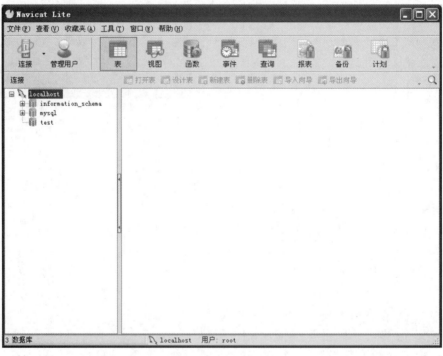

图 4.26 管理用户

图 4.27 编辑用户

图 4.28 修改 root 密码

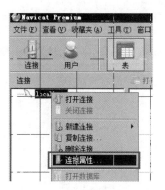

图 4.29 选择"连接属性"命令

图 4.30 重置 root 密码

下面介绍如何在 Navicat Premium 管理器中创建一个新的数据库。打开 Navicat Premium 管理器后，双击连接名，在连接名上右击，在弹出的快捷菜单中选择"新建数据库"命令，如图 4.31 所示。

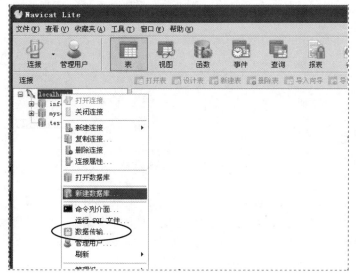

图 4.31 新建数据库

使用数据库

在"创建新数据库"窗口中,输入数据库名称、字符集一般用 utf-8,可以根据实际情况选择(这里需要注意,字符集如果选择不正确,可能会导致数据内容产生乱码),"校对"选项可以空白,如图 4.32 所示。

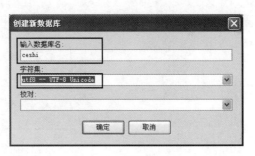

图 4.32　创建数据库

经过上面的操作后,数据库就创建完成了,Navicat Premium 管理器左侧连接名下会列出新建的数据库。双击新建的数据库名,打开此数据库后可以创建表。单击"新建表"图标,如图 4.33 所示。

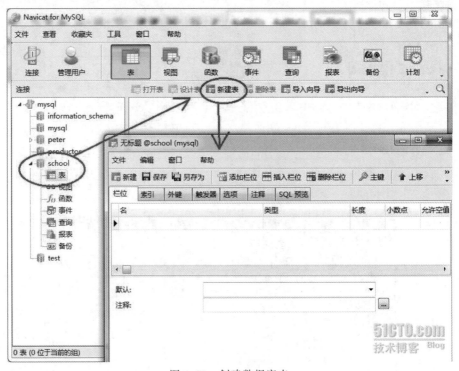

图 4.33　创建数据库表

在建表过程中有一个地方要特别的注意,就是"栏位",它的意思就是通常所说的"字段",工具栏中的"添加栏位"即添加字段的意思,添加完所有的字段以后要根据需求设置相应的"主键"。如果数据库比较复杂,还可以根据需求继续做相关的设置,在"栏位"标签栏中还有索引、外键、触发器供调用,在"SQL 预览"标签下是 SQL 语句,这对于学习 SQL 语句来说可是非常有用的,如图 4.34 所示。

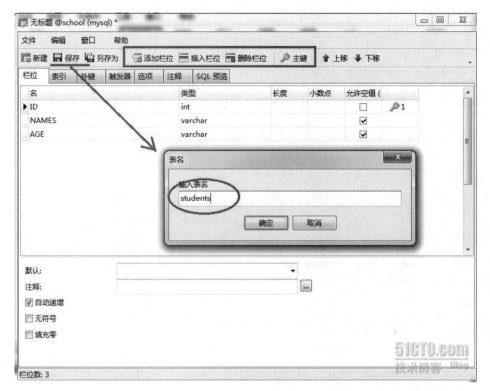

图 4.34　设置表字段

4.1.3　案例 3：安装配置 JDBC 驱动

JDBC(Java Database Connectivity，Java 数据库连接)是 Java 语言中用来规范客户端程序访问数据库的应用程序接口，提供了诸如查询和更新数据库中数据的方法。它是面向关系型数据库的，由一组用 Java 语言编写的类和接口组成。JDBC 为工具/数据库开发人员提供了一个标准的 API，据此可以构建更高级的工具和接口，使开发人员能够编写数据库应用程序。

有了 JDBC，向各种关系型数据库发送 SQL 语句就是一件很容易的事。换言之，有了 JDBC API，就不必为访问 Sybase 数据库专门写一个程序，为访问 Oracle 数据库又专门写一个程序，程序员只需用 JDBC API 写一个程序就够了。同时，将 Java 语言和 JDBC 结合起来使程序员不必为不同的平台编写不同的应用程序，只须写一遍程序就可以让它在任何平台上运行，这也是 Java 语言"编写一次，处处运行"的优势。

JDBC 对 Java 程序员而言是 API，对实现与数据库连接的服务提供商而言是接口模型。作为 API，JDBC 为程序开发提供了标准的接口，并为数据库厂商及第三方中间件厂商实现与数据库的连接提供了标准方法。

Java 具有坚固、安全、易于使用、易于理解和可从网络上自动下载等特性，是编写数据库应用程序的杰出语言。所需要的只是 Java 应用程序与各种不同数据库之间进行对话的方法。而 JDBC 正是作为此种用途的机制，JDBC 扩展了 Java 的功能。

同使用打印机前要安装驱动程序一样,通过 JDBC 访问数据库要先注册数据库驱动, JDBC 驱动程序共分 4 种类型。

1. JDBC-ODBC 桥

这种类型的驱动把所有 JDBC 的调用传递给 ODBC,再让后者调用数据库本地驱动代码(也就是数据库厂商提供的数据库操作二进制代码库,例如 Oracle 中的 oci. dll)。

1) 优点

只要有对应的 ODBC 驱动(大部分数据库厂商都会提供),几乎可以访问所有的数据库。

2) 缺点

执行效率比较低,不适合大数据量访问的应用。

由于需要客户端预装对应的 ODBC 驱动,不适合 Internet/Intranet 应用。

2. 本地 API 驱动

这种类型的驱动通过客户端加载数据库厂商提供的本地代码库(C/C++等)来访问数据库,而在驱动程序中则包含了 Java 代码。

1) 优点

速度快于第一类驱动(但仍比不上第三、第四类驱动)。

2) 缺点

由于需要客户端预装对应的数据库厂商代码库,仍不适合 Internet/Intranet 应用。

3. 网络协议驱动

这种类型的驱动给客户端提供了一个网络 API,客户端上的 JDBC 驱动程序使用套接字(Socket)来调用服务器上的中间件程序,后者再将其请求转化为所需的具体 API 调用。

1) 优点

不需要在客户端加载数据库厂商提供的代码库,单个驱动程序可以对多个数据库进行访问,可扩展性较好。

2) 缺点

在中间件层仍需对最终数据进行配置;

由于多出一个中间件层,速度不如第四类驱动程序。

4. 本地协议驱动

这种类型的驱动使用 Socket,直接在客户端和数据库间通信。

1) 优点

访问速度最快。

这是最直接、最纯粹的 Java 实现。

2) 缺点

因为缺乏足够的文档和技术支持,几乎只有数据库厂商自己才能提供这种类型的 JDBC 驱动。

需要针对不同的数据库使用不同的驱动程序。

这里我们选择本地协议驱动类型,访问 MySQL 需要有 MySQL 的数据库驱动程序 mysql-connector-java-5. 1. 18-bin. jar。前往 MySQL 官网(http://www. mysql. com/products/connector/)

下载此驱动程序,找到 JDBC Driver for MySQL(Connector/J)项,单击 Download 选项,跟着网站的引导进行下载即可,如图 4.35 和图 4.36 所示。

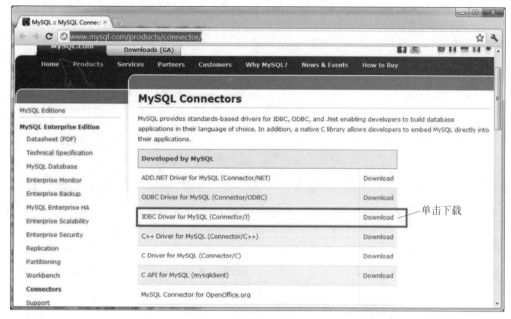

图 4.35　MySQL 下载地址

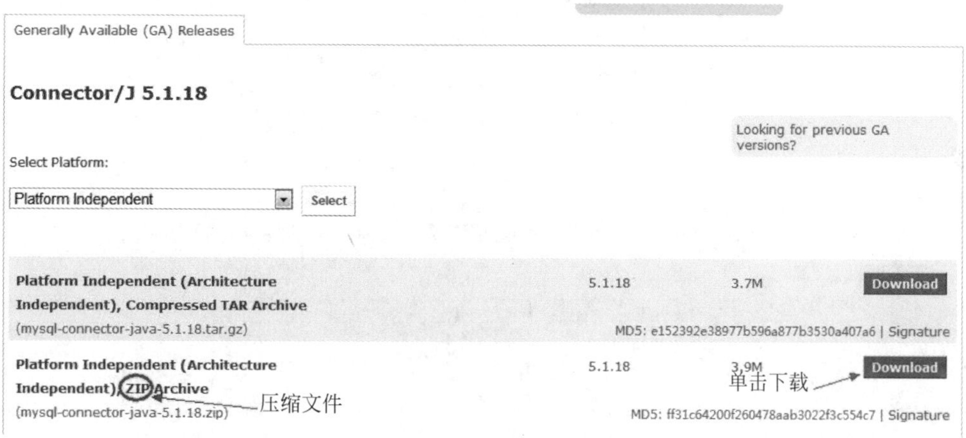

图 4.36　MySQL 版本选择和下载

解压下载得到的压缩包(mysql-connector-java-5.1.18.zip),将得到其中的 jar 文件(mysql-connector-java-5.1.18-bin.jar),以备加载驱动程序时使用,如图 4.37 所示。

在 MyEclips 中创建项目并在项目中添加 MySQL 驱动程序。创建的项目类型可以是 Java 项目或者 Java Web 项目。这里创建的是 Web 项目,项目名称可以随便取,此处命名为 JavaWebChp07。创建成功后将下载得到的 MySQL 驱动程序包(mysql-connector-java-5.1.18-bin.jar)添加到工程的 Build path 中,添加过程如图 4.38~图 4.41 所示。

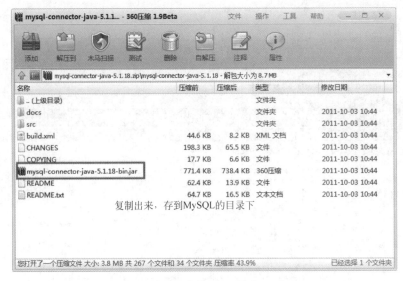

复制出来，存到MySQL的目录下

图 4.37 解压 MySQL 驱动 jar 包

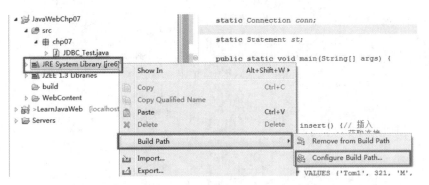

图 4.38 添加 MySQL 驱动包

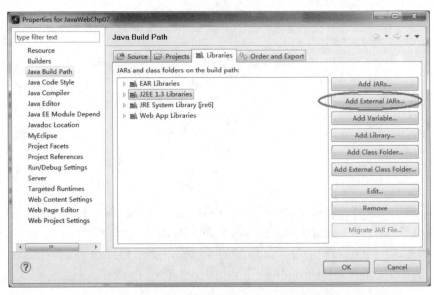

图 4.39 选择 Add External JARs

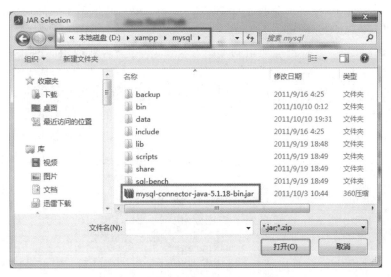

图 4.40 选择解压好的 MySQL 的 jar 包

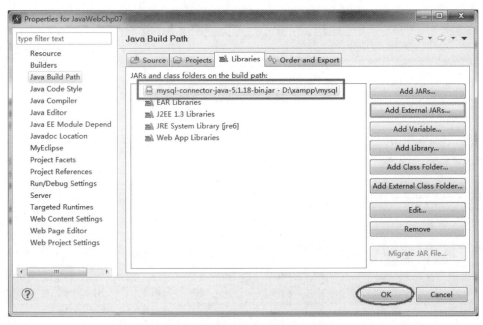

图 4.41 单击 OK 按钮确定添加

4.2 使用 JDBC 访问数据库

4.2.1 加载 JDBC 驱动程序

JDBC API 主要位于 JDK 中的 java.sql 包中(之后扩展的内容位于 javax.sql 包中),主要包括(斜体代表接口,需驱动程序提供者来具体实现)。

DriverManager：负责加载各种不同驱动程序（Driver），并根据不同的请求，向调用者返回相应的数据库连接（Connection）。

Driver：驱动程序，会将自身加载到 DriverManager 中去，处理相应的请求并返回相应的数据库连接（Connection）。

Connection：数据库连接，负责与数据库间通信，执行 SQL 以及事务处理等，都是在某个特定 Connection 环境中进行的。可以产生用以执行 SQL 的 Statement。

Statement：用于执行 SQL 查询和更新（针对静态 SQL 语句和单次执行）。

PreparedStatement：用于执行包含动态参数的 SQL 查询和更新（在服务器端编译，允许重复执行以提高效率）。

CallableStatement：用于调用数据库中的存储过程。

SQLException：代表在数据库连接的创建和关闭，SQL 语句的执行过程中发生了例外情况（即错误）。

利用 Class.forName()方法来加载 JDBC 驱动程序（Driver）至 DriverManager：

```
// 定义 MySQL 的数据库驱动程序
public final String DBDRIVER = "com.mysql.jdbc.Driver ";
try{
    Class.forName(DBDRIVER) ;                        // 加载驱动程序
}catch(ClassNotFoundException e){
    e.printStackTrace() ;
}
```

4.2.2　创建数据库连接

从 DriverManager 中，通过 JDBC URL、用户名、密码来获取相应的数据库连接（Connection）：

```
// 定义 MySQL 数据库的连接地址
public final String DBURL = "jdbc:mysql://localhost:3306/mldn" ;
// MySQL 数据库的连接用户名
public final String DBUSER = "root" ;
// MySQL 数据库的连接密码
public final String DBPASS = "mysqladmin" ;
Connection conn = DriverManager.getConnection(DBURL,DBUSER,DBPASS) ;
```

4.2.3　执行 SQL 语句

不同的 JDBC 驱动程序的 URL 是不同的，它永远以"jdbc："开始，但后面的内容依照驱动程序类型不同而各异。在获取 Connection 之后，便可以创建 Statement 用以执行 SQL 语句。下面是一个插入（INSERT）的例子：

```
Statement stmt = conn.createStatement();
stmt.executeUpdate( "INSERT INTO MyTable( name ) VALUES ( 'my name') " );
查询(SELECT)的结果存放于结果集(ResultSet)中，可以按照顺序依次访问：
Statement stmt = conn.createStatement();
ResultSet rs = stmt.executeQuery( "SELECT * FROM MyTable" );
```

```
while ( rs.next() ){
    int numColumns = rs.getMetaData().getColumnCount();
    for ( int i = 1 ; i <= numColumns ; i++){
        //与大部分 Java API 中下标的使用方法不同,字段的下标从 1 开始
        //当然,还有其他很多的方式(ResultSet.getXXX())获取数据
        System.out.println( "COLUMN " + i + " = " + rs.getObject(i) );
    }
}
rs.close();
stmt.close();
```

但是,通常,Java 程序员们更倾向于使用 PreparedStatement。下面的例子使用上例中的 conn 对象:

```
PreparedStatement ps = null;
ResultSet rs = null;
try{
    ps = conn.prepareStatement( "SELECT i.* , j.* FROM Omega i, Zappa j WHERE i = ? AND j = ?" );
    //使用问号作为参数标示
    //进行参数设置
    //与大部分 Java API 中下标的使用方法不同,字段的下标从 1 开始,1 代表第一个问号
    //当然,还有其他很多针对不同类型的类似的 PreparedStatement.setXXX()方法
    ps.setString(1, "Poor Yorick");
    ps.setInt(2, 8008);
    //结果集
    rs = ps.executeQuery();
    while ( rs.next() ){
    int numColumns = rs.getMetaData().getColumnCount();
    for ( int i = 1 ; i <= numColumns ; i++){
        //与大部分 Java API 中下标的使用方法不同,字段的下标从 1 开始
        //当然,还有其他很多的方式(ResultSet.getXXX())获取数据
        System.out.println( "COLUMN " + i + " = " + rs.getObject(i) );
        }
    }
}
catch (SQLException e){
    //异常处理
}
    finally{
        try{
            rs.close();
            ps.close();
        }catch( SQLException e){}
    }
```

如果数据库操作失败,JDBC 将抛出一个 SQLException。一般来说,此类异常很少能够恢复,唯一能做的就是尽可能详细地打印异常日记。推荐的做法是将 SQLException 翻译成应用程序领域相关的异常(非强制处理异常)并最终回滚数据库和通知用户。

一个数据库事务代码如下:

```
boolean autoCommitDefault = conn.getAutoCommit();
try{
```

```
    conn.setAutoCommit(false);
    Statement stmt = conn.createStatement();
    stmt.executeUpdate( "INSERT INTO MyTable( name ) VALUES ( 'my name') " );
    conn.commit();
} catch (Throwable e){
    try { conn.rollback(); } catch (Throwable ignore){}
    throw e;
} finally{
    try { conn.setAutoCommit(autoCommitDefault); } catch (Throwable ignore){}
}
```

4.2.4 获得查询结果

我们已经知道,查询(SELECT)的结果存放于结果集(ResultSet)中,在实际项目开发中的做法是把结果集封装到集合(Collection)中,如 List 等并定义数据库表对应的实体类。代码如下:

```
PreparedStatement ps = null;
ResultSet rs = null;
List < Zappa > list = new ArrayList < Zappa >();
try{
    ps = conn.prepareStatement( "SELECT * FROM Zappa" );
    rs = ps.executeQuery();
    while ( rs.next() ){
    Zappa zappa = new Zappa();                //表对应的实体类
    zappa.setId(rs.getInt(1));
    zappa.setInfo(rs.getString(2));
    list.add(zappa);
    }
}
catch (SQLException e){
    //异常处理
}
finally{//此代码段如果写在某方法中,方法的返回值为 list
        try{
            rs.close();
            ps.close();
        }catch( SQLException e){}
}
```

4.2.5 关闭连接

在关闭数据库连接时应该以 ResultSet、Statement、Connection 的顺序进行。对于 ResultSet,Statement,Connection 的关闭有这样一种关系:关闭一个 Statement 会把它的所有的 ResultSet 关闭掉,关闭一个 Connection 会把它的所有的 Statement 关闭掉。调用 ResultSet、Statement、Connection 的 close()方法来释放资源和关闭连接。

```
/**
 * 关闭数据库连接
```

```
 * @paramconnConnection 对象
 */
publicvoidcloseConnection(Connectionconn){
   //判断 conn 是否为空
   if(conn!= null){
     try{
       conn.close();                    //关闭数据库连接
     }catch(SQLExceptione){
       e.printStackTrace();
     }
   }
}
```

4.2.6 案例 4：使用 JDBC 访问数据库

代码样例：

```java
import java.sql.Connection;
import java.sql.DriverManager;
import java.sql.ResultSet;
import java.sql.SQLException;
import java.sql.Statement;
public class JDBC_Test {
    Connection conn;
    Statement st;
        /* 插入数据记录,并输出插入的数据记录数 */
    public static void insert() {
        conn = getConnection();                // 首先要获取连接,即连接到数据库
        try {
            String sql = "INSERT INTO staff(name, age, sex,address, depart, worklen,wage)"
                    + " VALUES ('Tom1', 32, 'M', 'china','Personnel','3','3000')";
// 插入数据的 sql 语句
            st = (Statement) conn.createStatement();
// 创建用于执行静态 sql 语句的 Statement 对象
            int count = st.executeUpdate(sql);
// 执行插入操作的 sql 语句,并返回插入数据的个数
            System.out.println("向 staff 表中插入 " + count + " 条数据");
//输出插入操作的处理结果
            st.close();
            conn.close();                    //关闭数据库连接
            } catch (SQLException e) {
            System.out.println("插入数据失败" + e.getMessage());
        }
    }
    /* 更新符合要求的记录,并返回更新的记录数目 */
    public void update() {
        conn = getConnection();
//同样先要获取连接,即连接到数据库
        try {
            String sql = "update staff set wage = '2200' where name = 'lucy'";
// 更新数据的 sql 语句
```

```
                st = (Statement) conn.createStatement();
```
//创建用于执行静态 sql 语句的 Statement 对象,st 属局部变量
```
                int count = st.executeUpdate(sql);
```
// 执行更新操作的 sql 语句,返回更新数据的个数
```
                System.out.println("staff 表中更新 " + count + " 条数据");
```
//输出更新操作的处理结果
```
                st.close();
                conn.close();                        //关闭数据库连接
            } catch (SQLException e) {
                System.out.println("更新数据失败");
            }
    }
        /* 查询数据库,输出符合要求的记录的情况 */
        public void query() {
            conn = getConnection();
```
//同样先要获取连接,即连接到数据库
```
            try {
                String sql = "select * from staff";
```
// 查询数据的 sql 语句
```
                st = (Statement) conn.createStatement();
```
//创建用于执行静态 sql 语句的 Statement 对象,st 属局部变量
```
                ResultSet rs = st.executeQuery(sql);
```
//执行 sql 查询语句,返回查询数据的结果集
```
                System.out.println("最后的查询结果为:");
                while (rs.next()) {                    // 判断是否还有下一个数据
                    // 根据字段名获取相应的值
                    String name = rs.getString("name");
                    int age = rs.getInt("age");
                    String sex = rs.getString("sex");
                    String address = rs.getString("address");
                    String depart = rs.getString("depart");
                    String worklen = rs.getString("worklen");
                    String wage = rs.getString("wage");
                    //输出查到的记录的各个字段的值
                    System.out.println(name + " " + age + " " + sex + " " + address
                            + " " + depart + " " + worklen + " " + wage);
                }
                rs.close();
                st.close();
                conn.close();                        //关闭数据库连接
            } catch (SQLException e) {
                System.out.println("查询数据失败");
            }
        }
        /* 删除符合要求的记录,输出情况 */
        public static void delete() {
            conn = getConnection();                   //同样先要获取连接,即连接到数据库
            try {
                String sql = "delete from staff where name = 'lili'";
```
// 删除数据的 sql 语句
```
                st = (Statement) conn.createStatement();
```

```
//创建用于执行静态 sql 语句的 Statement 对象,st 属局部变量
            int count = st.executeUpdate(sql);
// 执行 sql 删除语句,返回删除数据的数量

            System.out.println("staff 表中删除 " + count + " 条数据\n");
//输出删除操作的处理结果
            st.close();
            conn.close();                    //关闭数据库连接
        } catch (SQLException e) {
            System.out.println("删除数据失败");
        }
    }
    /* 获取数据库连接的函数 */
    public Connection getConnection() {
        Connection con = null;
//创建用于连接数据库的 Connection 对象
        try {
            Class.forName("com.mysql.jdbc.Driver");
// 加载 Mysql 数据驱动
            con = DriverManager.getConnection(
                    "jdbc:mysql://localhost:3306/myuser", "root", "root");
// 创建数据连接
        } catch (Exception e) {
            System.out.println("数据库连接失败" + e.getMessage());
}
        return con;
//返回所建立的数据库连接
    }
}
```

4.3 连接池技术

近年来,随着 Internet 技术的飞速发展和在世界范围内的迅速普及,计算机应用程序已从传统的桌面应用转到 Web 应用。基于 B/S(Browser/Server)架构的 3 层开发模式逐渐取代 C/S(Client/Server)架构的开发模式,成为开发企业级应用和电子商务普遍采用的技术。

JDBC 作为一种数据库访问技术,具有简单易用的优点。但使用 JDBC 进行 Web 应用程序开发,存在很多问题:首先,每一次 Web 请求都要建立一次数据库连接。建立连接是一个费时的活动,每次都得花费 0.05~1s 的时间,而且系统还要分配内存资源。这个时间对于一次或几次数据库操作,或许感觉不出系统有多大的开销。可是对于现在的 Web 应用,尤其是大型电子商务网站,同时有几百人甚至几千人在线是很正常的事。在这种情况下,频繁地进行数据库连接操作势必占用很多的系统资源,网站的响应速度必定下降,严重的甚至会造成服务器的崩溃。这就是制约某些电子商务网站发展的技术瓶颈问题。其次,对于每一次数据库连接,使用完后都得断开。否则,如果程序出现异常而未能关闭,将会导致数据库系统中的内存泄漏,最终将不得不重启数据库。还有不能控制被创建的连接对象数,系统资源会被毫无顾及地分配出去,如连接过多,也可能导致内存泄漏、服务器崩溃。

由上面的分析可以看出,问题的根源就在于对数据库连接资源的低效管理。为解决上述问题,可以采用数据库连接池技术。数据库连接池的基本思想就是为数据库连接建立一个"缓冲池"。预先在缓冲池中放入一定数量的连接,当需要建立数据库连接时,只需从"缓冲池"中取出一个,使用完毕之后再放回去。可以通过设定连接池最大连接数来防止系统无止境地与数据库连接。更为重要的是,可以通过连接池的管理机制监视数据库的连接的数量、使用情况,为系统开发、测试及性能调整提供依据。

1. 连接池关键问题分析:

1)并发问题

为了使连接管理服务具有最大的通用性,必须考虑多线程环境,即并发问题。这个问题相对比较好解决,因为 Java 语言自身提供了对并发管理的支持,使用 synchronized 关键字即可确保线程是同步的。使用方法为直接在类方法前面加上 synchronized 关键字,如:

```
public synchronized Connection getConnection() { }
```

2)多数据库服务器和多用户

对于大型的企业级应用,常常需要同时连接不同的数据库。如何连接不同的数据库呢?采用的策略是:设计一个符合单例模式的连接池管理类,在连接池管理类的唯一实例被创建时读取一个资源文件,其中资源文件中存放着多个数据库的 url 的地址(<poolName. url>)、用户名(<poolName. user>)、密码(<poolName. password>)等信息。根据资源文件提供的信息,创建多个连接池类的实例,每一个实例都是一个特定数据库的连接池。连接池管理类实例为每个连接池实例取一个名字,通过不同的名字来管理不同的连接池。

对于同一个数据库有多个用户使用不同的名称和密码访问的情况,也可以通过资源文件处理,即在资源文件中设置多个具有相同 url 的地址,但具有不同用户名和密码的数据库连接信息。

3)事务处理

知道,事务具有原子性,此时要求对数据库的操作符合 ALL-ALL-NOTHING 原则,即对于一组 SQL 语句要么全做,要么全不做。在 Java 语言中,Connection 类本身提供了对事务的支持,可以通过设置 Connection 的 AutoCommit 属性为 false,然后显式调用 commit或 rollback 方法来实现。但要高效地进行 Connection 复用,就必须提供相应的事务支持机制。可采用每一个事务独占一个连接来实现,这种方法可以大大降低事务管理的复杂性。

4)连接池的分配与释放

连接池的分配与释放,对系统的性能有很大的影响。合理地分配与释放,可以提高连接的复用度,从而降低建立新连接的开销,同时还可以加快用户的访问速度。

对于连接的管理可使用空闲池。即把已经创建但尚未分配出去的连接按创建时间存放到一个空闲池中。每当用户请求一个连接时,系统首先检查空闲池内有没有空闲连接。如果有,就把建立时间最长(通过容器的顺序存放实现)的那个连接分配给他(实际是先做连接是否有效的判断,如果可用就分配给用户,如不可用就把这个连接从空闲池删掉,重新检测空闲池是否还有连接)。如果没有,则检查当前所开连接池是否达到连接池所允许的最大连接数(maxConn),如果没有达到,就新建一个连接;如果已经达到,就等待一定的时间(timeout)。如果在等待的时间内有连接被释放出来,就可以把这个连接分配给等待的用户,如果等待时间超过预定时间 timeout,则返回空值(null)。系统对已经分配出去正在使用的连接只做计数,当使用完后再返还给空闲池。对于空闲连接的状态,可开辟专门的线程定时检测,这样会花费一定的系统开销,但可以保证较快的响应速度。也可采取不开辟专门线程,只是在分配前检测的方法。

5) 连接池的配置与维护

连接池中到底应该放置多少连接,才能使系统的性能最佳? 系统可采取设置最小连接数(minConn)和最大连接数(maxConn)来控制连接池中的连接。最小连接数是系统启动时连接池所创建的连接数。如果创建过多,则系统启动就慢,但创建后系统的响应速度会很快;如果创建过少,则系统启动速度很快,响应起来却慢。这样,可以在开发时,设置较小的最小连接数,开发起来会快,而在系统实际使用时设置较大的,因为这样对访问客户来说速度会快些。最大连接数是连接池中允许连接的最大数目,具体设置多少,要看系统的访问量,可通过反复测试,找到最佳点。

如何确保连接池中的最小连接数呢? 有动态和静态两种策略。动态即每隔一定时间就对连接池进行检测,如果发现连接数量小于最小连接数,则补充相应数量的新连接,以保证连接池的正常运转。静态是发现空闲连接不够时再去检查。

2. 连接池的实现

1) 连接池模型

这里讨论的连接池包括一个连接池类(DBConnectionPool)和一个连接池管理类(DBConnetionPoolManager)和一个配置文件操作类(ParseDSConfig)。连接池类是对某一数据库所有连接的"缓冲池",主要实现以下功能:①从连接池获取或创建可用连接,②使用完毕之后,把连接返还给连接池,③在系统关闭前,断开所有连接并释放连接占用的系统资源,④还能够处理无效连接(原来登记为可用的连接,由于某种原因不再可用,如超时、通信问题),并能够限制连接池中的连接总数不低于某个预定值和不超过某个预定值,⑤当多数据库时,且数据库是动态增加的话,将会加到配置文件中。

连接池管理类是连接池类的外覆类(wrapper),符合单例模式,即系统中只能有一个连接池管理类的实例。其主要用于对多个连接池对象的管理,具有以下功能:①装载并注册特定数据库的 JDBC 驱动程序,②根据属性文件给定的信息,创建连接池对象,③为方便管理多个连接池对象,为每一个连接池对象取一个名字,实现连接池名字与其实例之间的映射,④跟踪客户使用连接情况,以便在需要时关闭连接释放资源。连接池管理类的引入主要是为了方便对多个连接池的使用和管理,如系统需要连接不同的数据库,或连接相同的数据库但由于安全性问题,需要不同的用户使用不同的名称和密码。

2) 连接池实现(需要在项目中导入 jdom-1.0.jar 和连接数据库的.jar 文件)

(1) DBConnectionPool.java:数据库连接池类。

(2) DBConnectionManager.java:数据库管理类。

(3) DSConfigBean.java:单个数据库连接信息 Bean。

(4) ParseDSConfig.java:操作多数据配置文件 xml。

(5) ds.config.xml:数据库配置文件 xml(和其他类在同一个包里面)。

代码如下:

```
/**
```

```
 * 数据库连接池类
 */
    package com.sie.db;
    import java.sql.Connection;
    import java.sql.DriverManager;
    import java.sql.SQLException;
    import java.util.ArrayList;
    import java.util.Iterator;
    import java.util.Timer;
    public class DBConnectionPool {
        private Connection con = null;
        private int inUsed = 0;                     // 使用的连接数
        private ArrayList<Connection> freeConnections = new ArrayList<Connection>();
                                                    // 容器,空闲连接
        private int minConn;                        // 最小连接数
        private int maxConn;                        // 最大连接数
        private String name;                        // 连接池名字
        private String password;                    // 密码
        private String url;                         // 数据库连接地址
        private String driver;                      // 驱动
        private String user;                        // 用户名
        public Timer timer;                         // 定时
        public Connection getCon() {
            return con;
        }
        public void setCon(Connection con) {
            this.con = con;
        }
        public int getInUsed() {
            return inUsed;
        }
        public void setInUsed(int inUsed) {
            this.inUsed = inUsed;
        }
        public ArrayList<Connection> getFreeConnections() {
            return freeConnections;
        }
        public void setFreeConnections(ArrayList<Connection> freeConnections) {
            this.freeConnections = freeConnections;
        }
        public int getMinConn() {
            return minConn;
        }
        public void setMinConn(int minConn) {
            this.minConn = minConn;
        }
        public int getMaxConn() {
            return maxConn;
        }
        public void setMaxConn(int maxConn) {
            this.maxConn = maxConn;
```

```java
    }
    public String getName() {
        return name;
    }
    public void setName(String name) {
        this.name = name;
    }
    public String getPassword() {
        return password;
    }
    public void setPassword(String password) {
        this.password = password;
    }
    public String getUrl() {
        return url;
    }
    public void setUrl(String url) {
        this.url = url;
    }
    public String getDriver() {
        return driver;
    }
    public void setDriver(String driver) {
        this.driver = driver;
    }
    public String getUser() {
        return user;
    }
    public void setUser(String user) {
        this.user = user;
    }
    public Timer getTimer() {
        return timer;
    }
    public void setTimer(Timer timer) {
        this.timer = timer;
    }
    public DBConnectionPool() {
    }
    /**
     * 用完,释放连接
     *
     * @param con
     */
    public synchronized void freeConnection(Connection con) {
        this.freeConnections.add(con);          // 添加到空闲连接的末尾
        this.inUsed -- ;
    }
    /**
     * timeout 根据 timeout 得到连接
     *
```

```
    * @param timeout
    * @return
    */
   public synchronized Connection getConnection(long timeout) {
       Connection con = null;
       if (this.freeConnections.size() > 0) {
           con = (Connection) this.freeConnections.get(0);
           if (con == null)
               con = getConnection(timeout);    // 继续获得连接
       } else {
           con = newConnection();               // 新建连接
       }
       if (this.maxConn == 0 || this.maxConn < this.inUsed) {
           con = null;                          // 达到最大连接数,暂时不能获得连接了
       }
       if (con != null) {
           this.inUsed++;
       }
       return con;
   }
   /**
    *
    * 从连接池里得到连接
    *
    * @return
    */
   public synchronized Connection getConnection() {
       Connection con = null;
       if (this.freeConnections.size() > 0) {
           con = (Connection) this.freeConnections.get(0);
           this.freeConnections.remove(0); // 如果连接分配出去了,就从空闲连接里删除
           if (con == null)
               con = getConnection();           // 继续获得连接
       } else {
           con = newConnection();               // 新建连接
       }
       if (this.maxConn == 0 || this.maxConn < this.inUsed) {
           con = null;                          // 等待 超过最大连接时
       }
       if (con != null) {
           this.inUsed++;
           System.out.println("得到 " + this.name + " 的连接,现有" + inUsed
                   + "个连接在使用!");
       }
       return con;
   }
   /**
    * 释放全部连接
    *
    */
   public synchronized void release() {
```

```java
        Iterator < Connection > allConns = this.freeConnections.iterator();
        while (allConns.hasNext()) {
            Connection con = (Connection) allConns.next();
            try {
                con.close();
            } catch (SQLException e) {
                e.printStackTrace();
            }
        }
        this.freeConnections.clear();
    }
    /**
     * 创建新连接
     *
     * @return
     */
    private Connection newConnection() {
        try {
            Class.forName(driver);
            con = DriverManager.getConnection(url, user, password);
        } catch (ClassNotFoundException e) {
            e.printStackTrace();
            System.out.println("sorry can't find db driver!");
        } catch (SQLException e1) {
            e1.printStackTrace();
            System.out.println("sorry can't create Connection!");
        }
        return con;

    }
}

/**
 * 数据库连接池管理类
 */
    package com.sie.db;
    import java.sql.Connection;
    import java.util.ArrayList;
    import java.util.Enumeration;
    import java.util.HashMap;
    import java.util.Hashtable;
    import java.util.Iterator;
    import java.util.Properties;
    import java.util.Vector;
    import com.sie.db.ParseDSConfig;
    import com.sie.db.DSConfigBean;
    import com.sie.db.DBConnectionPool;
    public class DBConnectionManager {
        static private DBConnectionManager instance;      // 唯一数据库连接池管理实例类
        private Vector drivers = new Vector();            // 驱动信息
        private Hashtable pools = new Hashtable();        // 连接池
```

117

第
4
章

使用数据库

```java
        /**
         * 实例化管理类
         */
        public DBConnectionManager() {
            this.init();
        }
        /**
         * 得到唯一实例管理类
         *
         * @return
         */
        static synchronized public DBConnectionManager getInstance() {
            if (instance == null) {
                instance = new DBConnectionManager();
            }
            return instance;
        }
    /**
     * 释放连接
     *
     * @param name
     * @param con
     */
    public void freeConnection(String name, Connection con) {
        DBConnectionPool pool = (DBConnectionPool) pools.get(name);
                                            // 根据关键名字得到连接池
        if (pool != null)
            pool.freeConnection(con);               // 释放连接
    }
    /**
     * 连接池的名字 name 得到一个连接
     *
     * @param name
     * @return
     */
    public Connection getConnection(String name) {
        DBConnectionPool pool = null;
        Connection con = null;
        pool = (DBConnectionPool) pools.get(name);  // 从名字中获取连接池
        con = pool.getConnection();                 // 从选定的连接池中获得连接
        if (con != null)
            System.out.println("得到连接。");
        return con;
    }
    /**
     * 根据连接池的名字和等待时间得到一个连接
     *
     * @param name
     * @param time
     * @return
     */
```

```java
public Connection getConnection(String name, long timeout) {
    DBConnectionPool pool = null;
    Connection con = null;
    pool = (DBConnectionPool) pools.get(name);  // 从名字中获取连接池
    con = pool.getConnection(timeout);           // 从选定的连接池中获得连接
    System.out.println("得到连接。");
    return con;
}
/**
 * 释放所有连接
 */
public synchronized void release() {
    Enumeration allpools = pools.elements();
    while (allpools.hasMoreElements()) {
        DBConnectionPool pool = (DBConnectionPool) allpools.nextElement();
        if (pool != null)
            pool.release();
    }
    pools.clear();
}
/**
 * 创建连接池
 *
 * @param props
 */
private void createPools(DSConfigBean dsb) {
    DBConnectionPool dbpool = new DBConnectionPool();
    dbpool.setName(dsb.getName());
    dbpool.setDriver(dsb.getDriver());
    dbpool.setUrl(dsb.getUrl());
    dbpool.setUser(dsb.getUsername());
    dbpool.setPassword(dsb.getPassword());
    dbpool.setMaxConn(dsb.getMaxconn());
    System.out.println("ioio:" + dsb.getMaxconn());
    pools.put(dsb.getName(), dbpool);
}
/**
 * 初始化连接池的参数
 */
private void init() {
    // 加载驱动程序
    this.loadDrivers();
    // 创建连接池
    Iterator alldriver = drivers.iterator();
    while (alldriver.hasNext()) {
        this.createPools((DSConfigBean) alldriver.next());
        System.out.println("创建连接池。");
    }
    System.out.println("创建连接池完毕。");
}
/**
```

```
     * 加载驱动程序
     *
     * @param props
     */
    private void loadDrivers() {
        ParseDSConfig pd = new ParseDSConfig();
        // 读取数据库配置文件
        drivers = pd.readConfigInfo("ds.config.xml");
        System.out.println("加载驱动程序。");
    }
}

/**
 * 操作配置文件类 读写修改删除等操作
 */
package com.sie.db;
    import java.io.FileInputStream;
    import java.io.FileNotFoundException;
    import java.io.FileOutputStream;
    import java.io.IOException;
    import java.sql.Connection;
    import java.sql.Statement;
    import java.util.List;
    import java.util.Vector;
    import java.util.Iterator;
    import org.jdom.Document;
    import org.jdom.Element;
    import org.jdom.JDOMException;
    import org.jdom.input.SAXBuilder;
    import org.jdom.output.Format;
    import org.jdom.output.XMLOutputter;
    public class ParseDSConfig {
        /**
         * 构造函数
         */
        public ParseDSConfig() {

        }
        /**
         * 读取 xml 配置文件
         *
         * @param path
         * @return
         */
        public Vector readConfigInfo(String path) {
            String rpath = this.getClass().getResource("").getPath().substring(1)
                    + path;
            Vector dsConfig = null;
            FileInputStream fi = null;
            try {
                fi = new FileInputStream(rpath);        // 读取路径文件
```

```java
            dsConfig = new Vector();
            SAXBuilder sb = new SAXBuilder();
            Document doc = sb.build(fi);
            Element root = doc.getRootElement();
            List pools = root.getChildren();
            Element pool = null;
            Iterator allPool = pools.iterator();
            while (allPool.hasNext()) {
                pool = (Element) allPool.next();
                DSConfigBean dscBean = new DSConfigBean();
                dscBean.setType(pool.getChild("type").getText());
                dscBean.setName(pool.getChild("name").getText());
                System.out.println(dscBean.getName());
                dscBean.setDriver(pool.getChild("driver").getText());
                dscBean.setUrl(pool.getChild("url").getText());
                dscBean.setUsername(pool.getChild("username").getText());
                dscBean.setPassword(pool.getChild("password").getText());
                dscBean.setMaxconn(Integer.parseInt(pool.getChild("maxconn")
                        .getText()));
                dsConfig.add(dscBean);
            }
        } catch (FileNotFoundException e) {
            e.printStackTrace();
        } catch (JDOMException e) {
            e.printStackTrace();
        } catch (IOException e) {
            e.printStackTrace();
        } finally {
            try {
                fi.close();
            } catch (IOException e) {
                e.printStackTrace();
            }
        }
        return dsConfig;
    }
/**
 * 修改配置文件
 */
public void modifyConfigInfo(String path, DSConfigBean dsb)
        throws Exception {
    String rpath = this.getClass().getResource("").getPath().substring(1)
            + path;
    FileInputStream fi = null;                  // 读出
    FileOutputStream fo = null;                 // 写入
}
/**
 * 增加配置文件
 *
 */
public void addConfigInfo(String path, DSConfigBean dsb) {
```

```
            String rpath = this.getClass().getResource("").getPath().substring(1)
                    + path;
            FileInputStream fi = null;
            FileOutputStream fo = null;
            try {
                fi = new FileInputStream(rpath);                    // 读取 xml 流
                SAXBuilder sb = new SAXBuilder();
                Document doc = sb.build(fi);                        // 得到 xml
                Element root = doc.getRootElement();
                List pools = root.getChildren();                   // 得到 xml 子树
                Element newpool = new Element("pool");             // 创建新连接池
                Element pooltype = new Element("type");            // 设置连接池类型
                pooltype.setText(dsb.getType());
                newpool.addContent(pooltype);
                Element poolname = new Element("name");            // 设置连接池名字
                poolname.setText(dsb.getName());
                newpool.addContent(poolname);
                Element pooldriver = new Element("driver");        // 设置连接池驱动
                pooldriver.addContent(dsb.getDriver());
                newpool.addContent(pooldriver);
                Element poolurl = new Element("url");              // 设置连接池 url
                poolurl.setText(dsb.getUrl());
                newpool.addContent(poolurl);
                Element poolusername = new Element("username");    // 设置连接池用户名
                poolusername.setText(dsb.getUsername());
                newpool.addContent(poolusername);
                Element poolpassword = new Element("password");    // 设置连接池密码
                poolpassword.setText(dsb.getPassword());
                newpool.addContent(poolpassword);
                Element poolmaxconn = new Element("maxconn");      // 设置连接池最大连接
                poolmaxconn.setText(String.valueOf(dsb.getMaxconn()));
                newpool.addContent(poolmaxconn);
                pools.add(newpool);                                // 将 child 添加到 root
                Format format = Format.getPrettyFormat();
                format.setIndent("");
                format.setEncoding("utf-8");
                XMLOutputter outp = new XMLOutputter(format);
                fo = new FileOutputStream(rpath);
                outp.output(doc, fo);
            } catch (FileNotFoundException e) {
                e.printStackTrace();
            } catch (JDOMException e) {
                e.printStackTrace();
            } catch (IOException e) {
                e.printStackTrace();
            } finally {
            }
        }
        /**
         * 删除配置文件
         */
```

```
public void delConfigInfo(String path, String name) {
    String rpath = this.getClass().getResource("").getPath().substring(1)
            + path;
    FileInputStream fi = null;
    FileOutputStream fo = null;
    try {
        fi = new FileInputStream(rpath);                  // 读取路径文件
        SAXBuilder sb = new SAXBuilder();
        Document doc = sb.build(fi);
        Element root = doc.getRootElement();
        List pools = root.getChildren();
        Element pool = null;
        Iterator allPool = pools.iterator();
        while (allPool.hasNext()) {
            pool = (Element) allPool.next();
            if (pool.getChild("name").getText().equals(name)) {
                pools.remove(pool);
                break;
            }
        }
        Format format = Format.getPrettyFormat();
        format.setIndent("");
        format.setEncoding("utf - 8");
        XMLOutputter outp = new XMLOutputter(format);
        fo = new FileOutputStream(rpath);
        outp.output(doc, fo);
    } catch (FileNotFoundException e) {
        e.printStackTrace();
    } catch (JDOMException e) {
        e.printStackTrace();
    } catch (IOException e) {
        e.printStackTrace();
    }
    finally {
        try {
            fi.close();
        } catch (IOException e) {
            e.printStackTrace();
        }
    }
}
}
/ **
* 单个数据库连接信息类
*/
package com.sie.db;
public class DSConfigBean {
    private String type = "";                  // 数据库类型
    private String name = "";                  // 连接池名字
    private String driver = "";                // 数据库驱动
    private String url = "";                   // 数据库 url
```

```
                private String username = "";                    // 用户名
                private String password = "";                    // 密码
                private int maxconn = 0;                          // 最大连接数
                public String getType() {
                    return type;
                }
                public void setType(String type) {
                    this.type = type;
                }
                public String getName() {
                    return name;
                }
                public void setName(String name) {
                    this.name = name;
                }
                public String getDriver() {
                    return driver;
                }
                public void setDriver(String driver) {
                    this.driver = driver;
                }
                public String getUrl() {
                    return url;
                }
                public void setUrl(String url) {
                    this.url = url;
                }
                public String getUsername() {
                    return username;
                }
                public void setUsername(String username) {
                    this.username = username;
                }
                public String getPassword() {
                    return password;
                }
                public void setPassword(String password) {
                    this.password = password;
                }
                public int getMaxconn() {
                    return maxconn;
                }
                public void setMaxconn(int maxconn) {
                    this.maxconn = maxconn;
                }
                public DSConfigBean() {
                }
            }
        /**
     * 测试类
     */
```

```java
package com.sie.db;
import java.sql.Connection;
import java.sql.SQLException;
import java.sql.Statement;
public class Test {
    /**
     * @param args
     * @throws SQLException
     */
    public static void main(String[] args) throws SQLException {
        ParseDSConfig pd = new ParseDSConfig();
        String path = "ds.config.xml";
        pd.readConfigInfo(path);
        // pd.delConfigInfo(path, "tj012006");
        DSConfigBean dsb = new DSConfigBean();
        dsb.setType("mysql");
        dsb.setName("yyy004");
        dsb.setDriver("com.mysql.jdbc.Driver");
        dsb.setUrl("jdbc:mysql://localhost:3306/mydb");
        dsb.setUsername("root");
        dsb.setPassword("110");
        dsb.setMaxconn(1000);
        pd.addConfigInfo(path, dsb);
        pd.delConfigInfo(path, "yyy001");
        DBConnectionManager dbcm = new DBConnectionManager();
        Connection con = dbcm.getConnection("changesoft");
        Statement st = con.createStatement();
        String sql = "insert into users select 101,'mm'";
        st.executeUpdate(sql);
    }
}
```

ds.config.xml　配置文件

```xml
<?xml version = "1.0" encoding = "UTF-8"?>
    <ds-config>
    <pool>
    <type> mysql </type>
    <name> changesoft </name>
    <driver> com.mysql.jdbc.Driver </driver>
    <url> jdbc:mysql://localhost:3308/mydb </url>
    <username> root </username>
    <password> 110 </password>
    <maxconn> 100 </maxconn>
    </pool>
    <pool>
    <type> mysql </type>
    <name> user2 </name>
    <driver> com.mysql.jdbc.Driver </driver>
    <url> jdbc:mysql://localhost:3306/user2 </url>
    <username> sa </username>
    <password> 1234 </password>
```

```
< maxconn > 10 </maxconn >
</pool >
< pool >
< type > sql2000 </type >
< name > books </name >
< driver > com.microsoft.sqlserver.driver </driver >
< url > jdbc:sqlserver://localhost:1433/books:databasename = books </url >
< username > sa </username >
< password ></password >
< maxconn > 100 </maxconn >
</pool >
</ds - config >
```

在 Java 中,开源的数据库连接池有以下几种:

(1) C3P0。C3P0 是一个开放源代码的 JDBC 连接池,它在 lib 目录中与 Hibernate 一起发布。

(2) Proxool。这是一个 Java SQL Driver 驱动程序,提供连接池封装。可以非常简单地移植到现存的代码中,完全可配置,快速、成熟、健壮,可以透明地为现存的 JDBC 驱动程序增加连接池功能。

(3) Jakarta DBCP。DBCP 是一个依赖 Jakarta commons-pool 对象池机制的数据库连接池。DBCP 可以直接在应用程序中使用。

(4) DDConnectionBroker。DDConnectionBroker 是一个简单,轻量级的数据库连接池。

(5) DBPool。DBPool 是一个高效的易配置的数据库连接池。它除了支持连接池应有的功能之外,还包括了一个对象池使你能够开发一个满足自己需求的数据库连接池。

(6) XAPool。XAPool 是一个 XA 数据库连接池。它实现了 javax.sql.XADataSource 并提供了连接池工具。

(7) Primrose。Primrose 是一个 Java 开发的数据库连接池。当前支持的容器包括 Tomcat4&5,Resin3 与 JBoss3。它同样也有一个独立的版本可以在应用程序中使用而不必运行在容器中。Primrose 通过一个 Web 接口来控制 SQL 处理的追踪、配置、动态池管理。在重负荷的情况下可进行连接请求队列处理。

(8) SmartPool。SmartPool 是一个连接池组件,它模仿应用服务器对象池的特性。SmartPool 能够解决一些临界问题,如连接泄漏(connection leaks),连接阻塞等。SmartPool 的特性包括支持多个 pools,自动关闭相关联的 JDBC 对象,在所设定 time-outs 之后察觉连接泄漏,追踪连接使用情况,强制启用最近最少用到的连接等。

(9) MiniConnectionPoolManager。MiniConnectionPoolManager 是一个轻量级数据库连接池。它只需要 Java 1.5(或更高)并且没有依赖第三方包。

(10) BoneCP。BoneCP 是一个快速、开源的数据库连接池。帮你管理数据连接,让应用程序能更快速地访问数据库。比 C3P0/DBCP 连接池快 25 倍。

(11) Druid。它不仅仅是一个数据库连接池,它还包含一个 ProxyDriver、一系列内置的 JDBC 组件库、一个 SQL Parser。支持所有 JDBC 兼容的数据库,包括 Oracle、MySql、Derby、Postgresql、SQL Server、H2 等等。

Druid 针对 Oracle 和 MySql 做了特别优化,比如 Oracle 的 PS Cache 内存占用优化,MySQL 的 ping 检测优化。Druid 提供了 MySql、Oracle、Postgresql、SQL-92 的 SQL 的完整支持,这是一个手写的高性能 SQL Parser,支持 Visitor 模式,使得分析 SQL 的抽象语法树很方便。简单 SQL 语句用时在 $10\mu s$ 以内,复杂 SQL 用时 30us。通过 Druid 提供的 SQL Parser 可以在 JDBC 层拦截 SQL 做相应处理,比如,分库分表、审计等。Druid 防御 SQL 注入攻击的 WallFilter 就是通过 Druid 的 SQL Parser 分析语义实现的。

数据库连接池的核心思想就是 Conection 对象的复用。最后举例在 Tomcat 6.0 配置数据源和连接池(在 tomcat 的 lib 下复制 mysql-connector-java-5.1.12-bin.jar)。配置 Tomcat 的 conf 下的 context.xml 文件,在< context ></context >之间添加连接池如下:

```
< Resource name = "myDataSource"
        auth = "Container"
        type = "javax.sql.DataSource"
        driverClassName = "com.mysql.jdbc.Driver"
        url = "jdbc:mysql://localhost:3306/mydb"
        username = "root"
        password = "110"
        maxActive = "20"
        maxIdle = "5"
        maxWait = " - 1"
/>
```

新建一个 Servlet,代码如下:

```
package com.pool.test;
import java.io.IOException;
import java.io.PrintWriter;
import java.sql.Connection;
import java.sql.SQLException;
import java.sql.Statement;
import javax.naming.Context;
import javax.naming.InitialContext;
import javax.naming.NamingException;
import javax.servlet.ServletException;
import javax.servlet.http.HttpServlet;
import javax.servlet.http.HttpServletRequest;
import javax.servlet.http.HttpServletResponse;
import javax.sql.DataSource;
public class PoolServlet extends HttpServlet {
    /**
     * Constructor of the object.
     */
    public PoolServlet() {
        super();
    }
    /**
     * Destruction of the servlet. < br >
     */
    public void destroy() {
```

127

第 4 章

使用数据库

```
            super.destroy(); // Just puts "destroy" string in log
            // Put your code here
        }
        /**
         * The doGet method of the servlet. < br >
         *
         * This method is called when a form has its tag value method equals to get.
         *
         * @param request
         *                the request send by the client to the server
         * @param response
         *                the response send by the server to the client
         * @throws ServletException
         *                if an error occurred
         * @throws IOException
         *                if an error occurred
         */
        public void doGet(HttpServletRequest request, HttpServletResponse response)
                throws ServletException, IOException {
            doPost(request, response);

        }
        /**
         * The doPost method of the servlet. < br >
         *
         * This method is called when a form has its tag value method equals to
         * post.
         *
         * @param request
         *                the request send by the client to the server
         * @param response
         *                the response send by the server to the client
         * @throws ServletException
         *                if an error occurred
         * @throws IOException
         *                if an error occurred
         */
        public void doPost(HttpServletRequest request, HttpServletResponse response)
                throws ServletException, IOException {
            try {
                Context ct = new InitialContext();
                DataSource ds = (DataSource) ct
                        .lookup("java:comp/env/myDataSource");
                Connection con = ds.getConnection();
                Statement st = con.createStatement();
                String sql = "insert into users select 104,'dd'";
                st.executeUpdate(sql);
            } catch (NamingException e) {
                e.printStackTrace();
            } catch (SQLException e) {
                e.printStackTrace();
```

```
        }
    }
    /**
     * Initialization of the servlet. < br >
     *
     * @throws ServletException
     * if an error occurs
     */
    public void init() throws ServletException {
        // Put your code here
    }
}
```

在 doPost 方法中使用连接池的方式来获取连接,Web 项目部署服务器后启动 Tomcat,访问该 Servlet 即实现数据库数据插入操作。

4.4 小   结

本章介绍 MySQL 的安装使用及使用 JDBC 和数据库连接池访问数据库来操作数据。重点是 JDBC,难点是数据库连接池。本章是实践性很强的一章,一定要动手编码理解知识点形成思路。

4.5 习   题

1. 在自己的机器上下载、安装、配置 MySQL 数据库服务器和 MySQL 管理工具,并在 Tomcat 环境中安装 MySQL JDBC 驱动。

2. 在 MySQL 数据库服务器中创建 user 用户,使用该用户创建班级论坛所需要的用户表 user_table,包含用户名、密码、真实姓名、住址、电话、E-mail 等字段。

3. 使用班级论坛的注册页面收集用户信息,并将用户信息保存到数据库表 user_table 中。

4. 使用 JDBC 访问数据库表 user_table,输出表中全部记录。

5. 在 Web 项目开发中分别使用 JDBC 和数据库连接池访问数据库,模拟多人同时操作,比较两者效率的差别。

第5章 企业信息管理系统项目实训

本章综合运用前面章节的相关概念与原理,设计并开发一个企业信息管理系统(Enterprise Information Management System, EIMS)。通过本实训项目的练习有助于加深对 Java Web 技术的了解和认识,提高项目开发实践能力。

- 项目需求
- 项目分析
- 项目设计
- 项目实现

5.1 企业信息管理系统项目需求说明

用项目模拟企业日常管理,开发出一个企业信息管理系统。系统可以对客户信息、合同信息、售后服务、产品以及员工信息进行管理。

要实现的功能包括 6 个方面。

1. 系统登录模块

实现系统的登录功能。

2. 客户管理模块

系统对客户信息的管理主要包括客户信息查询、客户信息添加、客户信息修改、客户信息删除等。

3. 合同管理模块

系统对合同信息的管理主要包括合同信息查询、合同信息添加、合同信息修改、合同信息删除等。

4. 售后管理模块

系统对售后信息的管理主要包括售后信息查询、售后信息添加、售后信息修改、售后信息删除等。

5. 产品管理模块

系统对产品信息的管理主要包括产品信息查询、产品信息添加、产品信息修改、产品信息删除等。

6. 员工管理模块

系统对员工信息的管理主要包括员工信息查询、员工信息添加、员工信息修改、员工信息删除等。

5.2 企业信息管理系统项目系统分析

系统功能描述如下所示。

1. 用户登录

通过用户名和密码登录系统。

2. 客户信息查询、添加和修改

页面显示客户基本信息：姓名、电话、地址、邮箱等。

3. 客户删除

输入客户姓名可删除对应的客户信息。

4. 合同信息查询、添加和修改

页面显示合同基本信息：客户姓名、合同名称、合同内容、合同生效日期、合同有效期、业务员等。

5. 合同删除

输入合同名称可删除对应的合同信息。

6. 售后信息查询、添加和修改

页面显示售后基本信息：客户姓名、客户反馈意见、业务员等。

7. 售后删除

输入客户姓名可删除客户对应的售后信息。

8. 产品信息查询、添加和修改

页面显示产品基本信息：产品名称、产品类型、产品数量、产品价格等。

9. 产品删除

输入产品名称可删除对应的产品信息。

10. 员工信息查询、添加和修改

页面显示员工基本信息：姓名、性别、年龄、学历、部门、入职时间、职务、工资等。

11. 员工删除

输入员工姓名可删除对应的员工信息。

企业信息管理系统结构如图 5.1 所示。

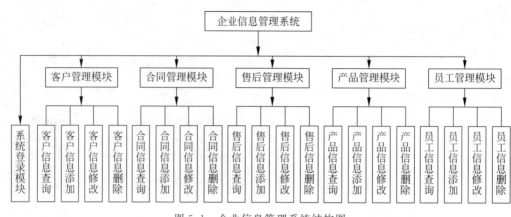

图 5.1　企业信息管理系统结构图

5.3　企业信息管理系统项目数据库设计

如果已经学过对应的 DBMS,请按照数据库优化的思想设计相应的数据库。本系统提供的数据库设计仅供参考,读者可根据自己所学知识选择相应的 DBMS 并对数据库进行设计和优化。本系统需要在数据库中建立如下表。用于存放相关信息。

用户表(user)用于管理 login. jsp 页面中用户登录的信息,具体表设计如表 5.1 所示。

表 5.1　用户表(user)

列名	数据类型	长度	默认	主键?	非空?	Unsigned	自增?	Zerofill?	注释
id	int	11		☑	☑	☐	☑	☐	
username	varchar	10		☐	☐	☐	☐	☐	用户登录名
password	varchar	30		☐	☐	☐	☐	☐	用户登录密码

客户信息管理表(client)用于管理用户信息。具体表设计如表 5.2 所示。

表 5.2　客户管理表(client)

列名	数据类型	长度	默认	主键?	非空?	Unsigned	自增?	Zerofill?	注释
id	int	11		☑	☑	☐	☑	☐	
clientName	varchar	10		☐	☐	☐	☐	☐	客户姓名
clientTelephor	varchar	15		☐	☐	☐	☐	☐	客户电话
clientAddress	varchar	30		☐	☐	☐	☐	☐	客户地址
clientEmail	varchar	30		☐	☐	☐	☐	☐	客户邮箱

合同信息管理表(contact)用于管理合同信息,如表 5.3 所示。

表 5.3　合同管理表(contact)

列名	数据类型	长度	默认	主键?	非空?	Unsigned	自增?	Zerofill?	注释
id	int	11		☑	☑	☐	☑	☐	
clientName	varchar	10		☐	☐	☐	☐	☐	客户姓名
contactName	varchar	30		☐	☐	☐	☐	☐	合同名称
contactContent	varchar	250		☐	☐	☐	☐	☐	合同内容
contactStart	varchar	30		☐	☐	☐	☐	☐	合同生效日期
contactEnd	varchar	10		☐	☐	☐	☐	☐	合同有效期
staffName	varchar	30		☐	☐	☐	☐	☐	业务员

售后信息管理表(cs)用于管理售后信息,如表 5.4 所示。

产品信息管理表(product)用于管理产品信息,具体表设计如表 5.5 所示。

表 5.4　售后管理表（cs）

列名	数据类型	长度	默认	主键?	非空?	Unsigned	自增?	Zerofill?	注释
id	int	11		☑	☑	☐	☑	☐	
clientName	varchar	10		☐	☐	☐	☐	☐	客户姓名
clientOpinion	varchar	250		☐	☐	☐	☐	☐	客户反馈意见
staffName	varchar	10		☐	☐	☐	☐	☐	业务员

表 5.5　产品信息管理表（product）

列名	数据类型	长度	默认	主键?	非空?	Unsigned	自增?	Zerofill?	注释
id	int	11		☑	☑	☐	☑	☐	
productName	varchar	30		☐	☐	☐	☐	☐	产品名称
productModel	varchar	30		☐	☐	☐	☐	☐	产品型号
productNumber	varchar	30		☐	☐	☐	☐	☐	产品数量
productPrice	varchar	10		☐	☐	☐	☐	☐	产品价格

员工信息管理表（staff）用于管理员工信息,具体表设计如表 5.6 所示。

表 5.6　员工信息管理表（staff）

列名	数据类型	长度	默认	主键?	非空?	Unsigned	自增?	Zerofill?	注释
id	int	11		☑	☑	☐	☑	☐	
staffName	varchar	30		☐	☐	☐	☐	☐	姓名
staffSex	varchar	2		☐	☐	☐	☐	☐	性别
staffAge	varchar	2		☐	☐	☐	☐	☐	年龄
staffEducation	varchar	10		☐	☐	☐	☐	☐	学历
staffDepartment	varchar	10		☐	☐	☐	☐	☐	部门
staffDate	varchar	10		☐	☐	☐	☐	☐	入职时间
staffDuty	varchar	10		☐	☐	☐	☐	☐	职务
staffWage	varchar	10		☐	☐	☐	☐	☐	工资

本项目使用 MySQL5.5 数据库。该数据库安装文件可从 www.oracle.com 下载。读者也可以选择自己熟悉的其他数据库系统。本项目数据库及表如图 5.2 所示。

图 5.2　项目中用到的数据库和表

5.4　企业信息管理系统项目代码实现

本项目开发一个企业信息管理系统（Enterprise Information Management System, EIMS）,本项目命名为 EIMS。

5.4.1　项目文件结构

项目的页面文件结构如图 5.3 所示。

在如图 5.3 所示的文件夹结构中,登录页面（login.jsp）在 login 文件夹下,输入用户名和密码后单击"登录"按钮,请求提交到 checkLogin.jsp 页面。checkLogin.jsp 页面处理提

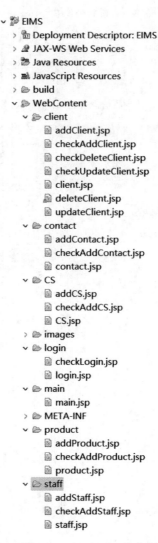

图 5.3　项目的页面结构图

交的数据并进行下一步的页面跳转。文件夹 image 中存放项目中使用到的图片。

　　如果用户名和密码正确跳转到系统主页面(main.jsp),主页面在文件夹 main 中。

　　客户管理模块的页面在 client 文件夹中,主要功能有客户的查询、添加、修改、删除。

　　合同管理模块的页面在 contact 文件中,主要功能有合同的查询和添加功能。

　　售后管理模块的页面在 CS 文件夹中,主要功能有售后的查询和添加功能。

　　产品管理模块的页面在 product 文件夹中,主要功能有产品的查询和添加功能。

　　员工管理模块的页面在 staff 文件夹中,主要功能有员工的查询和添加功能。

　　退出系统主要是关闭主页面并返回登录页面。

5.4.2　案例 1:登录功能的实现

　　本系统提供登录页面,效果如图 5.4 所示。

图 5.4　系统登录页面

登录页面(login.jsp)的代码如下所示。

```jsp
<%@ page language = "java" contentType = "text/html; charset = UTF - 8" pageEncoding = "UTF - 8" %>
<!DOCTYPE html PUBLIC " - //W3C//DTD HTML 4.01 Transitional//EN" "http://www.w3.org/TR/html4/loose.dtd">
<html>
<head>
<meta http - equiv = "Content - Type" content = "text/html; charset = UTF - 8">
<title>登录界面</title>
</head>
<body style = "background - image: url('../images/login.jpg');">
    <br><br><br><br><br>
    <br><br><br><br><br>
    <center>
        <h1>欢迎登录企业信息管理系统</h1>
        <form action = "checkLogin.jsp" method = "post">
        <table>
        <tr>
        <td>
    <table style = "border: 1px solid; background - color: #dddddd; width: 400px; height: 200px;">
        <tr style = "height: 130px;">
        <td align = "center">
        账号 <input type = "text" name = "username"><br><br>
        密码 <input type = "password" name = "password"><br><br>
        <input type = "submit" value = "登录">    
        <input type = "reset" value = "重置">
        </td>
        </tr>
        <tr style = "height: 30px;">
```

企业信息管理系统项目实训

```
                < td bgcolor = "#95BDFF">   </td>
                </tr>
                </table>
                </td>
                </tr>
                </table>
            </form>
        </center>
    </body>
    </html>
```

在如图 5.5 所示页面中输入用户名和密码后单击"登录"按钮,请求提交到 checkLogin. jsp,该页面处理登录页面提交的请求,参照< form action = "checkLogin. jsp" method = "post">。

登录页面对应的数据处理页面(checkLogin. jsp)的代码如下所示。

```
<%@page import = "java.sql. * "%>
<%@ page language = "java" contentType = "text/html; charset = UTF - 8" pageEncoding = "UTF -
8"%>
<!DOCTYPE html PUBLIC " - //W3C//DTD HTML 4.01 Transitional//EN"
"http://www.w3.org/TR/html4/loose.dtd">
<html>
<head>
<meta http - equiv = "Content - Type" content = "text/html; charset = UTF - 8">
<title>登录信息处理界面</title>
</head>
<body>
    <%
        String username = new String(request.getParameter("username").getBytes("ISO - 8859 -
1"),"UTF - 8");
        String password = new String(request.getParameter("password").getBytes("ISO - 8859 -
1"),"UTF - 8");
        Connection conn = null;
        Statement st = null;
        ResultSet rs = null;
        /* 处理用户名为空的情况,重定向回登录界面 */
        if (username.equals("")) {
            response.sendRedirect("http://localhost:8090/EIMS/login/login.jsp");
        }
        try {
            Class.forName("com.mysql.jdbc.Driver");
            String url = "jdbc:mysql://localhost:3306/eims?characterEncoding = UTF - 8";
            conn = DriverManager.getConnection(url, "root", "123");
            st = conn.createStatement();String sql = "select * from user where username =
'" + username + "' and password = '" + password + "'";
            rs = st.executeQuery(sql);
            if (rs.next()) {
                response.sendRedirect("http://localhost:8090/EIMS/main/main.jsp");
            }else {
                response.sendRedirect("http://localhost:8090/EIMS/login/login.jsp");
```

```
            }
        } catch (Exception e) {
            e.printStackTrace();
        } finally {
            rs.close();
            st.close();
            conn.close();
        }
    %>
</body>
</html>
```

5.4.3 案例 2: 系统主页面功能的实现

在如图 5.4 所示页面中输入用户名和密码后单击"登录"按钮,如果数据正确将进入"企业信息管理系统"的主页面(main.jsp),如图 5.5 所示。

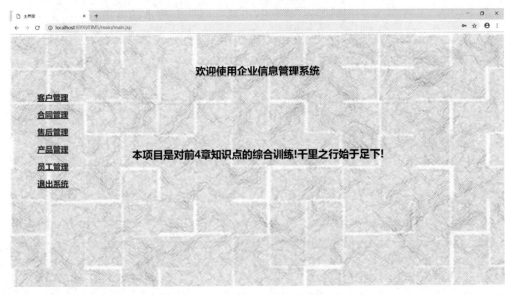

图 5.5 系统主界面

主页面(main.jsp)的代码如下:

```
<%@ page language = "java" contentType = "text/html; charset = UTF - 8" pageEncoding = "UTF -
8" %>
<!DOCTYPE html PUBLIC " - //W3C//DTD HTML 4.01 Transitional//EN"
"http://www.w3.org/TR/html4/loose.dtd">
<html>
<head>
<meta http - equiv = "Content - Type" content = "text/html; charset = UTF - 8">
<title>主界面</title>
</head>
<body style = "text - align: center; background - image: url('../images/main.jpg');">
    <br><br><br>
```

```html
< h1 style = "text - align:center;">欢迎使用企业信息管理系统</h1 >
< div style = "position: absolute;margin - left: 5 % ;">
    < h2 >< a href = "http://localhost:8090/EIMS/client/client. jsp">客户管理</a></h2 >
    < h2 >< a href = "http://localhost:8090/EIMS/contact/contact. jsp">合同管理</a></h2 >
    < h2 >< a href = "http://localhost:8090/EIMS/CS/CS. jsp">售后管理</a></h2 >
    < h2 >< a href = "http://localhost:8090/EIMS/product/product. jsp">产品管理</a></h2 >
    < h2 >< a href = "http://localhost:8090/EIMS/staff/staff. jsp">员工管理</a></h2 >
    < h2 >< a href = "http://localhost:8090/EIMS/login/login. jsp">退出系统</a></h2 >
</div >
< br >< br >< br >< br >
< br >< br >< br >< br >
< h1 >本项目是对前 4 章知识点的综合训练!千里之行始于足下!</h1 >
</body >
</html >
```

5.4.4　案例 3：客户管理功能的实现

单击如图 5.5 所示页面中的"客户管理",出现如图 5.6 所示的页面。请参照 main. jsp
代码中的"< a href＝"http://localhost：8090/EIMS/client/client. jsp">客户管理</a>。"
Client. jsp 的代码如下所示。

```jsp
<% @page import = "java. sql. * " %>
<% @ page language = "java" contentType = "text/html; charset = UTF - 8"
pageEncoding = "UTF - 8" %>
<! DOCTYPE html PUBLIC " - //W3C//DTD HTML 4.01 Transitional//EN"
"http://www.w3.org/TR/html4/loose.dtd">
< html >
< head >
< meta http - equiv = "Content - Type" content = "text/html; charset = UTF - 8">
< title >客户管理界面</title >
</head >
< body style = "text - align: center; background - image: url('../images/main. jpg');">
    < br >< br >< br >
    < h1 style = "text - align:center;">欢迎使用企业信息管理系统</h1 >
    < div style = "position: absolute;margin - left: 5 % ;">
        < h2 >< a href = "http://localhost:8090/EIMS/client/client. jsp">客户管理</a></h2 >
        < h2 >< a href = "http://localhost:8090/EIMS/contact/contact. jsp">合同管理</a></h2 >
        < h2 >< a href = "http://localhost:8090/EIMS/CS/CS. jsp">售后管理</a></h2 >
        < h2 >< a href = "http://localhost:8090/EIMS/product/product. jsp">产品管理</a></h2 >
        < h2 >< a href = "http://localhost:8090/EIMS/staff/staff. jsp">员工管理</a></h2 >
        < h2 >< a href = "http://localhost:8090/EIMS/login/login. jsp">退出系统</a></h2 >
    </div >
    < div style = "position: absolute;margin - left: 15 % ;width: 80 % ;height: 70 % ;">
        < table style = "width: 900px;margin: 0 auto;">
            < tr >
                < td >< h2 >客户查询</h2 ></td >
                < td >
    < h2 >< a href = "http://localhost:8090/EIMS/client/addClient. jsp">客户添加</a></h2 >
                </td >
                < td >
```

```
        <h2><a href = "http://localhost:8090/EIMS/client/updateClient.jsp">客户修改</a>
</h2>
            </td>
            <td>
        <h2><a href = "http://localhost:8090/EIMS/client/deleteClient.jsp">客户删除</a>
</h2>
            </td>
        </tr>
    </table>
    <br>
    <hr>
    <br>
    <table style = "width: 900px;border: 2px solid #aaaaaa;margin: 0 auto;">
        <tr>
            <th colspan = "4">查看客户信息</th>
        </tr>
        <tr>
            <td>姓名</td>
            <td>电话</td>
            <td>地址</td>
            <td>邮箱</td>
        </tr>
        <%
            Connection conn = null;
            Statement st = null;
            ResultSet rs = null;
            Class.forName("com.mysql.jdbc.Driver");
            String url = "jdbc:mysql://localhost:3306/eims?characterEncoding = UTF - 8";
            conn = DriverManager.getConnection(url, "root", "123");
            st = conn.createStatement();
            String sql = "select * from client";
            rs = st.executeQuery(sql);
            while(rs.next()){
        %>
        <tr>
            <td><% = rs.getString("clientName") %></td>
            <td><% = rs.getString("clientTelephone") %></td>
            <td><% = rs.getString("clientAddress") %></td>
            <td><% = rs.getString("clientEmail") %></td>
        </tr>
        <%
            }
        %>
    </table>
    </div>
</body>
</html>
```

单击如图 5.6 所示页面中的"客户添加",出现如图 5.7 所示的客户信息添加页面,对应的超链接页面是 addClient.jsp。

图 5.6 客户查询页面

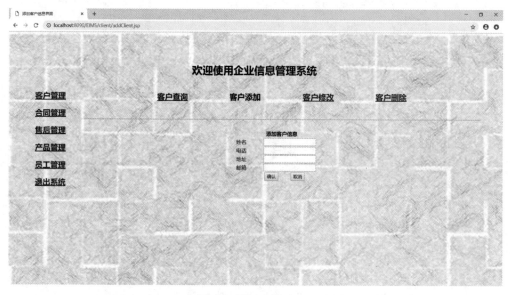

图 5.7 客户添加页面

addClient.jsp 的代码如下所示。

```
<%@ page language = "java" contentType = "text/html; charset = UTF - 8" pageEncoding = "UTF -
8"%>
<!DOCTYPE html PUBLIC " - //W3C//DTD HTML 4.01 Transitional//EN"
"http://www.w3.org/TR/html4/loose.dtd">
<html>
<head>
<meta http - equiv = "Content - Type" content = "text/html; charset = UTF - 8">
<title>添加客户信息界面</title>
```

```html
</head>
< body style = "text - align: center; background - image: url('../images/main.jpg');">
    < br >< br >< br >
    < h1 style = "text - align:center;">欢迎使用企业信息管理系统</h1 >
    < div style = "position: absolute;margin - left: 5 % ;">
        < h2 >< a href = "http://localhost:8090/EIMS/client/client.jsp">客户管理</a></h2 >
        < h2 >< a href = "http://localhost:8090/EIMS/contact/contact.jsp">合同管理</a></h2 >
        < h2 >< a href = "http://localhost:8090/EIMS/CS/CS.jsp">售后管理</a></h2 >
        < h2 >< a href = "http://localhost:8090/EIMS/product/product.jsp">产品管理</a></h2 >
        < h2 >< a href = "http://localhost:8090/EIMS/staff/staff.jsp">员工管理</a></h2 >
        < h2 >< a href = "http://localhost:8090/EIMS/login/login.jsp">退出系统</a></h2 >
    </div >
    < div style = "position: absolute;margin - left: 15 % ;width: 80 % ;height: 70 % ;">
        < form action = " http://localhost:8090/EIMS/client/checkAddClient.jsp" method =
"post">
            < table style = "width: 900px;margin: 0 auto;">
                < tr >
                    < td >
        < h2 >< a href = "http://localhost:8090/EIMS/client/client.jsp">客户查询</a>
</h2 >
                    </td >
                    < td >< h2 >客户添加</h2 ></td >
                    < td >
        < h2 >< a href = "http://localhost:8090/EIMS/client/updateClient.jsp">客户修改</a></h2 >
                    </td >
                    < td >
        < h2 >< a href = "http://localhost:8090/EIMS/client/deleteClient.jsp">客户删除</a></h2 >
                    </td >
                </tr >
            </table >
            < br >  < hr >  < br >
            < table style = "width: 300px;margin: 0 auto;">
                < tr >
                    < th colspan = "4">添加客户信息</th >
                </tr >
                < tr >
                    < td >姓名</td >
                    < td >< input type = "text" name = "clientName" ></td >
                </tr >
                < tr >
                    < td >电话</td >
                    < td >< input type = "text" name = "clientTelephone"></td >
                </tr >
                < tr >
                    < td >地址</td >
                    < td >< input type = "text" name = "clientAddress"></td >
                </tr >
                < tr >
                    < td >邮箱</td >
                    < td >< input type = "text" name = "clientEmail"></td >
                </tr >
```

```
                    < tr style = "margin: 0 auto;">
                        < td colspan = "2">
            < input type = "submit" value = "确认">    
                        < input type = "reset" value = "取消">
                        </td >
                    </tr >
                </table >
            </form >
        </div >
    </body >
</html >
```

在如图 5.7 所示页面添加客户信息后单击"确定"按钮，请求提交到 checkAddClient. jsp。
checkAddClient. jsp 的代码如下所示。

```
< % @page import = "java. sql. * " % >
< % @ page language = "java" contentType = "text/html; charset = UTF - 8" pageEncoding = "UTF -
8" % >
<! DOCTYPE html >
< html >
< head >
< meta http - equiv = "Content - Type" content = "text/html; charset = UTF - 8">
< title >处理添加客户信息界面</title >
</head >
< body >
    < %
        String clientName = new String(request. getParameter("clientName"). getBytes("ISO -
8859 - 1"),"UTF - 8");
        String clientTelephone = new String ( request. getParameter ( "clientTelephone").
getBytes("ISO - 8859 - 1"),"UTF - 8");
        String clientAddress = new String(request. getParameter("clientAddress"). getBytes
("ISO - 8859 - 1"),"UTF - 8");
        String clientEmail = new String(request. getParameter("clientEmail"). getBytes("ISO -
8859 - 1"),"UTF - 8");
        Connection conn = null;
        Statement st = null;
        if(clientName. equals("")){
            response. sendRedirect("http://localhost:8090/EIMS/client/addClient. jsp");
        }
        else{
            try {
                Class. forName("com. mysql. jdbc. Driver");
                String url = "jdbc:mysql://localhost:3306/eims?characterEncoding = UTF - 8";
                conn = DriverManager. getConnection(url, "root", "123");
                st = conn. createStatement();
                String sql = "insert into client(clientName,clientTelephone,clientAddress,
clientEmail)" + "values ('" + clientName + "','" + clientTelephone + "','" + clientAddress + "',
'" + clientEmail + "')";
                st. executeUpdate(sql);
                response. sendRedirect("http://localhost:8090/EIMS/client/client. jsp");
            } catch(Exception e){
```

```
                    e.printStackTrace();
                } finally {
                    st.close();
                    conn.close();
                }
            }
        % >
    </body>
</html>
```

单击如图 5.7 所示页面中的"客户修改",出现如图 5.8 所示的客户信息修改页面,对应的超链接页面是 updateClient.jsp。

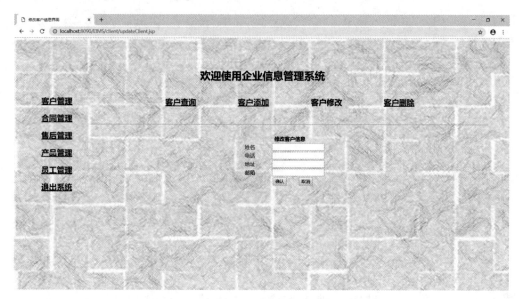

图 5.8　客户修改页面

updateClient.jsp 的代码如下所示。

```
< % @ page language = "java" contentType = "text/html; charset = UTF - 8" pageEncoding = "UTF -
8" % >
<!DOCTYPE html PUBLIC " - //W3C//DTD HTML 4.01 Transitional//EN" "http://www.w3.org/TR/html4/
loose.dtd">
< html >
< head >
< meta http - equiv = "Content - Type" content = "text/html; charset = UTF - 8">
< title >修改客户信息界面</title >
</head >
< body style = "text - align: center; background - image: url('../images/main.jpg');">
    < br >< br >< br >
    < h1 style = "text - align:center;">欢迎使用企业信息管理系统</h1 >
    < div style = "position: absolute;margin - left: 5 % ;">
        < h2 >< a href = "http://localhost:8090/EIMS/client/client.jsp">客户管理</a ></h2 >
        < h2 >< a href = "http://localhost:8090/EIMS/contact/contact.jsp">合同管理</a ></h2 >
        < h2 >< a href = "http://localhost:8090/EIMS/CS/CS.jsp">售后管理</a ></h2 >
```

144

```html
        <h2><a href = "http://localhost:8090/EIMS/product/product.jsp">产品管理</a></h2>
        <h2><a href = "http://localhost:8090/EIMS/staff/staff.jsp">员工管理</a></h2>
        <h2><a href = "http://localhost:8090/EIMS/login/login.jsp">退出系统</a></h2>
    </div>
    <div style = "position: absolute;margin-left: 15%;width: 80%;height: 70%;">
        <form action = "http://localhost:8090/EIMS/client/checkUpdateClient.jsp" method =
"post">
            <table style = "width: 900px;margin: 0 auto;">
                <tr>
                    <td>
        <h2><a href = "http://localhost:8090/EIMS/client/client.jsp">客户查询</a></h2>
                    </td>
                    <td>
        <h2><a href = "http://localhost:8090/EIMS/client/addClient.jsp">客户添加</a></h2>
                    </td>
                    <td><h2>客户修改</h2></td>
                    <td>
        <h2><a href = "http://localhost:8090/EIMS/client/deleteClient.jsp">客户删除</a></h2>
                    </td>
                </tr>
            </table>
            <br>
            <hr>
            <br>
            <table style = "width: 300px;margin: 0 auto;">
                <tr>
                    <th colspan = "4">修改客户信息</th>
                </tr>
                <tr>
                    <td>姓名</td>
                    <td><input type = "text" name = "clientName"></td>
                </tr>
                <tr>
                    <td>电话</td>
                    <td><input type = "text" name = "clientTelephone"></td>
                </tr>
                <tr>
                    <td>地址</td>
                    <td><input type = "text" name = "clientAddress"></td>
                </tr>
                <tr>
                    <td>邮箱</td>
                    <td><input type = "text" name = "clientEmail"></td>
                </tr>
                <tr style = "margin: 0 auto;">
                    <td colspan = "2">
    <input type = "submit" value = "确认">    
                        <input type = "reset" value = "取消">
                    </td>
                </tr>
            </table>
```

```
          </form>
      </div>
</body>
</html>
```

在如图 5.8 所示页面中修改客户信息后单击"确定"按钮,请求提交到 checkUpdateClient.jsp。
checkUpdateClient.jsp 的代码如下所示。

```
<%@page import = "java.sql. * "%>
<%@ page language = "java" contentType = "text/html; charset = UTF - 8"
pageEncoding = "UTF - 8"%>
<!DOCTYPE html PUBLIC " - //W3C//DTD HTML 4.01 Transitional//EN"
"http://www.w3.org/TR/html4/loose.dtd">
<html>
<head>
<meta http - equiv = "Content - Type" content = "text/html; charset = UTF - 8">
<title>处理修改客户信息界面</title>
</head>
<body>
    <%
        String clientName = new String(request.getParameter("clientName").getBytes("ISO -
8859 - 1"),"UTF - 8");
         String clientTelephone = new String (request.getParameter ("clientTelephone").
getBytes("ISO - 8859 - 1"),"UTF - 8");
        String clientAddress = new String(request.getParameter("clientAddress").getBytes
("ISO - 8859 - 1"),"UTF - 8");
        String clientEmail = new String(request.getParameter("clientEmail").getBytes("ISO -
8859 - 1"),"UTF - 8");
        Connection conn = null;
        Statement st = null;
        if(clientName.equals("")){
            response.sendRedirect("http://localhost:8090/EIMS/client/updateClient.jsp");
        }
        else{
            try {
                Class.forName("com.mysql.jdbc.Driver");
                String url = "jdbc:mysql://localhost:3306/eims?characterEncoding = UTF - 8";
                conn = DriverManager.getConnection(url, "root", "123");
                st = conn.createStatement();
                String sql = "update client set clientName = '''+clientName+''',clientTelephone =
'" + clientTelephone + "',"
                        + "clientAddress = '''' + clientAddress + ''', clientEmail = ''' +
clientEmail + "' where clientName = '" + clientName + "'";
                st.executeUpdate(sql);
                response.sendRedirect("http://localhost:8090/EIMS/client/client.jsp");
            } catch(Exception e){
                e.printStackTrace();
            } finally {
                st.close();
                conn.close();
            }
```

```
        }
    % >
</body>
</html>
```

单击如图 5.8 所示页面中的"客户删除",出现如图 5.9 所示的客户删除页面,对应的超链接页面是 deleteClient.jsp。

图 5.9 客户删除页面

deleteClient.jsp 的代码如下所示。

```
<% @ page language = "java" contentType = "text/html; charset = UTF - 8"
pageEncoding = "UTF - 8" % >
<! DOCTYPE html PUBLIC " - //W3C//DTD HTML 4.01 Transitional//EN"
"http://www.w3.org/TR/html4/loose.dtd">
< html >
< head >
< meta http - equiv = "Content - Type" content = "text/html; charset = UTF - 8">
< title >删除客户信息界面</title >
</head >
< body style = "text - align: center; background - image: url('../images/main.jpg');">
    < br >< br >< br >
    < h1 style = "text - align:center;">欢迎使用企业信息管理系统</h1 >
    < div style = "position: absolute;margin - left: 5 % ;">
        < h2 >< a href = "http://localhost:8090/EIMS/client/client.jsp">客户管理</a ></h2 >
        < h2 >< a href = "http://localhost:8090/EIMS/contact/contact.jsp">合同管理</a ></h2 >
        < h2 >< a href = "http://localhost:8090/EIMS/CS/CS.jsp">售后管理</a ></h2 >
        < h2 >< a href = "http://localhost:8090/EIMS/product/product.jsp">产品管理</a ></h2 >
        < h2 >< a href = "http://localhost:8090/EIMS/staff/staff.jsp">员工管理</a ></h2 >
        < h2 >< a href = "http://localhost:8090/EIMS/login/login.jsp">退出系统</a ></h2 >
    </div >
    < div style = "position: absolute;margin - left: 15 % ;width: 80 % ;height: 70 % ;">
        < form action = "http://localhost:8090/EIMS/client/checkDeleteClient.jsp" method =
"post">
                < table style = "width: 900px;margin: 0 auto;">
```

```
                            < tr >
                                < td >
            < h2 > < a href = "http://localhost:8090/EIMS/client/client.jsp">客户查询</a></h2 >
                                </td >
                                < td >
            < h2 > < a href = "http://localhost:8090/EIMS/client/addClient.jsp">客户添加</a></h2 >
                                </td >
                                < td >
            < h2 > < a href = "http://localhost:8090/EIMS/client/updateClient.jsp">客户修改</a></h2 >
                                </td >
                                < td > < h2 >客户删除</h2 ></td >
                            </tr >
                    </table >
                    < br >
                    < hr >
                    < br >
                    < table style = "width: 300px;margin: 0 auto;">
                    < tr >
                        < th colspan = "2">删除客户信息</th >
                    </tr >
                    < tr >
                        < td >姓名</td >
                        < td > < input type = "text" placeholder = "输入要删除的客户姓名"
name = "clientName"></td >
                    </tr >
                      < tr style = "margin: 0 auto;">
                        < td colspan = "2">
                                < input type = "submit" value = "确认">
   
                                    < input type = "reset" value = "取消">
                        </td >
                    </tr >
                </table >
            </form >
        </div >
</body >
```

在如图 5.9 所示页面中输入要删除的客户信息后单击"确定"按钮,请求提交到
checkDeleteClient.jsp。

checkDeleteClient.jsp 的代码如下所示。

```
< % @page import = "java.sql. * " % >
< % @ page language = "java" contentType = "text/html; charset = UTF - 8"
pageEncoding = "UTF - 8" % >
<!DOCTYPE html PUBLIC " - //W3C//DTD HTML 4.01 Transitional//EN"
"http://www.w3.org/TR/html4/loose.dtd">
< html >
< head >
< meta http - equiv = "Content - Type" content = "text/html; charset = UTF - 8">
< title >处理删除客户信息界面</title >
</head >
< body >
    < %
```

```
        String clientName = new String(request.getParameter("clientName").getBytes("ISO -
8859 - 1"),"UTF - 8");
        Connection conn = null;
        Statement st = null;
        if(clientName.equals("")){
            response.sendRedirect("http://localhost:8090/EIMS/client/deleteClient.jsp");
        }
        else{
            try {
                Class.forName("com.mysql.jdbc.Driver");
                String url = "jdbc:mysql://localhost:3306/eims?characterEncoding = UTF - 8";
                conn = DriverManager.getConnection(url, "root", "123");
                st = conn.createStatement();
                String sql = "delete from client where clientName = '" + clientName + "'";
                st.executeUpdate(sql);
                response.sendRedirect("http://localhost:8090/EIMS/client/client.jsp");
            } catch(Exception e){
                e.printStackTrace();
            } finally {
                st.close();
                conn.close();
            }
        }
    %>
</body>
</html>
```

5.4.5 案例 4：合同管理功能的实现

单击如图 5.9 所示页面中的"合同管理"，出现如图 5.10 所示的页面。请参照 main.jsp 代码中的"< a href＝"http://localhost：8090/EIMS/contact/contact.jsp">合同管理</a>"。

图 5.10　合同查询页面

Contact.jsp 的代码如下所示。

```jsp
<%@page import = "java.sql. * "%>
<%@ page language = "java" contentType = "text/html; charset = UTF - 8" pageEncoding = "UTF -
8"%>
<!DOCTYPE html PUBLIC " - //W3C//DTD HTML 4.01 Transitional//EN"
"http://www.w3.org/TR/html4/loose.dtd">
<html>
<head>
<meta http - equiv = "Content - Type" content = "text/html; charset = UTF - 8">
<title>合同管理界面</title>
</head>
<body style = "text - align: center; background - image: url('../images/main.jpg');">
    <br><br><br>
    <h1 style = "text - align:center;">欢迎使用企业信息管理系统</h1>
    <div style = "position: absolute;margin - left: 5%;">
        <h2><a href = "http://localhost:8090/EIMS/client/client.jsp">客户管理</a></h2>
        <h2><a href = "http://localhost:8090/EIMS/contact/contact.jsp">合同管理</a></h2>
        <h2><a href = "http://localhost:8090/EIMS/CS/CS.jsp">售后管理</a></h2>
        <h2><a href = "http://localhost:8090/EIMS/product/product.jsp">产品管理</a></h2>
        <h2><a href = "http://localhost:8090/EIMS/staff/staff.jsp">员工管理</a></h2>
        <h2><a href = "http://localhost:8090/EIMS/login/login.jsp">退出系统</a></h2>
    </div>
    <div style = "position: absolute;margin - left: 15%;width: 80%;height: 70%;">
        <table style = "width: 900px;margin: 0 auto;">
            <tr>
                <td><h2>合同查询</h2></td>
                <td>
<h2><a href = "http://localhost:8090/EIMS/contact/addContact.jsp">合同添加</a></h2>
                </td>
            </tr>
        </table>
        <br>
        <hr>
        <br>
        <table style = "width: 900px;border: 2px solid #aaaaaa;margin: 0 auto;">
            <tr>
                <th colspan = "6">查看合同信息</th>
            </tr>
            <tr>
                <td>客户姓名</td>
                <td>合同名称</td>
                <td>合同内容</td>
                <td>合同生效日期</td>
                <td>合同有效期</td>
                <td>业务员</td>
            </tr>
            <%
                Connection conn = null;
                Statement st = null;
                ResultSet rs = null;
```

```
        Class.forName("com.mysql.jdbc.Driver");
        String url = "jdbc:mysql://localhost:3306/eims?characterEncoding = UTF - 8";
        conn = DriverManager.getConnection(url, "root", "123");
        st = conn.createStatement();
        String sql = "select * from contact";
        rs = st.executeQuery(sql);
        while(rs.next()){
    %>
    <tr>
        <td><% = rs.getString("clientName") %></td>
        <td><% = rs.getString("contactName") %></td>
        <td><% = rs.getString("contactContents") %></td>
        <td><% = rs.getString("contactStart") %></td>
        <td><% = rs.getString("contactEnd") %></td>
        <td><% = rs.getString("staffName") %></td>
    </tr>
    <%
        }
    %>
    </table>
    </div>
</body>
</html>
```

单击如图 5.10 所示页面中的"合同添加",出现如图 5.11 所示的添加合同页面,对应的超链接页面是 addContact.jsp。

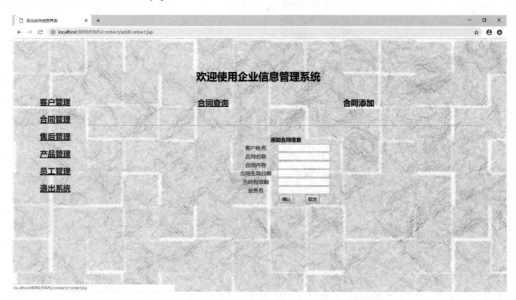

图 5.11　合同添加页面

addContact.jsp 的代码如下所示。

```
<% @ page language = "java" contentType = "text/html; charset = UTF - 8" pageEncoding = "UTF - 8" %>
```

```html
<!DOCTYPE html PUBLIC " - //W3C//DTD HTML 4.01 Transitional//EN"
"http://www.w3.org/TR/html4/loose.dtd">
< html >
< head >
< meta http - equiv = "Content - Type" content = "text/html; charset = UTF - 8">
< title >添加合同信息界面</title >
</head >
< body style = "text - align: center; background - image: url('../images/main.jpg');">
    < br >< br >< br >
    < h1 style = "text - align:center;">欢迎使用企业信息管理系统</h1 >
    < div style = "position: absolute;margin - left: 5％;">
        < h2 >< a href = "http://localhost:8090/EIMS/client/client.jsp">客户管理</a ></h2 >
        < h2 >< a href = "http://localhost:8090/EIMS/contact/contact.jsp">合同管理</a ></h2 >
        < h2 >< a href = "http://localhost:8090/EIMS/CS/CS.jsp">售后管理</a ></h2 >
        < h2 >< a href = "http://localhost:8090/EIMS/product/product.jsp">产品管理</a ></h2 >
        < h2 >< a href = "http://localhost:8090/EIMS/staff/staff.jsp">员工管理</a ></h2 >
        < h2 >< a href = "http://localhost:8090/EIMS/login/login.jsp">退出系统</a ></h2 >
    </div >
    < div style = "position: absolute;margin - left: 15％;width: 80％;height: 70％;">
        < form action = "http://localhost:8090/EIMS/contact/checkAddContact.jsp" method =
"post">
            < table style = "width: 900px;margin: 0 auto;">
                < tr >
                    < td >
    < h2 >< a href = "http://localhost:8090/EIMS/contact/contact.jsp">合同查询</a ></h2 >
                    </td >
                    < td >< h2 >合同添加</h2 ></td >
                </tr >
            </table >
            < br >
            < hr >
            < br >
            < table style = "width: 300px;margin: 0 auto;">
                < tr >
                    < th colspan = "6">添加合同信息</th >
                </tr >
                < tr >
                    < td >客户姓名</td >
                    < td >< input type = "text" name = "clientName" ></td >
                </tr >
                < tr >
                    < td >合同名称</td >
                    < td >< input type = "text" name = "contactName"></td >
                </tr >
                < tr >
                    < td >合同内容</td >
                    < td >< input type = "text" name = "contactContents"></td >
                </tr >
                < tr >
                    < td >合同生效日期</td >
                    < td >< input type = "text" name = "contactStart"></td >
```

```
                    </tr>
                    <tr>
                        <td>合同有效期</td>
                        <td><input type = "text" name = "contactEnd"></td>
                    </tr>
                    <tr>
                        <td>业务员</td>
                        <td><input type = "text" name = "staffName"></td>
                    </tr>
                    <tr style = "margin: 0 auto;">
                        <td colspan = "2">
                              
                            <input type = "submit" value = "确认">  
                        <input type = "reset" value = "取消">
                            </td>
                    </tr>
                </table>
            </form>
        </div>
</body>
</html>
```

在如图 5.11 所示页面中输入数据后单击“确定”按钮,请求提交到 checkAddContact. jsp。
checkAddContact. jsp 的代码如下所示。

```
<%@page import = "java. sql. *"%>
<%@ page language = "java" contentType = "text/html; charset = UTF - 8" pageEncoding = "UTF -
8"%>
<!DOCTYPE html PUBLIC " - //W3C//DTD HTML 4.01 Transitional//EN" "http://www.w3.org/TR/html4/
loose.dtd">
<html>
<head>
<meta http - equiv = "Content - Type" content = "text/html; charset = UTF - 8">
<title>处理添加合同信息界面</title>
</head>
<body>
    <%
        String clientName = new String(request.getParameter("clientName").getBytes("ISO -
8859 - 1"),"UTF - 8");
        String contactName = new String(request.getParameter("contactName").getBytes("ISO -
8859 - 1"),"UTF - 8");
        String contactContents = new String(request.getParameter("contactContents").
getBytes("ISO - 8859 - 1"),"UTF - 8");
        String contactStart = new String(request.getParameter("contactStart").getBytes
("ISO - 8859 - 1"),"UTF - 8");
        String contactEnd = new String(request.getParameter("contactEnd").getBytes("ISO -
8859 - 1"),"UTF - 8");
        String staffName = new String(request.getParameter("staffName").getBytes("ISO -
8859 - 1"),"UTF - 8");
        Connection conn = null;
        Statement st = null;
```

```
    if(clientName.equals("") || contactName.equals("")){
        response.sendRedirect("http://localhost:8090/EIMS/contact/addContact.jsp");
    }
    else{
        try {
            Class.forName("com.mysql.jdbc.Driver");
            String url = "jdbc:mysql://localhost:3306/eims?characterEncoding=UTF-8";
            conn = DriverManager.getConnection(url, "root", "123");
            st = conn.createStatement();
            String sql = "insert into contact(clientName,contactName,contactContents,
contactStart,contactEnd,staffName)"
                    + "values ('" + clientName + "','" + contactName + "','" + contactContents +
"','" + contactStart + "','" + contactEnd + "','" + staffName + "')";
            st.executeUpdate(sql);
            response.sendRedirect("http://localhost:8090/EIMS/contact/contact.jsp");
        } catch(Exception e){
            e.printStackTrace();
        } finally {
            st.close();
            conn.close();
        }
    }
%>
</body>
</html>
```

5.4.6　案例 5：售后管理功能的实现

单击如图 5.11 所示页面中的"售后管理"，出现如图 5.12 所示的页面。请参照 main.jsp
代码中的"< a href="http://localhost：8090/EIMS/CS/CS.jsp">售后管理</a>"。

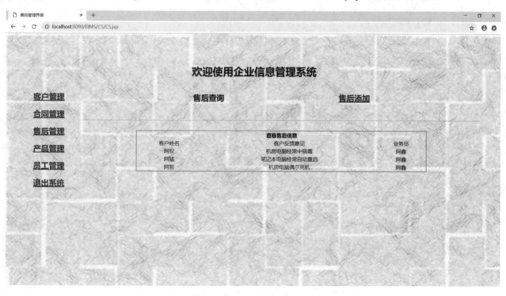

图 5.12　查询售后页面

153

第 5 章

企业信息管理系统项目实训

CS. jsp 的代码如下所示。

```
<%@page import = "java.sql.*"%>
<%@ page language = "java" contentType = "text/html; charset = UTF - 8" pageEncoding = "UTF -
8"%>
<!DOCTYPE html PUBLIC " - //W3C//DTD HTML 4.01 Transitional//EN" "http://www.w3.org/TR/html4/
loose.dtd">
<html>
<head>
<meta http-equiv = "Content - Type" content = "text/html; charset = UTF - 8">
<title>售后管理界面</title>
</head>
<body style = "text - align: center; background - image: url('../images/main.jpg');">
    <br><br><br>
    <h1 style = "text - align:center;">欢迎使用企业信息管理系统</h1>
    <div style = "position: absolute;margin - left: 5%;">
        <h2><a href = "http://localhost:8090/EIMS/client/client.jsp">客户管理</a></h2>
        <h2><a href = "http://localhost:8090/EIMS/contact/contact.jsp">合同管理</a></h2>
        <h2><a href = "http://localhost:8090/EIMS/CS/CS.jsp">售后管理</a></h2>
        <h2><a href = "http://localhost:8090/EIMS/product/product.jsp">产品管理</a></h2>
        <h2><a href = "http://localhost:8090/EIMS/staff/staff.jsp">员工管理</a></h2>
        <h2><a href = "http://localhost:8090/EIMS/login/login.jsp">退出系统</a></h2>
    </div>
    <div style = "position: absolute;margin - left: 15%;width: 80%;height: 70%;">
        <table style = "width: 900px;margin: 0 auto;">
            <tr>
                <td><h2>售后查询</h2></td>
                <td>
                    <h2><a href = "http://localhost:8090/EIMS/CS/addCS.jsp">售后添加
</a></h2>
                </td>
            </tr>
        </table>
        <br>
        <hr>
        <br>
        <table style = "width: 900px;border: 2px solid #aaaaaa;margin: 0 auto;">
            <tr>
                <th colspan = "3">查看售后信息</th>
            </tr>
            <tr>
                <td>客户姓名</td>
                <td>客户反馈意见</td>
                <td>业务员</td>
            </tr>
            <%
                Connection conn = null;
                Statement st = null;
                ResultSet rs = null;
                Class.forName("com.mysql.jdbc.Driver");
                String url = "jdbc:mysql://localhost:3306/eims?characterEncoding = UTF - 8";
```

```
                conn = DriverManager.getConnection(url, "root", "123");
                st = conn.createStatement();
                String sql = "select * from cs";
                rs = st.executeQuery(sql);
                while(rs.next()){
        %>
        <tr>
            <td><% = rs.getString("clientName") %></td>
            <td><% = rs.getString("clientOpinion") %></td>
            <td><% = rs.getString("staffName") %></td>
        </tr>
        <%
                }
        %>
        </table>
    </div>
</body>
</html>
```

单击如图 5.12 所示页面中的"售后添加",出现如图 5.13 所示的售后添加页面,对应的超链接页面是 addCS.jsp。

图 5.13 售后添加页面

addCS.jsp 的代码如下所示。

```
<% @ page language = "java" contentType = "text/html; charset = UTF-8" pageEncoding = "UTF-8" %>
<!DOCTYPE html PUBLIC "-//W3C//DTD HTML 4.01 Transitional//EN" "http://www.w3.org/TR/html4/loose.dtd">
<html>
<head>
<meta http-equiv = "Content-Type" content = "text/html; charset = UTF-8">
```

```
<title>添加售后信息界面</title>
</head>
<body style = "text - align: center; background - image: url('../images/main.jpg');">
    <br><br><br>
    <h1 style = "text - align:center;">欢迎使用企业信息管理系统</h1>
    <div style = "position: absolute;margin - left: 5%;">
        <h2><a href = "http://localhost:8090/EIMS/client/client.jsp">客户管理</a></h2>
        <h2><a href = "http://localhost:8090/EIMS/contact/contact.jsp">合同管理</a></h2>
        <h2><a href = "http://localhost:8090/EIMS/CS/CS.jsp">售后管理</a></h2>
        <h2><a href = "http://localhost:8090/EIMS/product/product.jsp">产品管理</a></h2>
        <h2><a href = "http://localhost:8090/EIMS/staff/staff.jsp">员工管理</a></h2>
        <h2><a href = "http://localhost:8090/EIMS/login/login.jsp">退出系统</a></h2>
    </div>
    <div style = "position: absolute;margin - left: 15%;width: 80%;height: 70%;">
        <form action = "http://localhost:8090/EIMS/CS/checkAddCS.jsp" method = "post">
            <table style = "width: 900px;margin: 0 auto;">
                <tr>
                    <td>
        <h2><a href = "http://localhost:8090/EIMS/CS/CS.jsp">售后查询</a></h2>
                    </td>
                    <td><h2>售后添加</h2></td>
                </tr>
            </table>
            <br>
            <hr>
            <br>
            <table style = "width: 300px;margin: 0 auto;">
                <tr>
                    <th colspan = "3">添加售后信息</th>
                </tr>
                <tr>
                    <td>客户姓名</td>
                    <td><input type = "text" name = "clientName"></td>
                </tr>
                <tr>
                    <td>客户反馈意见</td>
                    <td><input type = "text" name = "clientOpinion"></td>
                </tr>
                <tr>
                    <td>业务员</td>
                    <td><input type = "text" name = "staffName"></td>
                </tr>
                <tr style = "margin: 0 auto;">
                    <td colspan = "2">
                            
                        <input type = "submit" value = "确认">  
                        <input type = "reset" value = "取消">
                    </td>
                </tr>
            </table>
        </form>
```

```
    </div>
</body>
</html>
```

在如图 5.13 所示页面中输入数据后单击"确定"按钮,请求提交到 checkAddCs.jsp。
CheckAddCs.jsp 的代码如下所示。

```
<%@page import = "java.sql. * "%>
<%@ page language = "java" contentType = "text/html; charset = UTF - 8" pageEncoding = "UTF -
8"%>
<!DOCTYPE html>
<html>
<head>
<meta http - equiv = "Content - Type" content = "text/html; charset = UTF - 8">
<title>处理添加售后信息界面</title>
</head>
<body>
    <%
        String clientName = new String(request.getParameter("clientName").getBytes("ISO -
8859 - 1"),"UTF - 8");
        String clientOpinion = new String(request.getParameter("clientOpinion").getBytes
("ISO - 8859 - 1"),"UTF - 8");
        String staffName = new String(request.getParameter("staffName").getBytes("ISO -
8859 - 1"),"UTF - 8");
        Connection conn = null;
        Statement st = null;
        if(clientName.equals("")){
            response.sendRedirect("http://localhost:8090/EIMS/CS/addCS.jsp");
        }
        else{
            try {
                Class.forName("com.mysql.jdbc.Driver");
                String url = "jdbc:mysql://localhost:3306/eims?characterEncoding = UTF - 8";
                conn = DriverManager.getConnection(url, "root", "123");
                st = conn.createStatement();
                String sql = "insert into cs(clientName,clientOpinion,staffName)"
                    + "values ('" + clientName + "','" + clientOpinion + "','" + staffName + "')";
                st.executeUpdate(sql);
                response.sendRedirect("http://localhost:8090/EIMS/CS/CS.jsp");
            } catch(Exception e){
                e.printStackTrace();
            } finally {
                st.close();
                conn.close();
            }
        }
    %>
</body>
</html>
```

5.4.7　案例 6：产品管理功能的实现

单击如图 5.13 所示页面中的"产品管理"，出现如图 5.14 所示的页面。请参照 main.jsp 代码中的"< a href＝"http://localhost：8090/EIMS/product/product.jsp">产品管理</a>"。

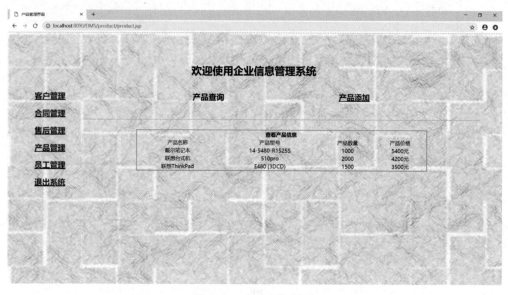

图 5.14　产品查询页面

product.jsp 的代码如下所示。

```jsp
<%@page import = "java.sql.*"%>
<%@ page language = "java" contentType = "text/html; charset = UTF-8" pageEncoding = "UTF-8"%>
<!DOCTYPE html PUBLIC "-//W3C//DTD HTML 4.01 Transitional//EN" "http://www.w3.org/TR/html4/loose.dtd">
<html>
<head>
<meta http-equiv = "Content-Type" content = "text/html; charset = UTF-8">
<title>产品管理界面</title>
</head>
<body style = "text-align: center; background-image: url('../images/main.jpg');">
    <br><br><br>
    <h1 style = "text-align:center;">欢迎使用企业信息管理系统</h1>
    <div style = "position: absolute;margin-left: 5%;">
        <h2><a href = "http://localhost:8090/EIMS/client/client.jsp">客户管理</a></h2>
        <h2><a href = "http://localhost:8090/EIMS/contact/contact.jsp">合同管理</a></h2>
        <h2><a href = "http://localhost:8090/EIMS/CS/CS.jsp">售后管理</a></h2>
        <h2><a href = "http://localhost:8090/EIMS/product/product.jsp">产品管理</a></h2>
        <h2><a href = "http://localhost:8090/EIMS/staff/staff.jsp">员工管理</a></h2>
        <h2><a href = "http://localhost:8090/EIMS/login/login.jsp">退出系统</a></h2>
    </div>
    <div style = "position: absolute;margin-left: 15%;width: 80%;height: 70%;">
```

```
< table style = "width: 900px;margin: 0 auto;">
    < tr >
        < td >< h2 >产品查询</h2 ></td >
        < td >
< h2 >< a href = "http://localhost:8090/EIMS/product/addProduct. jsp">产品添加</a ></h2 >
        </td >
    </tr >
</table >
< br >
< hr >
< br >
< table style = "width: 900px;border: 2px solid ♯ aaaaaa;margin: 0 auto;">
    < tr >
        < th colspan = "4">查看产品信息</th >
    </tr >
    < tr >
        < td >产品名称</td >
        < td >产品型号</td >
        < td >产品数量</td >
        < td >产品价格</td >
    </tr >
    < %
        Connection conn = null;
        Statement st = null;
        ResultSet rs = null;
        Class.forName("com.mysql.jdbc.Driver");
        String url = "jdbc:mysql://localhost:3306/eims?characterEncoding = UTF - 8";
        conn = DriverManager.getConnection(url, "root", "123");
        st = conn.createStatement();
        String sql = "select * from product";
        rs = st.executeQuery(sql);
        while(rs.next()){
    % >
    < tr >
        < td >< % = rs.getString("productName") % ></td >
        < td >< % = rs.getString("productModel") % ></td >
        < td >< % = rs.getString("productNumber") % ></td >
        < td >< % = rs.getString("productPrice") % ></td >
    </tr >
    < %
        }
    % >
</table >
</div >
</body >
</html >
```

单击如图 5.14 所示页面中的"产品添加",出现如图 5.15 所示的产品添加页面,对应的
超链接页面是 addProduct.jsp。

图 5.15　产品添加页面

addProduct. jsp 的代码如下所示。

```
<%@ page language = "java" contentType = "text/html; charset = UTF-8" pageEncoding = "UTF-8" %>
<!DOCTYPE html PUBLIC " - //W3C//DTD HTML 4.01 Transitional//EN" "http://www.w3.org/TR/html4/loose.dtd">
<html>
<head>
<meta http-equiv = "Content-Type" content = "text/html; charset = UTF-8">
<title>添加产品信息界面</title>
</head>
<body style = "text-align: center; background-image: url('../images/main.jpg');">
    <br><br><br>
    <h1 style = "text-align:center;">欢迎使用企业信息管理系统</h1>
    <div style = "position: absolute;margin-left: 5%;">
        <h2><a href = "http://localhost:8090/EIMS/client/client.jsp">客户管理</a></h2>
        <h2><a href = "http://localhost:8090/EIMS/contact/contact.jsp">合同管理</a></h2>
        <h2><a href = "http://localhost:8090/EIMS/CS/CS.jsp">售后管理</a></h2>
        <h2><a href = "http://localhost:8090/EIMS/product/product.jsp">产品管理</a></h2>
        <h2><a href = "http://localhost:8090/EIMS/staff/staff.jsp">员工管理</a></h2>
        <h2><a href = "http://localhost:8090/EIMS/login/login.jsp">退出系统</a></h2>
    </div>
    <div style = "position: absolute;margin-left: 15%;width: 80%;height: 70%;">
        <form action = "http://localhost:8090/EIMS/product/checkAddProduct.jsp" method = "post">
            <table style = "width: 900px;margin: 0 auto;">
                <tr>
                    <td>
        <h2><a href = "http://localhost:8090/EIMS/product/product.jsp">产品查询</a></h2>
                    </td>
```

```
                <td><h2>产品添加</h2></td>
            </tr>
        </table>
        <br>
        <hr>
        <br>
        <table style = "width: 300px;margin: 0 auto;">
            <tr>
                <th colspan = "4">添加产品信息</th>
            </tr>
            <tr>
                <td>产品名称</td>
                <td><input type = "text" name = "productName"></td>
            </tr>
            <tr>
                <td>产品型号</td>
                <td><input type = "text" name = "productModel"></td>
            </tr>
            <tr>
                <td>产品数量</td>
                <td><input type = "text" name = "productNumber"></td>
            </tr>
            <tr>
                <td>产品价格</td>
                <td><input type = "text" name = "productPrice"></td>
            </tr>
            <tr style = "margin: 0 auto;">
                <td colspan = "2">
                      
                    <input type = "submit" value = "确认">    
                    <input type = "reset" value = "取消">
                </td>
            </tr>
        </table>

    </form>
    </div>
</body>
</html>
```

在如图 5.15 所示页面中输入数据后单击"确定"按钮,请求提交到 checkAddProduct.jsp。
checkAddProduct.jsp 的代码如下所示。

```
<%@page import = "java.sql. * "%>
<%@ page language = "java" contentType = "text/html; charset = UTF - 8" pageEncoding = "UTF -
8"%>
<!DOCTYPE html >
<html>
<head>
<meta http - equiv = "Content - Type" content = "text/html; charset = UTF - 8">
<title>处理添加产品信息界面</title>
```

```jsp
</head>
<body>
    <%
        String productName = new String(request.getParameter("productName").getBytes("ISO-8859-1"),"UTF-8");
        String productModel = new String(request.getParameter("productModel").getBytes("ISO-8859-1"),"UTF-8");
        String productNumber = new String(request.getParameter("productNumber").getBytes("ISO-8859-1"),"UTF-8");
        String productPrice = new String(request.getParameter("productPrice").getBytes("ISO-8859-1"),"UTF-8");
        Connection conn = null;
        Statement st = null;
        if(productName.equals("")){
            response.sendRedirect("http://localhost:8090/EIMS/product/addProduct.jsp");
        }
        else{
            try {
                Class.forName("com.mysql.jdbc.Driver");
                String url = "jdbc:mysql://localhost:3306/eims?characterEncoding=UTF-8";
                conn = DriverManager.getConnection(url, "root", "123");
                st = conn.createStatement();
                String sql = "insert into product(productName,productModel,productNumber,productPrice)"
                        + "values ('" + productName + "','" + productModel + "','" + productNumber + "','" + productPrice + "')";
                st.executeUpdate(sql);
                response.sendRedirect("http://localhost:8090/EIMS/product/product.jsp");
            } catch(Exception e){
                e.printStackTrace();
            } finally {
                st.close();
                conn.close();
            }
        }
    %>
</body>
</html>
```

5.4.8 案例 7: 员工管理功能的实现

单击如图 5.15 所示页面中的"员工管理",出现如图 5.16 所示的页面。请参照 main.jsp 代码中的"<a href="http://localhost:8090/EIMS/staff/staff.jsp">员工管理</a>"。
Staff.jsp 的代码如下所示。

```jsp
<%@ page import="java.sql.*" %>
<%@ page language="java" contentType="text/html; charset=UTF-8" pageEncoding="UTF-8" %>
<!DOCTYPE html PUBLIC "-//W3C//DTD HTML 4.01 Transitional//EN" "http://www.w3.org/TR/html4/loose.dtd">
```

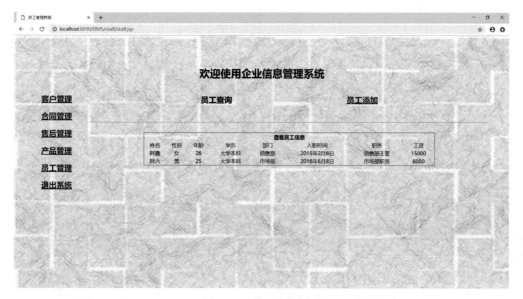

图 5.16　员工查询页面

```
< html >
< head >
< meta http - equiv = "Content - Type" content = "text/html; charset = UTF - 8">
< title >员工管理界面</title >
</head >
< body style = "text - align: center; background - image: url('../images/main.jpg');">
    < br >< br >< br >
    < h1 style = "text - align:center;">欢迎使用企业信息管理系统</h1 >
    < div style = "position: absolute;margin - left: 5 % ;">
        < h2 >< a href = "http://localhost:8090/EIMS/client/client.jsp">客户管理</a ></h2 >
        < h2 >< a href = "http://localhost:8090/EIMS/contact/contact.jsp">合同管理</a ></h2 >
        < h2 >< a href = "http://localhost:8090/EIMS/CS/CS.jsp">售后管理</a ></h2 >
        < h2 >< a href = "http://localhost:8090/EIMS/product/product.jsp">产品管理</a ></h2 >
        < h2 >< a href = "http://localhost:8090/EIMS/staff/staff.jsp">员工管理</a ></h2 >
        < h2 >< a href = "http://localhost:8090/EIMS/login/login.jsp">退出系统</a ></h2 >
    </div >
    < div style = "position: absolute;margin - left: 15 % ;width: 80 % ;height: 70 % ;">
        < table style = "width: 900px;margin: 0 auto;">
            < tr >
                < td >< h2 >员工查询</h2 ></td >
                < td >
                    < h2 >< a href = "http://localhost:8090/EIMS/staff/addStaff.jsp">员工添
加</a ></h2 >
                </td >
            </tr >
        </table >
        < br >
        < hr >
        < br >
        < table style = "width: 900px;border: 2px solid ♯aaaaaa;margin: 0 auto;">
```

企业信息管理系统项目实训

```
<tr>
    <th colspan = "8">查看员工信息</th>
</tr>
<tr>
    <td>姓名</td>
    <td>性别</td>
    <td>年龄</td>
    <td>学历</td>
    <td>部门</td>
    <td>入职时间</td>
    <td>职务</td>
    <td>工资</td>
</tr>
<%
    Connection conn = null;
    Statement st = null;
    ResultSet rs = null;
    Class.forName("com.mysql.jdbc.Driver");
    String url = "jdbc:mysql://localhost:3306/eims?characterEncoding = UTF - 8";
    conn = DriverManager.getConnection(url, "root", "123");
    st = conn.createStatement();
    String sql = "select * from staff";
    rs = st.executeQuery(sql);
    while(rs.next()){
%>
<tr>
    <td><% = rs.getString("staffName") %></td>
    <td><% = rs.getString("staffSex") %></td>
    <td><% = rs.getString("staffAge") %></td>
    <td><% = rs.getString("staffEducation") %></td>
    <td><% = rs.getString("staffDepartment") %></td>
    <td><% = rs.getString("staffDate") %></td>
    <td><% = rs.getString("staffDuty") %></td>
    <td><% = rs.getString("staffWage") %></td>
</tr>
<%
    }
%>
    </table>
</div>
</body>
</html>
```

单击如图 5.16 所示页面中的"员工添加",出现如图 5.17 所示的员工添加页面,对应的超链接页面是 addStaff.jsp。

addStaff.jsp 的代码如下所示。

```
<%@ page language = "java" contentType = "text/html; charset = UTF - 8" pageEncoding = "UTF - 8" %>
<!DOCTYPE html PUBLIC " - //W3C//DTD HTML 4.01 Transitional//EN" "http://www.w3.org/TR/html4/loose.dtd">
```

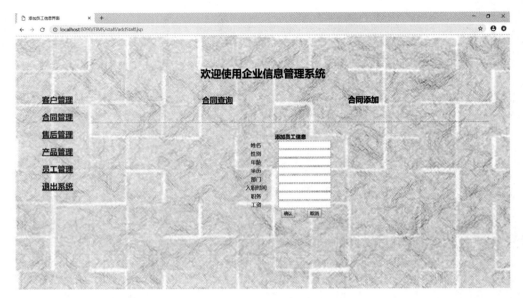

图 5.17　员工添加页面

```html
< html >
< head >
< meta http – equiv = "Content – Type" content = "text/html; charset = UTF – 8">
< title >添加员工信息界面</title >
</head >
< body style = "text – align: center; background – image: url('../images/main.jpg');">
    < br >< br >< br >
    < h1 style = "text – align:center;">欢迎使用企业信息管理系统</h1 >
    < div style = "position: absolute;margin – left: 5 % ;">
        < h2 >< a href = "http://localhost:8090/EIMS/client/client.jsp">客户管理</a></h2 >
        < h2 >< a href = "http://localhost:8090/EIMS/contact/contact.jsp">合同管理</a></h2 >
        < h2 >< a href = "http://localhost:8090/EIMS/CS/CS.jsp">售后管理</a></h2 >
        < h2 >< a href = "http://localhost:8090/EIMS/product/product.jsp">产品管理</a></h2 >
        < h2 >< a href = "http://localhost:8090/EIMS/staff/staff.jsp">员工管理</a></h2 >
        < h2 >< a href = "http://localhost:8090/EIMS/login/login.jsp">退出系统</a></h2 >
    </div >
    < div style = "position: absolute;margin – left: 15 % ;width: 80 % ;height: 70 % ;">
        < form action = " http://localhost: 8090/EIMS/staff/checkAddStaff. jsp" method =
"post">
            < table style = "width: 900px;margin: 0 auto;">
                < tr >
                    < td >
                        < h2 >< a href = "http://localhost:8090/EIMS/staff/staff.jsp">合同
查询</a></h2 >
                    </td >
                    < td >< h2 >合同添加</h2 ></td >
                </tr >
            </table >
            < br >
            < hr >
```

```html
< br >
< table style = "width: 300px;margin: 0 auto;">
    < tr >
        < th colspan = "8">添加员工信息</th>
    </tr>
    < tr >
        < td >姓名</td>
        < td >< input type = "text" name = "staffName" ></td >
    </tr>
    < tr >
        < td >性别</td>
        < td >< input type = "text" name = "staffSex"></td >
    </tr >
    < tr >
        < td >年龄</td>
        < td >< input type = "text" name = "staffAge"></td >
    </tr >
    < tr >
        < td >学历</td>
        < td >< input type = "text" name = "staffEducation"></td >
    </tr >
    < tr >
        < td >部门</td>
        < td >< input type = "text" name = "staffDepartment"></td >
    </tr >
    < tr >
        < td >入职时间</td>
        < td >< input type = "text" name = "staffDate"></td >
    </tr >
    < tr >
        < td >职务</td>
        < td >< input type = "text" name = "staffDuty"></td >
    </tr >
    < tr >
        < td >工资</td>
        < td >< input type = "text" name = "staffWage"></td >
    </tr >
    < tr style = "margin: 0 auto;">
        < td colspan = "2">
               
            < input type = "submit" value = "确认">   
            < input type = "reset" value = "取消">
        </td >
    </tr >
</table >
</form >
</div >
</body >
</html >
```

在如图 5.17 所示页面中输入数据后单击"确定"按钮,请求提交到 checkAddStaff.jsp。

checkAddStaff.jsp 的代码如下所示。

```jsp
<%@page import = "java.sql. * "%>
<%@ page language = "java" contentType = "text/html; charset = UTF - 8" pageEncoding = "UTF -
8"%>
<! DOCTYPE html PUBLIC " - //W3C//DTD HTML 4.01 Transitional//EN" "http://www.w3.org/TR/html4/
loose.dtd">
<html>
<head>
<meta http - equiv = "Content - Type" content = "text/html; charset = UTF - 8">
<title>处理添加员工信息界面</title>
</head>
<body>
    <%
        String staffName = new String(request.getParameter("staffName").getBytes("ISO -
8859 - 1"),"UTF - 8");
        String staffSex = new String(request.getParameter("staffSex").getBytes("ISO - 8859 -
1"),"UTF - 8");
        String staffAge = new String(request.getParameter("staffAge").getBytes("ISO - 8859 -
1"),"UTF - 8");
        String staffEducation = new String(request.getParameter("staffEducation").getBytes
("ISO - 8859 - 1"),"UTF - 8");
         String staffDepartment = new String(request.getParameter("staffDepartment").
getBytes("ISO - 8859 - 1"),"UTF - 8");
        String staffDate = new String(request.getParameter("staffDate").getBytes("ISO -
8859 - 1"),"UTF - 8");
        String staffDuty = new String(request.getParameter("staffDuty").getBytes("ISO -
8859 - 1"),"UTF - 8");
        String staffWage = new String(request.getParameter("staffWage").getBytes("ISO -
8859 - 1"),"UTF - 8");
        Connection conn = null;
        Statement st = null;
        if(staffName.equals("")){
            response.sendRedirect("http://localhost:8090/EIMS/staff/addStaff.jsp");
        }
        else{
            try {
                Class.forName("com.mysql.jdbc.Driver");
                String url = "jdbc:mysql://localhost:3306/eims?characterEncoding = UTF - 8";
                conn = DriverManager.getConnection(url, "root", "123");
                st = conn.createStatement();
                    String sql = " insert into staff ( staffName, staffSex, staffAge,
staffEducation,staffDepartment,staffDate,staffDuty,staffWage)"
                        + "values ('" + staffName + "','" + staffSex + "','" + staffAge + "','" +
staffEducation + "','" + staffDepartment + "','" + staffDate + "','" + staffDuty + "','" + staffWage
 + "')";
                st.executeUpdate(sql);
                response.sendRedirect("http://localhost:8090/EIMS/staff/staff.jsp");
            } catch(Exception e){
                e.printStackTrace();
            } finally {
```

```
                    st.close();
                    conn.close();
                }
            }
        %>
</body>
</html>
```

5.5　小　　结

本章主要介绍了企业信息管理系统的开发过程,通过本章实训项目的开发练习,能够在掌握所学理论知识的同时,提高学生的项目开发能力,激发学生的项目开发兴趣。

5.6　习　　题

1. 完成合同管理模块中的合同修改和删除功能。
2. 完成售后管理模块中的售后修改和删除功能。
3. 完成产品管理模块中的产品修改和删除功能。
4. 完成员工管理模块中的员工修改和删除功能。
5. 请根据自己对企业信息管理系统的理解进一步完善和扩展实训项目的功能。

第6章　JavaBean 技术

本章导读

Bean 的意思是"豆子"，JavaBean 就是"Java 小豆子"，就是一段 Java 小程序。具体地说，JavaBean 就相当于 Java 中的类，我们可以自己去写这个类，可以用它实现任何功能（如字符串处理、数据库操作等）。而且如果别人编译完成的 JavaBean，我们能直接来使用它的方法，而不需要知道它是如何实现的。

本章要点

- JavaBean 概述
- JavaBean 中的属性
- JavaBean 的应用

6.1　JavaBean 概述

6.1.1　JavaBean 技术介绍

JavaBean 是一种软件组件，也就是一个 Java 类。就像一个机械零件一样，可以重复地用它来组装形成产品，但并不是每个 Java 类都是 JavaBean 组件。软件组件是有一定的概念和体系结构的。JavaBean 组件是定义了需要 get 和 set 方法等规则的组件，通过定义这些规则，可以更改、获取组件属性和实现事件处理的机制。JavaBean 就是一种符合要求的 Java 类。

6.1.2　JavaBean 的种类

在传统的应用中，JavaBean 主要用于实现一些可视化界面，包括简单的 GUI 元素（如窗体、按钮、文本框）及一些报表组件等，一般应用于 Swing 程序中，这样的 JavaBean 称之为可视化的 JavaBean。在 Java Web 开发中，JavaBean 主要用于实现一些业务逻辑（功能实现）、数据库操作（数据处理、连接数据库）或封装一些业务对象（表单 Bean），从而实现业务逻辑和前台程序（如 JSP 页面文件）的分离，使得系统具有更好的健壮性和灵活性，由于这样的 JavaBean 并没有可视化的界面，所以称之为非可视化的 JavaBean。

6.1.3 JavaBean 规范

创建和使用 JavaBean 通常非常简单。在实际使用中，一个 JavaBean 类的编码规范包括如下内容。

（1）所有属性都是私有的（private 修饰）。

（2）默认构造方法是公有的（public 修饰），并且没有参数。

（3）属性值的获取采用 get 加上第一个字母大写的属性名来命名的方法，并且该方法是公有的（public 修饰），返回值类型是对应属性的类型。如果属性类型为 boolean，也可以使用 is 加上第一个字母大写的属性名来命名。例如，类中如果存在属性 private String name，那么，获取 name 属性值的方法是 public String getName( )。

（4）属性值的设置采用 set 加上第一个字母大写的属性名来命名的方法，并且该方法是公有的（public 修饰）并且没有返回值，方法的参数类型为对应属性的类型。例如，类中如果存在属性 private String name，对应设置 name 属性值的方法是 public void setName(String name)。

6.2 JavaBean 中的属性

JavaBean 的属性与一般的 Java 程序所指的属性，或者说与所有面向对象的程序设计语言中对象的属性是一个概念，在程序中的具体体现就是类中的变量。在 JavaBean 设计中，按照属性的不同作用又可以细分为 4 类：简单属性（Simple 属性）、索引属性（Index 属性）、束缚属性（Bound 属性）和限制属性（Constrained 属性）。

6.2.1 Simple 属性

一个 Simple 属性表示一个伴随有一对 get/set 方法的变量，属性名与该属性相关的 get/set 方法名对应。如果有 setXxx 和 getXxx 方法，则暗指有一个名为"xxx"的属性。如果有一个方法名为 isXxx，则通常暗指"xxx"是一个布尔属性（即 xxx 的值为 true 或 false）。例如：

```
package com.model;
public class ManagerForm{
    private int id = 0;                      // 定义 int 类型的简单属性 id
    private String manager = "";             // 定义 String 类型的简单属性 manager
    private String pwd = "";                 // 定义 String 类型的简单属性 pwd
    public int getId() {                     //简单属性 id 的 getId 方法
        return id;
    }
    public void setId(int id) {              //简单属性 id 的 setId 方法
        this.id = id;
    }
    public String getManager() {
        return manager;
    }
    public void setManager(String manager) {
```

```
        this.manager = manager;
    }
    public String getPwd() {
        return pwd;
    }
    public void setPwd(String pwd) {
        this.pwd = pwd;
    }
}
```

Simple 属性是在 JavaBean 中经常被使用的属性。

6.2.2　Indexed 属性

一个 Indexed 属性表示一个数组值。使用与该属性对应的 set/get 方法可以设置整个数组的值或者数组中某个元素的值,也可以一次获取整个数组的值或者数组中某个元素的值。例如:

```
class JavaBean2 {
    int[] dataSet = {1,2,3,4,5,6};              // dataSet 是一个 Indexed 属性
    public void setDataSet(int[] x){            //设置整个数组
        dataSet = x;
    }
    public void setDataSet(int index, int x){   //设置数组中的单个元素值
        dataSet[index] = x;
    }
    public int[] getDataSet(){                  //获取整个数组值
        return dataSet;
    }
    public int getDataSet(int x){               //获取数组中的指定元素值
        return dataSet[x];
    }
}
```

使用 Indexed 属性除了表示数组之外,还可以表示集合类。

6.2.3　Bound 属性

Bound 属性是指当该种属性的值发生变化时,要通知其他的对象。每次属性值改变时,这种属性就触发一个 PropertyChange 事件(在 Java 程序中,事件也是一个对象)。事件中封装了属性名、属性的原值、属性变化后的新值。这种事件是传递到其他的 Bean,至于接收事件的 Bean 应做什么动作由其自己定义。例如:

```
class JavaBean3{
String str = "Hello";                           //str 是一个 Bound 属性
private PropertyChangeSupport changes = new PropertyChangeSupport(this); /* Java 是纯面向对
象的语言,如果要使用某种方法则必须指明是要使用哪个对象的方法,在下面的程序中要进行触发
事件的操作,这种操作所使用的方法是在 PropertyChangeSupport 类中的。所以这里声明并实例化了
一个 changes 对象,在下面将使用 changes 的 firePropertyChange 方法来触发 str 的属性改变事
件。*/
```

```
        public void setStr(string newString){
                String oldString = ourString;
                str = newString;                        //str 的属性值已发生变化,于是触发属性改变事件
                changes.firePropertyChange("str",oldString,newString);
        }
        public String getStr(){
                return str;
        }
public void addPropertyChangeListener(PropertyChangeLisener l){
//为 str 属性预留接口,添加属性变化的监听器
        changes.addPropertyChangeListener(l);
        }
        public void removePropertyChangeListener(PropertyChangeListener l){
//为 str 属性预留接口,取消属性变化的监听器
                changes.removePropertyChangeListener(l);
        }
}
```

6.2.4　Constrained 属性

Constrained 属性是指当这个属性的值要发生变化时,与这个属性已建立了某种连接的其他 Java 对象可否决该属性值的改变。Constrained 属性的监听者通过抛出 PropertyVetoException 来阻止该属性值的改变。例如:

```
public class JavaBean4{
        int ourPriceInCents = 1;                        // ourPriceInCents 是一个 Constrained 属性
        private PropertyChangeSupport changes = new PropertyChangeSupport(this);
        private VetoableChangeSupport vetos = new VetoableChangeSupport(this);
/* changes 与上例相同,可使用 VetoableChangeSupport 对象的实例 Vetos 中的方法,在特定条件下
来阻止 PriceInCents 值的改变。*/
        public void setPriceInCents(int newPriceInCents) throws PropertyVetoException{
/* throws PropertyVetoException 的作用是当有其他 Java 对象否决 PriceInCents 的改变时,要抛出
例外 */
        int oldString = ourPriceInCents;
        int oldPriceInCents = ourPriceInCents;
         vetos.fireVetoableChange("priceInCents",new Integer(oldPriceInCents),new Integer
(newPriceInCents));
/* 其他对象否决 priceInCents 的改变,则程序抛出例外,不再继续执行下面的两条语句,方法结束。
若无其他对象否决 priceInCents 的改变,则在下面的代码中把 ourPriceIncents 赋予新值,并触发属
性改变事件 */
        ourPriceInCents = newPriceInCents;
        chang.firePropertyChange("",new Integer(oldPriceInCents),new Integer(newPriceInCents));
        public void addVetoableChangeListenter(addVetoableChangeListenter s){
        vetos.addVetoableChangeListenter(s);
    }
        public void removeVetoableChangeListenter(addVetoableChangeListenter s){
        vetos.removerVetoableChangeListenter(s);
        }
/* 与前述 changes 相同,也要为 ourPriceInCents 属性预留接口,使其他对象可注册入
ourPriceInCents 否决改变监听者队列中,或把该对象从中注销 */
    }
}
```

Constrained 属性是一种特殊的 Bound 属性,只是它的值的变化可以被监听者否决。一个 Constrained 属性有两种监听者:属性变化监听者和否决属性改变的监听者。否决属性改变的监听者在自己的对象代码中有相应的控制语句,在监听到有 Constrained 属性要发生变化时,在控制语句中判断是否应否决这个属性值的改变。总之,某个 Bean 的 Constrained 属性值可否改变取决于其他的 Bean 或者是 Java 对象是否允许这种改变。允许与否的条件由其他的 Bean 或 Java 对象在自己的类中进行定义。

6.3　JavaBean 的应用

6.3.1　案例 1:创建 JavaBean

(1)新建一个 Web 项目。在 New Web Project 窗口(如图 6.1 所示),单击 Finish 按钮。

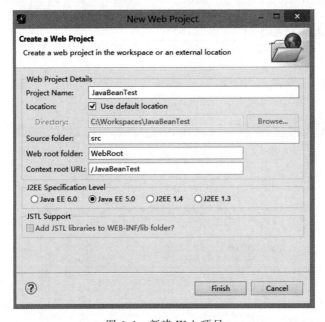

图 6.1　新建 Web 项目

(2)在 JavaBeanTest 项目上右击,然后在弹出的菜单中选择 src→new→Class,打开如图 6.2 所示的对话框,创建一个 Java 类。Package 为 com. model,Name 为 ManagerForm,单击 Finish 按钮。

(3)打开 src/com/model/ManagerForm. java 文件进行编辑,编写代码如下:

```
package com.model;
public class ManagerForm {
    private int id = 0;                   // 编号
    private String manager = "";          // 管理员名
    private String pwd = "";              // 密码
}
```

图 6.2　新建 Java 类

（4）单击 Source→Generate Getters and Setters 命令，如图 6.3 所示。

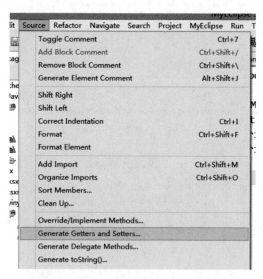

图 6.3　Generate Getters and Setters 命令

（5）打开属性设置窗口，选中 id、manager、pwd 复选框，如图 6.4 所示，单击 OK 按钮。

（6）JavaBean 程序自动生成，如图 6.5 所示。

图 6.4　Generate Getters and Setters 对话框

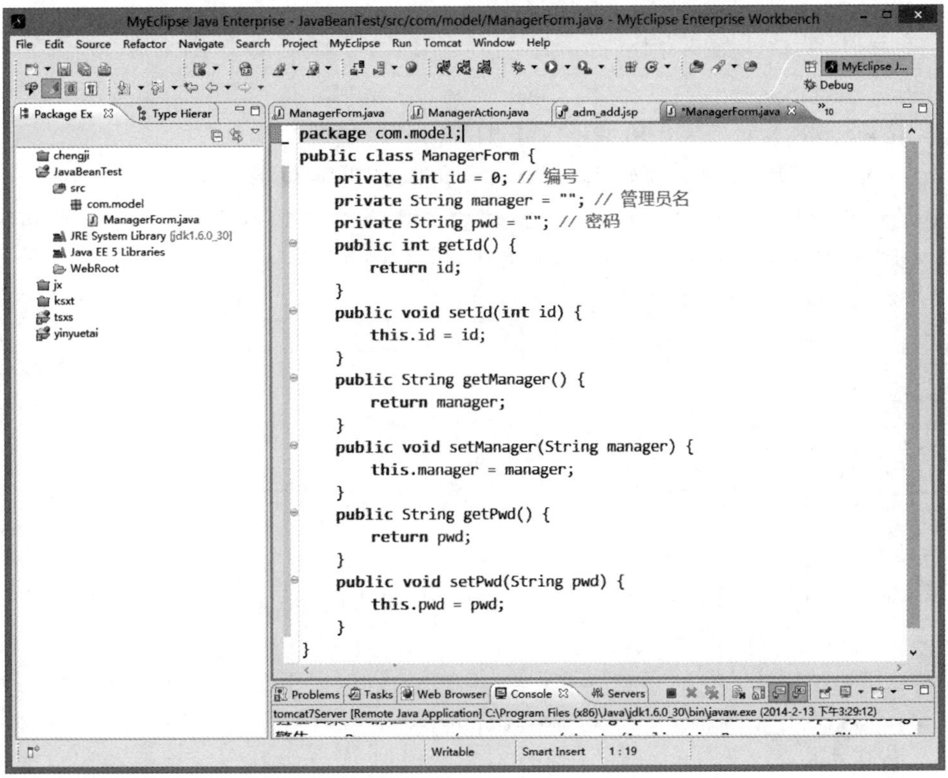

图 6.5　生成代码

JavaBean 技术

6.3.2 案例 2：在 JSP 页面中应用 JavaBean

在 JSP 页面中应用 JavaBean 非常简单，主要通过 JSP 使用< jsp：useBean >、< jsp：setProperty >、< jsp：getProperty >标记来实现对 JavaBean 对象的操作，但所编写的 JavaBean 对象要遵循 JavaBean 规范，只有严格遵循 JavaBean 规范，才能在 JSP 页面中方便地调用及操作 JavaBean。

1. < jsp：useBean >标记

< jsp：useBean >标记用来装载一个将在 JSP 页面中使用的 JavaBean。< jsp：useBean >标记的语法为：

```
< jsp:useBean id = "beanInstanceName"
scope = "page|request|session|application" class = "package.class" />
```

其中：

- id 属性是 JavaBean 对象的唯一标志，即 JavaBean 的实例名。
- scope 属性指定 JavaBean 的有效范围，其值可以是 page、request、session 或 application，默认有效范围为页内有效（page）。
- class 属性代表 JavaBean 对象的类名，要注意大小写。

2. < jsp：getProperty >标记

< jsp：getProperty >标记用来提取指定 Bean 属性的值，并将其转换成字符串，然后输出。< jsp：getProperty >标记的语法为：

```
< jsp:getProperty name = "beanInstanceName" property = "propertyName" />
```

其中：

- name 属性指定要输出的 JavaBean 的实例名。
- property 属性指定需要输出的 JavaBean 实例中的属性名。

需要注意的是，在使用< jsp：getProperty >之前，必须用< jsp：useBean >声明 JavaBean 实例，name 的值应当和< jsp：useBean >中 id 的值相同。

3. < jsp：setProperty >标记

< jsp：setProperty >标记用来设置 Bean 中的属性值。< jsp：setProperty >标记的语法为：

```
< jsp:setProperty name = "beanInstanceName"
{ property = "*" | property = "propertyName" [ param = "parameterName" ] |
property = "propertyName" value = "{string | <% = expression %>}" } />
```

其中：

- name 属性表示已经在< jsp：useBean >中创建的 JavaBean 实例名，应当和< jsp：useBean >中 id 的值相同。
- property＝"*"存储用户在 JSP 输入的所有值，用于匹配 JavaBean 中的属性，在 JavaBean 中的属性的名字必须和 request 对象中的参数名一致；如果 request 对象的参数值中有空值，那么对应的 JavaBean 属性将不会设定任何值。同样，如果 JavaBean 中有一个属性没有与之对应的 request 参数值，那么这个属性同样也不会设定。

- property="propertyName" [param="parameterName"] 使用 request 中的一个参数值来指定 JavaBean 中的一个属性值。在这个语法中,property 指定 JavaBean 的属性名,param 指定 request 中的参数名。如果 JavaBean 属性和 request 参数的名字不同,那么必须要指定 property 和 param,如果同名,就只需要指明 property。
- property="propertyName" value="{string | <%= expression %>}"使用指定的值来设定 JavaBean 属性。这个值可以是字符串,也可以是表达式。如果是字符串,那么它会被转换成 JavaBean 属性的类型。如果是一个表达式,那么它的类型必须和它将要设定的属性值的类型一致。如果参数值为空,那么对应的属性值也不会被设定。

需要注意的是,不能在一个<jsp:setProperty>中同时使用 param 和 value。

例 6.1 在 JSP 页面中对 JavaBean 中的属性赋值并获取输出。

创建 managerJsp.jsp 页面,在该页面中实例化 ManagerForm 对象,然后对其属性进行赋值并输出。代码如下:

```
<%@ page contentType="text/html;charset=GB2312" %>
<html>
    <head>
     <title>useBean</title>
    </head>
    <body>
     <jsp:useBean id="managerbean" class="com.model.ManagerForm">
         <jsp:setProperty property="id" name="managerbean" value="1"/>
         <jsp:setProperty property="manager" name="managerbean" value="mr"/>
         <jsp:setProperty property="pwd" name="managerbean" value="mrsoft"/>
     </jsp:useBean>
     id号:<jsp:getProperty property="id" name="managerbean"/></br>
     管理员:<jsp:getProperty property="manager" name="managerbean"/></br>
     密码:<jsp:getProperty property="pwd" name="managerbean"/></br>
    </body>
</html>
```

运行界面,如图 6.6 所示。

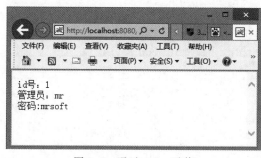

图 6.6 通过 value 赋值

例 6.2 在 JSP 页面中通过参数对 JavaBean 中的属性赋值,然后再输出 JavaBean 属性值。

创建 managerJsp1.jsp 页面,在该页面中实例化 ManagerForm 对象,然后通过参数对其属性进行赋值并输出。代码如下:

```
<%@ page contentType = "text/html;charset = GB2312" %>
<html>
  <head>
    <title>useBean</title>
  </head>
  <body>
    <jsp:useBean id = "managerbean" class = "com.model.ManagerForm">
      <jsp:setProperty property = "id" name = "managerbean" param = "xh"/>
      <jsp:setProperty property = "manager" name = "managerbean" param = "gly"/>
      <jsp:setProperty property = "pwd" name = "managerbean" param = "mm"/>
    </jsp:useBean>
    id 号:<jsp:getProperty property = "id" name = "managerbean"/></br>
    管理员:<jsp:getProperty property = "manager" name = "managerbean"/></br>
    密码:<jsp:getProperty property = "pwd" name = "managerbean"/></br>
  </body>
</html>
```

在浏览器中输入 http://localhost：8080/ch06/ManagerJsp1.jsp? xh＝2&&gly＝admin&mm＝admin,运行界面如图 6.7 所示。

图 6.7　通过参数赋值

例 6.3　在 JSP 页面中获取表单提交的所有信息,然后将所获得的信息输出。

创建 index.jsp 页面,在该页面中录入登录信息所需要的表单。表单信息中的属性名称最好设置成 JavaBean 中的属性名,这样就可以通过"<jsp：setProperty property＝*/>"的形式来接收所有参数,这种方式可以减少程序中的代码量。代码如下:

```
<%@ page contentType = "text/html;charset = GB2312" %>
<html>
  <head>
    <title>useBean</title>
  </head>
  <body>
    <form action = "ManagerJsp2.jsp" method = "post">
    <table width = "255" border = "0" cellspacing = "0" cellpadding = "0">
      <tr>
        <td>管理员名:</td>
```

```
        < td >< input name = "manager" type = "text" id = "manager"></td>
      </tr>
      < tr >
        < td >密     码 :</td>
        < td >< input name = "pwd" type = "password" id = "pwd"></td >
      </tr>
      < tr >
        < td colspan = "2" align = "center">< input name = "Submit2" type = "submit" value = "确
定">
         
        < input name = "Submit3" type = "reset" value = "重置"></td >
      </tr>
    </table>
  XCJ1.EPS,JZ;P]/form >
  </body >
</html >
```

运行界面，如图 6.8 所示。

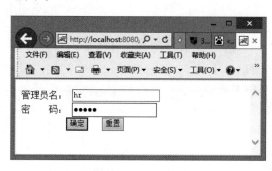

图 6.8　登录界面

创建 ManagerJsp2.jsp 页面，用于对 index.jsp 页面中表单的提交请求进行处理。该页面将获取表单提交的所有信息，然后将所获取得信息输出到页面中。代码如下：

```
< % @ page contentType = "text/html;charset = GB2312"  % >
< html >
  < head >
    < title > useBean </title >
  </head >
  < body >
    < jsp:useBean id = "managerbean" class = "com.model.ManagerForm">
      < jsp:setProperty property = " * " name = "managerbean"/>
    </jsp:useBean >
    id 号:< jsp:getProperty property = "id" name = "managerbean"/></br>
  管理员:< jsp:getProperty property = "manager" name = "managerbean"/></br >
  密码:< jsp:getProperty property = "pwd" name = "managerbean"/></br >
  </body >
</html >
```

单击"确定"按钮，运行界面如图 6.9 所示。

JavaBean 技术

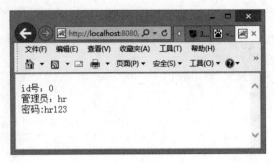

图 6.9   property＝"＊"的使用

6.3.3   案例 3：使用 JavaBean 访问数据库

从软件设计角度来看，一般情况下，不推荐在 JSP 页面的代码中直接访问数据库，最好是将业务处理逻辑和用户操作的 JSP 页面分离开来。在需要对数据库进行访问时，最好使用 JavaBean 来实现。

例 6.4   编写访问数据库的 JavaBean。

数据库使用第 4 章介绍的 MySQL 数据库，具体使用的数据库为 db_onLineMusic，数据表为 tb_manager。将案例 1 中的 ManagerForm. java 的代码复制到 DatabaseBean. java 中，并在 DatabaseBean 类中增加与数据库操作相关的内容，代码如下：

```java
package com.model;
import java.sql.*;
public class DatabaseBean {
    private int id = 0;                        // 编号
    private String manager = "";               // 管理员名
    private String pwd = "";                   // 密码
    public int getId() {
        return id;
    }
    public void setId(int id) {
        this.id = id;
    }
    public String getManager() {
        return manager;
    }
    public void setManager(String manager) {
        this.manager = manager;
    }
    public String getPwd() {
        return pwd;
    }
    public void setPwd(String pwd) {
        this.pwd = pwd;
    }
    private Connection getConnection()
    {
```

```
        Connection con = null;
            try{
            Class.forName("com.mysql.jdbc.Driver").newInstance();
             con = DriverManager.getConnection("jdbc:mysl://localhost:3306/db_onLineMusic?
user = chang&password = 123456&useUnicode = true&characterEncoding = GB2312");}
        catch(Exception e){
                e.printStackTrace(System.err);
        }
        return con;
        }
        public ResultSet query(String sql) {
            ResultSet rs = null;
            try {
                Connection conn = getConnection();
                Statement stmt = conn.createStatement();
                rs = stmt.executeQuery(sql);
            }
            catch(SQLException ex) {
                System.err.println(ex.getMessage());
            }
            return rs;
        }
        public int update(String sql) {
            int result = 0;
            try {
                Connection conn = getConnection();
                Statement stmt = conn.createStatement();
                result = stmt.executeUpdate(sql);
            }
            catch(SQLException ex) {
                System.err.println(ex.getMessage());
            }
            return result;
        }
}
```

例 6.5 使用 JavaBean 来访问数据库。

创建 ManagerJsp3.jsp 页面,在该页面中使用 DatabaseBean 来访问数据库。代码如下:

```
<% @page contentType = "text/html;charset = gb2312" %>
<% @page import = "java.sql.*" %>
  <html>
  <head>
    <title>JavaBean 访问数据库</title>
  </head>
  <body>
  <jsp:useBean id = "myBean" class = "com.model.DatabaseBean"/>
  <h3>JavaBean 访问数据库</h3>
  <table border = "1">
  <tr><th>id 号</th><th>管理员名</th><th>密码</th></tr>
```

```
<%
ResultSet rs = myBean.query("SELECT * FROM tb_manager");
while(rs.next()){
    out.print("<tr><td>" + rs.getString("id") + "</td>");
    out.print("<td>" + rs.getString("manager") + "</td>");
    out.print("<td>" + rs.getString("pwd") + "</td>");
}
%>
</table>
</body>
</html>
```

运行结果的界面,如图 6.10 所示。

图 6.10　JavaBean 访问数据库

6.4　小　　结

　　JavaBean 组件可以将 Java 代码和 JSP 页面分离,便于代码的维护,可以降低 JSP 程序员对 Java 的了解,也可以降低 Java 程序员对 JSP 的要求。JavaBean 组件在 JSP 页面中主要用于封装页面的逻辑代码,具有重用性、独立性、完整性等特点,可以提高网站的开发效率。

6.5　习　　题

　　1. 什么样的类是 JavaBean?

　　2. 编写一个封装学生信息的 JavaBean,类名为 StudentForm,类中包含学号、姓名、性别、年龄、联系电话、E-mail、住址等属性。

　　3. 编写一个 index.jsp 页面,在该页面中调用第 2 题 StudentForm 对象,通过操作 JavaBean 的动作标记,设置并获取其属性。

　　4. 编写一个页面访问计数器的 JavaBean,在 index.jsp 页面中通过 JSP 动作标记实例化该对象,并将其放置于 application 范围中,实现访问计数器。

<table>
<tr><td>第 7 章</td><td>Servlet 简介</td></tr>
</table>

本章导读

  Servlet(Server Applet)，全称 Java Servlet，是用 Java 编写的服务器端程序。其主要功能用于交互式地浏览和修改数据，生成动态 Web 内容。狭义的 Servlet 是指 Java 语言实现的一个接口，广义的 Servlet 是指任何实现了这个 Servlet 接口的类，一般情况下，人们将 Servlet 理解为后者。

  Servlet 运行于支持 Java 的应用服务器中。从实现上讲，Servlet 可以响应任何类型的请求，但绝大多数情况下 Servlet 只用来扩展基于 HTTP 协议的 Web 服务器。最早支持 Servlet 标准的是 JavaSoft 的 Java Web Server。此后，一些其他的基于 Java 的 Web 服务器开始支持标准的 Servlet。

本章要点

- Servlet 包的构成与 Servlet 生命周期
- Servlet 编程

7.1   Servlet 包的构成与 Servlet 生命周期

7.1.1   GenericServlet 抽象类

  Servlet 是位于 Web 服务器内部的服务器端的 Java 应用程序，与传统的从命令行启动的 Java 应用程序不同，Servlet 是由 Web 服务器进行加载，该 Web 服务器必须包含支持 Servlet 的 Java 虚拟机。Servlet 是实现 javax. servlet. Servlet 接口的对象。大多数 Servlet 通过从 GenericServlet 或 HttpServlet 类扩展来实现。Servlet API 包含于两个包中，即 javax. servlet 和 javax. servlet. http。javax. servlet 包中定义了所有 Servlet 类都必须实现的接口和类。

  javax. servlet 包的接口为：
- ServletConfig 接口——在 Servlet 初始化过程中由 Servlet 容器使用。
- ServletContext 接口——定义 Servlet 用于获取容器信息的方法。

- ServletRequest 接口——向服务器请求信息。
- ServletResponse 接口——响应客户端请求。
- Servlet 接口——定义所有 Servlet 必须实现的方法。

javax. servlet 包中的类为：

- ServletInputStream 类——用于从客户端读取二进制数据。
- ServletOutputStream 类——用于将二进制数据发送到客户端。
- GenericServlet 类——抽象类,定义一个通用的、独立于协议的 Servlet。

javax. servlet. http 包中定义了采用 HTTP 通信的 HttpServlet 类,javax. servlet. http 包的接口为：

- HttpServletRequest 接口——提供 HTTP 请求。
- HttpServletResponse 接口——提供 HTTP 响应。
- HttpSession 接口——用于标识客户端并存储有关客户信息。
- HttpSessionAttributeListener 接口——用户获取会话的属性列表需要实现这个侦听接口。

javax. servlet. http 包中的类：

- HttpServlet 类——扩展 GenericServlet 的抽象类,用于创建 HttpServlet。
- Cookie 类——创建一个 Cookie,用于存储 Servlet 发送给客户端的信息。

Servlet 工作模式如下：

- 客户端发送请求至服务器。
- 服务器启动并调用 Servlet,Servlet 根据客户端请求生成响应内容并将其传给服务器。
- 服务器将响应返回客户端。

一般来说,通用 Servlet 由 javax. servlet. GenericServlet 实现 Servlet 接口。抽象类 GenericServlet 定义了一个通用的、独立于底层协议的 Servlet。程序设计人员可以通过使用或继承这个类来实现 Servlet 应用。GenericServlet 提供了生命周期方法：init()、destroy() 和来自 ServletConfig 接口的方法。GenericServlet 类也实现了 ServletContext 中定义的 log()方法。

GenericServlet 类中的主要方法：

- String getInitParameter(String name)——返回具有指定名称的初始化参数值。
- ServletConfig getServletConfig()——返回传递到 init()方法的 ServletConfig 对象。
- ServletContext getServletContext()——返回在 config 对象中引用的 ServletContext。
- String getServletName()——返回在 Web 应用发布描述器(web. xml)中指定的 Servlet 的名字。

7.1.2 HttpServlet 抽象类

javax. servlet. http. HttpServlet 实现了专门用于响应 HTTP 请求的 Servlet,提供了响应请求的 doGet()和 doPost()方法。Servlet 的框架是由两个 Java 包——javax. servlet 和 javax. servlet. http 组成的。在 javax. servlet 包中定义的所有 Servlet 类都必须实现或扩展的通用接口和类。在 javax. servlet. http 包中定义了采用 HTTP 通信协议的 HttpServlet

类。Servlet 的框架的核心是 javax. servlet. Servlet 接口,所有的 Servlet 都必须实现这一接口。在 Servlet 接口中定义了 5 个方法,其中有 3 个方法代表了 Servlet 的生命周期:

- init()——初始化 Servlet 对象。
- service()——负责客户端的请求。
- destroy()——当 Servlet 对象结束生命周期时,负责释放占用的资源。

当 Web 容器(如 Tomcat)接收到某个 Servlet 请求时,把请求封装成一个 HttpServletRequest 对象,然后把这个请求对象传给 Servlet 的服务方法。

HTTP 的请求方式包括 DELETE、GET、OPTIONS、POST、PUT 和 TRACE。在 HttpServlet 类中分别提供了相应的服务方法,它们是 doDelete()、doGet()、doOptions()、doPost()、doPut()和 doTrace()。

HttpServlet 首先必须读取 HTTP 请求的内容。Web 容器负责创建 HttpServlet 对象,并把 HTTP 请求直接封装到 HttpServlet 对象中,大大简化了 HttpServlet 解析请求数据的工作量。HttpServlet 容器响应 Web 客户请求流程如下:

(1)Web 客户向 Web 容器发出 HTPP 请求。

(2)Web 容器解析 Web 客户的 HTTP 请求。

(3)Web 容器创建一个 HttpRequest 对象,在这个对象中封装 HTTP 请求信息。

(4)Web 容器创建一个 IIttpResponse 对象。

(5)Web 容器调用 HttpServlet 的 service 方法,把 HttpRequest 和 HttpResponse 对象作为 service 方法的参数传给 HttpServlet 对象。

(6)HttpServlet 调用 HttpRequest 的有关方法,获取 HTTP 请求信息。

(7)HttpServlet 调用 HttpResponse 的有关方法,生成响应数据。

(8)Web 容器把 HttpServlet 的响应结果传给 Web 客户。

创建 HttpServlet 的步骤如下:

(1)继承 HttpServlet 抽象类。

(2)覆盖 HttpServlet 的部分方法,如覆盖 doGet()或 doPost()方法。

(3)获取 HTTP 请求信息,通过 HttpServletRequest 对象来检索 HTML 表单提交的数据或 URL 上的查询字符串。

(4)生成 HTTP 响应结果,通过 HttpServletResponse 对象生成响应结果,它有一个 getWriter()方法,该方法返回一个 PrintWriter 对象。

例 7.1 Servlet 的简单应用。

```
package mypack;
import javax.servlet. * ;
import javax.servlet.http. * ;
import java.io. * ;
//第一步:扩展 HttpServlet 抽象类
public class HelloServlet extends HttpServlet
{
//第二步:覆盖 doGet()方法
public void doGet(HttpServletRequest request,
 HttpServletResponse response)throws IOException,ServletException{
 //第三步:获取 HTTP 请求中的参数信息
```

185

第 7 章

Servlet 简介

```
String clientName = request.getParameter("clientName");
if(clientName!= null)
 clientName = new String(clientName.getBytes("ISO - 8859 - 1"),"GB2312");
else
 clientName = "我的朋友";
//第四步：生成 HTTP 响应结果
PrintWriter out = response.getWriter();
String title = "HelloServlet";
String heading1 = "HelloServlet 的 doGet 方法的输出：";
 response.setContentType("text/html;charset = GB2312");
 out.print("< HTML >< HEAD >< TITLE >" + title + "</TITLE >");
out.print("</HEAD >< BODY >");
out.print(heading1);
out.println("< h1 >< p >" + clientName + "：您好</h1 >");
out.print("</BODY ></HTML >");
out.close();
 }
}
```

在 web.xml 中添加如下代码：

```
< servlet >
 < servlet - name > HelloServlet </servlet - name >
 < servlet - class > mypack.HelloServlet </servlet - class >
</servlet >
< servlet - mapping >
 < servlet - name > HelloServlet </servlet - name >
 < url - pattern >/hello </url - pattern >
  </servlet - mapping >
```

Servlet 的主要功能是接收从浏览器发送过来的 HTTP 请求(request)，并返回 HTTP 响应(response)。这个工作是在 service()方法中完成的。service()方法包括从 request 对象获得客户端数据和向 response 对象创建输出。

如果一个 Servlet 从 javax.servlet.http.HttpServlet 继承，实现了 doPost()或 doGet()方法，那么这个 Servlet 只能对 POST 或 GET 做出响应。如果开发人员想处理所有类型的请求(request)，只要简单地实现 service()方法即可，但假如选择实现 service()方法，则不必实现 doPost()或 doGet()方法。

7.1.3 Servlet 生命周期

Servlet 没有 main()方法，不能够独立运行，它的运行需要 Web 容器的支持，Tomcat 是最常用的 Web 容器。Servlet 运行在 Web 容器中，并由容器管理从创建到销毁的整个过程。Servlet 生命周期就是指创建 Servlet 实例后响应客户请求直至销毁的全过程。我们已经知道，当 Servlet 被部署到 Web 容器中以后，由 Web 容器控制 Servlet 的生命周期。除非特殊制定，否则在容器启动的时候，Servlet 是不会被加载的，Servlet 只会在第一次请求到来的时候被加载和实例化。Servlet 一旦被加载，一般不会从容器中删除，直至应用服务器关闭或重新启动。但当容器做内存回收动作时，Servlet 有可能被删除。也正是因为这个原因，第一次访问 Servlet 所用的时间要大大多于以后访问所用的时间。一个 Servlet 是单实例多线程的。Servlet 在服务器中的运行：①加载 -> ②初始化-> ③调用->④销毁。生命周期的各个阶段：

- 实例化：Web 容器创建 Servlet 类的实例对象。
- 初始化：Web 容器调用 Servlet 的 init()方法。
- 服务：如果请求 Servlet，则容器调用 service()方法。
- 销毁：销毁实例之前调用 destroy()方法。
- 不可用：销毁实例并标记为垃圾处理。

Servlet 接口定义了 Servlet 生命周期的 3 个方法：init()、service()和 destroy()。

(1) init()：创建 Servlet 的实例后对其进行初始化。该方法只被调用一次，即在 Servlet 第一次被请求加载时调用该方法。语法如下：

```
public void init(ServletConfig config) throws ServletException
init(ServletConfig)中的参数 ServletConfig,代表配置信息. 在 web.xml 中配置的信息如下:
    < servlet >
        < servlet – name > RDSDispatchServlet </servlet – name >
            < display – name > RDSDispatchServlet </display – name >
        < servlet – class > flex. rds. server. servlet.FrontEndServlet </servlet – class >
            < init – param >
                < param – name > useAppserverSecurity </param – name >
                < param – value > true </param – value >
            </init – param >
        < load – on – startup > 10 </load – on – startup >
    </servlet >
```

在 Servlet 中可以用 this. getServletConfig()方法得到 ServletConfig 的实例，然后用 ServletConfig 的相应方法得到配置参数的名字，并且通过参数名字得到相应的参数值。

(2) service()：响应客户端发出的请求。当客户请求 Servlet 服务时，Web 容器将启动一个新的线程，在该线程中调用 Servlet 的 service()方法响应客户的请求。也就是说，每个客户的每次请求都导致 service()方法被调用执行，分别运行在不同的线程中。其语法如下：

```
public void service(ServletRequest request,ServletResponse response) throws ServletException,
IOException
```

其中 request 是存储客户端请求的对象，response 是 Servlet 响应的对象。service()方法是 Servlet 的核心。Web 容器把所有请求发送到该方法，该方法默认行为是转发 HTTP 请求到 doXXX()方法中。

service()是在 javax. servlet. Servlet 接口中定义的，在 javax. servlet. GenericServlet 中实现了这个接口，而 doGet()方法和 doPost()方法则是在 javax. servlet. http. HttpServlet 中实现的，javax. servlet. http. HttpServlet 是 javax. servlet. GenericServlet 的子类。

当一个客户通过 HTML 表单发出一个 POST 请求时，doPost()方法被调用。与 POST 请求相关的参数作为一个单独的 HTTP 请求从浏览器发送到服务器。

当一个客户通过 HTML 表单发出一个 GET 请求或直接请求一个 URL 时，doGet()方法被调用。与 GET 请求相关的参数添加到 URL 的后面，并与这个请求一起发送。

我们也需要把 Servlet 做成既能处理 GET 请求,也能够处理 POST 请求,这只需要在 doPost()方法中调用 doGet()方法。在实际编程中这是一种标准的方法,因为它只需要很少的额外工作,却能够增加编码的灵活性。

(3) destroy():如果不再有需要处理的请求,则释放 Servlet 实例。destroy()方法标志 Servlet 生命周期的结束。当服务需要关闭时,它调用 Servlet 的 destroy()方法。此时,在 init()方法中创建的任何资源都应该被清除和释放。如果有打开的数据库连接,应当在此处保存任何在下一次加载时需要用到的永久性信息。

7.2   Servlet 编程

7.2.1   案例 1:Servlet 配置过程

(1)新建一个 Web 项目(New Web Project),然后单击 Finish 按钮,如图 7.1 所示。

图 7.1   创建项目

(2)在 Cuzz 项目下右击 src 选项,在弹出的快捷菜单中选择 New→Servlet 命令,创建一个 Servlet,如图 7.2 所示,写上包名。Name 值以 Servlet 结尾,如图 7.3 所示。为了更加安全,选择 doPost()方法,单击 Next 按钮。

(3)在图 7.4 中默认的 Mapping URL 值为"/servlet/LoginServlet",这里去掉"/servlet",其他选项值不变,然后单击 Finish 按钮。

(4)打开 src/com/scbdqn/servlet/LoginServlet.java 文件进行编辑,代码如下:

```
public void doPost(HttpServletRequest request, HttpServletResponse response)
throws ServletException, IOException {
        request.setCharacterEncoding("utf - 8");
```

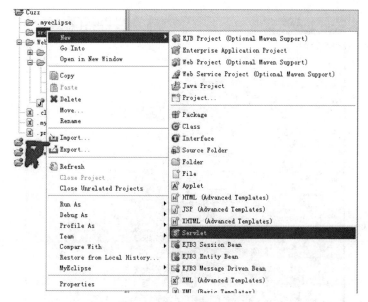

图 7.2 创建 Servlet

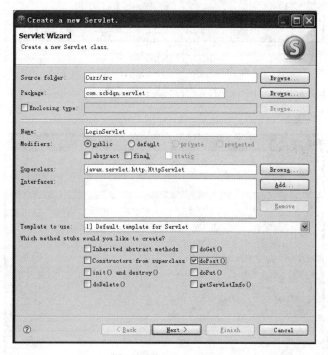

图 7.3 LoginServlet

```
        response.setCharacterEncoding("utf-8");
    response.setContentType("text/html");
    PrintWriter out = response.getWriter();
    out.println("北京欢迎您!");
    out.flush();
    out.close();
}
```

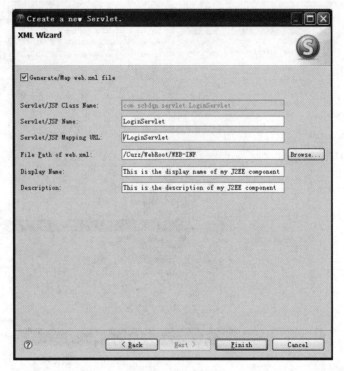

图 7.4　XML 向导

（5）在 src/com/scbdqn/bean 创建一个简单的 JavaBean，取名为 LoginBean. java，如图 7.5 所示。

图 7.5　创建 LoginBean. java

源码如下:

```java
package com.scbdqn.bean;
    import java.io.Serializable;
    public class LoginBean implements Serializable {
    private int id;
    private String username;
    private String password;
    public int getId() {
        return id;
    }
    public void setId(int id) {
        this.id = id;
    }
    public String getUsername() {
        return username;
    }
    public void setUsername(String username) {
        this.username = username;
    }
    public String getPassword() {
        return password;
    }
    public void setPassword(String password) {
        this.password = password;
    }
}
```

(6) 接下来,看看 WebRoot/WEB-INF/web.xml 配置文件:

```xml
<?xml version = "1.0" encoding = "UTF-8"?>
< web - app
xmlns:xsi = "http://www.w3.org/2001/XMLSchema - instance"
xmlns = "http://java.sun.com/xml/ns/javaee"
xmlns:web = "http://java.sun.com/xml/ns/javaee/web - app_2_5.xsd"
xsi:schemaLocation = "http://java.sun.com/xml/ns/javaee
http://java.sun.com/xml/ns/javaee/web - app_2_5.xsd" id = "WebApp_ID" version = "2.5">
< servlet >
<! -- 3.它和 mapping 中的 servlet - name 一致,被匹配上了 -->
< servlet - name > LoginServlet </servlet - name >
<! -- 4.找到对应的类进行处理 -->
< servlet - class > com.scbdqn.servlet.LoginServlet </servlet - class >
</servlet >
< servlet - mapping >
<! -- 2.去找和 servlet - name 相同名字的类进行相关处理 -->
< servlet - name > LoginServlet </servlet - name >
<! -- 1.用户开始请求 -->
< url - pattern >/LoginServlet </url - pattern >
</servlet - mapping >
</web - app >
```

(7) 编写页面 login.jsp 的代码，实际上就是简单的 form 表单。

```
< form action = "LoginServlet" method = "post">
username:< input type = "text" name = "username" />
password:< input type = "password" name = "password" />
< input type = "submit" value = "submit"/>
</form>
```

(8) 继续编写 com.scbdqn.servlet 中的 LoginServlet 的 doPost()方法：

```
package com.scbdqn.servlet;
import java.io.IOException;
import java.io.PrintWriter;
import javax.servlet.ServletException;
import javax.servlet.http.HttpServlet;
import javax.servlet.http.HttpServletRequest;
import javax.servlet.http.HttpServletResponse;
import com.scbdqn.bean.LoginBean;
public class LoginServlet extends HttpServlet {
    public void doPost(HttpServletRequest request, HttpServletResponse response)
    throws ServletException, IOException {
    request.setCharacterEncoding("utf - 8");
    response.setCharacterEncoding("utf - 8");
    response.setContentType("text/html");
    PrintWriter out = response.getWriter();
    out.println("北京欢迎您!");
    LoginBean loginBean = new LoginBean();
    loginBean.setId(1);
    loginBean.setUsername(request.getParameter("username"));
    loginBean.setPassword(request.getParameter("password"));
    out.print("账号: " + loginBean.getUsername());
    out.print("\n密码: " + loginBean.getPassword());
    out.flush();
    out.close();
    }
}
```

(9) 发布项目到 Tomcat 并访问 http://localhost：8080/Cuzz/ login.jsp。

7.2.2 案例 2：Servlet 程序的编写过程

根据 7.2.1 的案例，总结 Servlet 的编写过程如下：
(1) 创建一个类继承 HttpServlet。
(2) 实现 doGet()或者 doPost()方法。
(3) 在/WEB−INF/web.xml 配置文件中配置 URL 到 Servlet 类的映射。
(4) Web 客户向 Web 容器发出 HTTP 请求 URL 调用写好的 Servlet 类。

7.2.3 案例 3：第一个 Servlet 程序

为了说明 Servlet 和网页是如何交互的，在此举一个 Sayhi 的范例程序。这个程序分为两个部分：Sayhi. html 和 Sayhi. java。

在 Sayhi. html 中，用户可以填写名字，单击"提交"按钮后，将数据传到 Sayhi. java 做处理，而 Sayhi. java 负责将接收到的数据显示在网页上。

Sayhi. html 表单的代码如下：

```
< form action = "Sayhi" method = "post">
username:< input type = "text" name = "username" size = "30"/>
< input type = "submit" value = "提交"/>
</form >
```

Sayhi. java 的代码如下：

```
package com. scbdqn. servlet;
import java. io. IOException;
import java. io. PrintWriter;
import javax. servlet. ServletException;
import javax. servlet. http. HttpServlet;
import javax. servlet. http. HttpServletRequest;
import javax. servlet. http. HttpServletResponse;
import com. scbdqn. bean. LoginBean;
public class Sayhi extends HttpServlet {
    public void doPost(HttpServletRequest request, HttpServletResponse response)
    throws ServletException, IOException {
    request. setCharacterEncoding("utf - 8");
    response. setCharacterEncoding("utf - 8");
    response. setContentType("text/html");
    PrintWriter out  =  response. getWriter();
    out. println("hi: " + request. getParameter("username"));
    out. flush();
    out. close();
    }
}
```

从 Sayhi. java 的程序中，可以发现 Servlet 是利用 HttpServletRequest 类的 getParameter()方法来取得由网页传来的数据，数据在通过 HTTP 协议传输时会被转码，因此在接收时要做转码的工作。下面这段代码完成了做转码的工作：

```
request. setCharacterEncoding("utf - 8");
```

编译 Sayhi. java 之后，再来设定 web. xml：

```
< servlet >
< servlet - name > Sayhi </servlet - name >
< servlet - class > com. scbdqn. servlet. Sayhi </servlet - class >
</servlet >
< servlet - mapping >
< servlet - name > Sayhi </servlet - name >
< url - pattern >/Sayhi </url - pattern >
</servlet - mapping >
```

在浏览器访问网页填写名字后提交查看结果。

Servlet 简介

7.3 小　　结

Servlet 是位于 Web 服务器内部的服务器端的 Java 应用程序。Servlet 运行在 Web 容器中,并由容器管理从创建到销毁的整个过程。Servlet 生命周期就是指创建 Servlet 实例后响应客户请求直至销毁的全过程。

当一个客户通过网页表单发出 POST 请求时,Servlet 的 doPost()方法被调用。当客户通过表单发出 GET 请求或直接请求一个 URL 时,doGet()方法被调用。

我们需要把 Servlet 做成既能处理 GET 请求,也能够处理 POST 请求,这只需要在doPost()方法中调用 doGet()方法。在实际编程中这是一种标准的方法,因为它只需要很少的额外工作,却能够增加编码的灵活性。

7.4 习　　题

读者实现案例后,思考通过 Servlet 实现文件的上传和下载。

第 8 章　EL 表达式语言

本章导读

　　EL，表达式语言的简称，对应的英文为 Expression Language。它是 JSP 2.0 中引入的一个新内容，是一种计算和输出 Java 对象的简单语言。通过 EL 可以简化在 JSP 开发中对对象的引用，从而规范页面代码，增加程序的可读性及可维护性。EL 为不熟悉 Java 语言页面开发的人员提供了一个开发 JSP 应用的新途径。

本章要点

- EL 的基本语法和 EL 特点
- EL 的关键字
- EL 的运算符及应用
- EL 属性作用域范围
- EL 隐含对象

8.1　EL 表达式语言简介

　　EL 表达式语言是 JSP 2.0 之后引入的新功能，是一种简单、容易使用的语言，能够实现对 JSP 内置对象、请求参数、Cookie 和其他请求数据的简单访问。

　　EL 表达式是 JSP 标签库的一个重要的基础语言，是学好 JSTL 的基础，它简化了寻常获取页面数据的方式，如 request. getAttribute( )、session. getAttribute( )等。用 EL 表达式则直接调用 setAttribute( )方法中的属性 name 值即可。其实说简单点，EL 表达式就是用来代替传统 getAttribute( )方法来获取 setAttribute( )方法中的值。

　　EL 表达式访问简单对象，例如，hello 是一个有范围的对象（如页内有效、请求有效、会话有效或应用有效的属性对象），获取其值的代码如下：

　　Servlet 中代码为：

```
request.setAttribute("hello", "hello world");
request.getAttribute("hello");
```

　　JSP 中 EL 代码为：

```
${hello}
```

EL 表达式也同样可以获取类中属性的值。例如：

User 类中有 name 属性和 sex 属性，并且有相应的 getName()、setName() 和 getSex()、setSex() 方法。

servlet 中代码为：

```
request.getAttribute("user").getName();
request.getAttribute("user").getSex();
```

JSP 中 EL 代码为：

```
${user.name}
${user.sex}
```

8.2 EL 语法

EL 的语法非常简单，是由 ＄ 与 {} 组合而成，一般形式为：

```
${expression}
```

EL 可以出现在模板文本中，也可以出现在 JSP 标记的属性中。例如：

```
<!-- 模板文本的使用 -->
<UL>
    <LI>选项一：${expression1}
    <LI>选项二：${expression2}
</UL>
<!-- JSP 标记的属性中使用 -->
<jsp:include page="${expression3}"/>
```

8.2.1 案例 1：使用 EL 运算符

在 EL 中提供"."和"[]"两种运算符来存取数据。

"."通常用于引用一个对象的属性。例如访问 user 对象的 name 属性：

```
${user.name}
```

也可以写成 ${user[name]}，通常情况下，"."和"[]"运算符是等价的，可以相互代替。但是当要存取的属性名称中包含一些特殊字符，如"."或"-"等并非字母或数字的符号，就一定要使用 []。例如：

```
${user.My-Name} 应当改为 ${user["My-Name"]}
```

如果要动态取值时，也必须使用"[]"，而"."无法做到动态取值。例如：

```
${sessionScope.user[data]}                    //data 是一个变量
```

访问集合元素（Array、List 或 Map）时，也只能使用"[]"，而不能使用"."。例如：

```
${myArray[0]}
```

通过 EL 访问数据,代码如下:

```
<%@ page contentType = "text/html;charset = GBK" import = "java.util.*" %>
<HTML>
<HEAD>
<TITLE> EL 访问数据</TITLE>
</HEAD>
<BODY>
<% String[] array = {"流行金曲","经典老歌","热舞 DJ","少儿歌曲"};
    request.setAttribute("songType",array);
    request.setAttribute("mylove","我喜爱的歌曲类型");
%>
${mylove}:
    <ul>
    <li>${songType[0]}</li>
    <li>${songType[1]}</li>
    <li>${songType[2]}</li>
    <li>${songType[3]}</li>
</ul>
</BODY>
</HTML>
```

运行界面,如图 8.1 所示。

图 8.1   EL 访问数据

8.2.2   案例 2:使用 EL 变量

EL 存取变量数据的方法很简单,例如,${username}。它的意思是取出某一范围中名称为 username 的变量。

因为我们并没有指定哪一个范围的 username,所以它会依序从 Page、Request、Session、Application 范围查找。假如途中找到 username,就直接回传,不再继续找下去;假如全部的范围都没有找到时,就回传 null。

属性范围在 EL 中的名称如下:

Page   pageScope
Request   requestScope

| Session | sessionScope |
| Application | applicationScope |

如果只想从指定的范围内查找 username,例如请求有效范围,那么可以写成 ${requestScope.username},这样效率会高些,不过除非特殊情况需要明确指定范围,否则一般就直接使用 ${username} 了。

EL 访问不同有效范围的属性变量,代码如下:

```
<%@ page contentType = "text/html;charset = GBK" import = "java.util.*" %>
<HTML>
<HEAD>
<TITLE>EL 访问数据</TITLE>
</HEAD>
<BODY>
<jsp:useBean id = "user" scope = "session" class = "com.model.ManagerForm">
   <jsp:setProperty name = "user" property = "manager" value = "mr"/>
</jsp:useBean>
第 1 种情况: ${user.manager}<br>
第 2 种情况: ${requestScope.user.manager}<br>
第 3 种情况: ${sessionScope.user.manager}
</BODY>
</HTML>
```

运行界面,如图 8.2 所示。

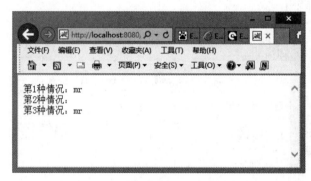

图 8.2　EL 访问不同有效范围的属性变量

8.2.3　案例 3:使用自动类型转换

EL 表达式可实现数据类型的自动转换,只要是可相互转换的类型,如数值型转换为字符串、字符串转换为数值型,如果结果为 null,则什么都不显示;如果转换出错,则报错。

EL 表达式中自动类型转换规则如下:

1. Object 转换为 String

(1) Object 为数值型时,依其值直接转换,如 100.121 转换为"100.121"。

(2) Object 为 null 时,返回空字符串""。

(3) Object.toString()产生异常时,出错,否则返回 Object.toString()。

2. Object 转换为数值

(1) Object 为 boolean 型时,出错。

（2）Object 为 null 时,返回 0。

（3）Object 为空字符串""时,返回 0。

（4）Object 为字符串时,若该字符串可以转换成数值,则返回数值,否则出错。

传统类型转换的处理与 EL 中的自动类型转换比较,代码如下:

```
<%@ page contentType = "text/html;charset = GBK" import = "java.util. * "%>
<HTML>
<HEAD>
<TITLE>EL 访问数据</TITLE>
</HEAD>
<BODY>
计算两个请求参数的和并输出<hr>
传统处理方式如下:<br>
<%
    String param1 = (String)request.getParameter("param1");
    String param2 = (String)request.getParameter("param2");
    int p1 = Integer.parseInt(param1);
    int p2 = Integer.parseInt(param2);
    out.println("两个数的和为:" + (p1 + p2));
%>
<br>
EL 表达式中的处理如下:<br>
两个数的和为: ${param.param1 + param.param2}
</BODY>
</HTML>
```

运行界面,如图 8.3 所示。

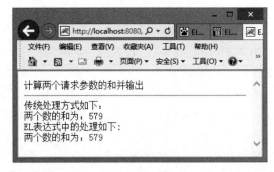

图 8.3　传统类型转换的处理与 EL 中的自动类型转换

8.2.4　EL 关键字

关键字又称保留关键字、保留字。同 Java 一样,EL 也有自己的保留关键字,在为变量命名时,应该避免使用这些关键字,包括使用 EL 输出已经保存在作用域范围内的变量,也不能使用关键字,如果已经定义了,那么需要修改为其他的变量名。EL 表达式中的保留字共有 16 个:

and(&&)、eq(==)、gt(>)、true、instanceof、null、div(/)、or(||)
ne(!=)、lt(<)、not(!)、false、le(<=)、empty、mod(%)

8.2.5 算术运算

EL表达式的算术运算符和Java中的运算符大致相同,优先级也相同。主要有以下5个:
加法(+)、减法(一)、乘法(＊)、除法(/或div)和求模(％或mod)运算。

EL算术运算符优先级的顺序为:

(1) 负号：一。

(2) 乘、除、求模：＊、/(或div)、％(或mod)。

(3) 加、减：+、一。

使用算术运算符,如表8.1所示。

表8.1　使用算术运算符

算术运算符	范　　例	结　　果
+	${ 17 + 5 }	22
一	${ 17 - 5 }	12
＊	${ 17 ＊ 5 }	85
/或 div	${ 17 / 5 }或 ${ 17 div 5 }	3
％或 mod	${ 17 ％ 5 }或 ${ 17 mod 5 }	2

注意:

(1) 在EL表达式中"+"运算符不会连接字符串了,它只用于加法运算。

(2) 如果除数为0,返回值为无穷大(Infinity)而不是错误。

(3) 在EL表达式中可以通过使用括号来改变运算的优先顺序。例如：$\{(x+y) ＊ (x-y)\}$。

8.2.6 关系运算

EL表达式中关系运算符有以下6个:

等于(= = 或 eq)、不等于(! = 或 ne)、小于(< 或 lt)、大于(> 或 gt)、小于或等于
(<= 或 le)和大于或等于(>= 或 ge)

EL关系运算的优先顺序低于算术运算,而关系运算符之间的优先顺序如下:

(1) <(lt)、>(gt)、<=(le)、>=(ge)。

(2) ==(eq)、! =(ne)。

(3) 同样,可以使用括号来改变运算的优先顺序。

使用关系运算符,如表8.2所示。

表8.2　使用关系运算符

关系运算符	范　　例	结　　果
==或 eq	${ 5 == 5 }或 ${ 5 eq 5 }	true
! =或 ne	${ 5 ! = 5 }或 ${ 5 ne 5 }	false
<或 lt	${3<5 }或 ${3 lt 5 }	true
>或 gt	${ 3>5 }或 ${ 3 gt 5 }	false
<=或 le	${ 3<= 5 }或 ${ 3 le 5 }	true
>=或 ge	${ 3>= 5 }或 ${ 3 ge 5 }	false

8.2.7　逻辑运算

逻辑运算的结果为 true 或者 false,EL 表达式中逻辑运算符有以下 3 个:

与(&& 或 and)、或(|| 或 or)和非(! 或 not)

EL 逻辑运算的优先顺序低于关系运算,而逻辑运算符之间的优先顺序如下:

(1) ! 或 not。

(2) && 或 and。

(3) || 或 or。

(4) 同样,可以使用括号来改变运算的优先顺序。

使用逻辑运算符,如表 8.3 所示。

表 8.3　使用逻辑运算符

关系运算符	范　　例	结果
&& 或 and	${true && true} 或 ${true and true}	true
	${true && false} 或 ${true and false}	false
	${false && false} 或 ${false and false}	false
‖ 或 or	${true ‖ true} 或 ${true or true}	true
	${true ‖ false} 或 ${true or false}	true
	${false ‖ false} 或 ${false or false}	false
! 或 not	${! true} 或 ${not true}	false
	${! false} 或 ${not false}	true

8.2.8　其他运算

EL 除了上述三大类的运算符之外,还有两个重要的运算符:empty 运算符和条件运算符。

1. empty 运算符

empty 运算符主要用来判断值是否为 null 或空,例如:

${ empty param.name }　　　　　　　　　//判断请求参数 name 的值是否为空

empty 运算符的规则如下:

${empty A}

- 假若 A 为 null 时,返回 true。
- 假若 A 为空 String 时,返回 true。
- 假若 A 为空 Array 时,返回 true。
- 假若 A 为空 Map 时,返回 true。
- 假若 A 为空 Collection 时,返回 true。
- 否则,返回 false。

2. 条件运算符

条件运算符如下:

${ A ? B : C}

当 A 为 true 时,执行 B; 而 A 为 false 时,则执行 C。例如:

```
${ (3+2)>(3-2) ?true :false}                //返回 true
```

8.3　EL 隐含对象

前面已经介绍了,在 JSP 中有 9 个内置对象,而在 EL 表达式中共有 11 个隐含对象,这些对象的使用类似于 JSP 中的内置对象,也是直接通过对象名进行操作。EL 中的 11 个隐含对象分别为 pageContext、cookie、initParam、header、param、headerValues、paramValues、pageScope、requestScope、sessionScope 和 applicationScope。除 pageContext 是 JavaBean 对象,对应于 javax. servlet. jsp. PageContext 类型外,其他的隐含对象都对应于 java. util. Map 类型。另外,这些隐含对象可以分为页面上下文对象、访问作用域范围的隐含对象和访问环境信息的隐含对象 3 类。

8.3.1　属性与范围

在 EL 中提供了 4 个涉及有效范围的隐含对象,即 pageScope、requestScope、sessionScope 和 applicationScope。应用这 4 个隐含对象指定所要查找的变量的作用域后,系统不再按照默认的顺序(page、request、session 及 application)来查找相应的变量,而只能取得指定范围内的属性值。

访问作用域范围的隐含对象说明如表 8.4 所示。

表 8.4　访问作用域范围的隐含对象

隐 含 对 象	作　　用
pageScope	整个页面范围内有效
requestScope	请求范围内有效
sessionScope	会话范围内有效
applicationScope	整个应用程序范围内有效

先使用 JSP 内置对象设置不同有效范围的属性变量的值,然后使用 EL 直接用变量名来访问各个变量。代码如下:

```
<%@ page contentType = "text/html;charset = GBK" import = "java.util. * " %>
<%
    //设置不同范围的属性
    pageContext.setAttribute("var1","页内有效属性");
    request.setAttribute("var2","请求有效属性");
    session.setAttribute("var3","会话有效属性");
    application.setAttribute("var4","应用有效属性");
    //设置名字相同范围不同的属性
    session.setAttribute("var","会话有效属性");
    application.setAttribute("var","应用有效属性");
%>
```

```
<h2>EL 访问不同范围变量</h2>
var1: ${var1}<br>
var2: ${var2}<br>
var3: ${sessionScope.var3}<br>
var4: ${applicationScope.var4}<br>
var(1): ${var}<br>
var(2): ${applicationScope.var}
```

运行界面,如图 8.4 所示。

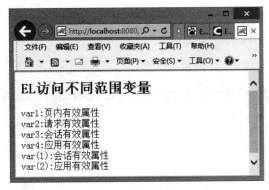

图 8.4　设置并访问不同有效范围变量

8.3.2　pageContext 对象

pageContext 为页面上下文对象,用于访问 JSP 内置对象(request、response、out、session、exception、page)和 servletContext,而不能用于获取 application、config 和 pageContext 对象。在获取到这些内置对象后,就可以访问其属性值及方法了。

1. 访问 request 对象

通过 pageContext 获得 JSP 内置对象中的 request 对象,使用语句如下:

```
${pageContext.request}
```

获取到 request 对象后,就可以通过该对象获取与客户端有关的信息,如 HTTP 报头信息、客户信息提交方式、客户端主机 IP 地址和端口号等。例如,要访问 getServerPort()方法,具体代码如下:

```
${pageContext.request.serverPort}        //返回端口号 8080
```

2. 访问 response 对象

通过 pageContext 获得 JSP 内置对象中的 response 对象,使用语句如下:

```
${pageContext.response}
```

获取到 response 对象后,就可以通过该对象获取与响应相关的信息。例如,获取响应的内容类型,具体代码如下:

```
${pageContext.response.contentType}        //这里为"text/html;charset = UTF - 8"
```

3. 访问 out 对象

通过 pageContext 获得 JSP 内置对象中的 out 对象,使用语句如下:

```
${pageContext.out}
```

获取到 out 对象后,就可以通过该对象获取与输出相关的信息。例如,获取输出缓冲区的大小,具体代码如下:

```
${pageContext.out.bufferSize}
```

4. 访问 session 对象

通过 pageContext 获得 JSP 内置对象中的 session 对象,使用语句如下:

```
${pageContext.session}
```

获取到 session 对象后,就可以通过该对象获取与 session 对象有关的信息。例如,获取当前会话的 ID,具体代码如下:

```
${pageContext.session.id}
```

5. 访问 exception 对象

通过 pageContext 获得 JSP 内置对象中的 exception 对象,使用语句如下:

```
${pageContext.exception}
```

获取到 exception 对象后,就可以通过该对象获取 JSP 页面的异常信息。例如,获取异常信息字符串,具体代码如下:

```
${pageContext.exception.message}
```

6. 访问 page 对象

通过 pageContext 获得 JSP 内置对象中的 page 对象,使用语句如下:

```
${pageContext.page}
```

获取到 page 对象后,就可以通过该对象获取当前页面的类文件。具体代码如下:

```
${pageContext.page.class}
```

7. 访问 servletContext 对象

通过 pageContext 获得 servletContex 上下文对象,使用语句如下:

```
${pageContext.servletContex}
```

获取到 servletContex 对象后,就可以通过该对象获取 servletContex 上下文信息。例如,获取上下文路径,具体代码如下:

```
${pageContext.servletContex.contextPath}
```

8.3.3　param 和 paramValues 对象

param 对象用于获取请求参数的值,应用于参数值只有一个的情况,返回的结果为字符串；如果一个请求参数名对应多个值，则需要使用 paramValues 对象，此时返回的结果为字符串数组。

在 JSP 页面中，放置一个名称为 song 的文本框和一个名称为 songer 的复选框，代码如下：

```
<%@ page contentType = "text/html;charset = GBK" import = "java.util. * " %>
<html>
<body>
<h2>信息采集</h2>
<FORM action = "doSubmit.jsp" method = "post">
  歌名: <input type = "text" name = "song" /><br>
  歌手:
   <input type = "checkbox" name = "songer" value = "那英" />那英
    <input type = "checkbox" name = "songer" value = "王菲"/>王菲
    <input type = "checkbox" name = "songer" value = "汪峰"/>汪峰
    <input type = "checkbox" name = "songer" value = "林志颖"/>林志颖
    <br>
    <INPUT type = "submit" value = "提交"/>
  </FORM>
</body>
</html>
```

运行界面，如图 8.5 所示。

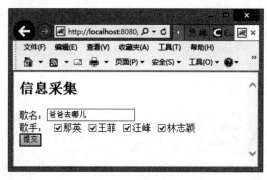

图 8.5　提交信息

通过 EL 获取表单信息的代码如下：

```
<%@page contentType = "text/html;charset = GBK" %>
<html>
<body>
<h2>提交的内容如下: </h2>
<% request.setCharacterEncoding("GBK"); %>
歌名: ${param.song}<br/>
歌手:
${paramValues.songer[0]} ${paramValues.songer[1]} ${paramValues.songer[2]}
${paramValues.songer[3]}<br/>
</body>
</html>
```

运行界面，如图 8.6 所示。

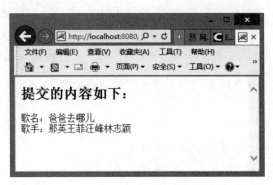

图 8.6　EL 获取表单信息

注意：在使用 param 和 paramValues 对象时，如果指定的参数不存在，则返回空的字符串，而不是返回 null。

8.3.4　header 和 headerValues 对象

header 对象用于获取 HTTP 请求的一个具体的 header 的值，但在有些时候，可能存在同一个 header 拥有多个不同的值，这时就需要使用 headerValues 对象了。

header 和 headerValues 对象的使用举例，具体代码如下：

```
host: ${header.host}<br/>
user-agent: ${header["user-agent"]}<br/>
cookie: ${headerValues.cookie}<br/>
headerValues: ${headerValues}
```

运行界面，如图 8.7 所示。

图 8.7　header 和 headerValues 对象的使用

注意：如果属性名中包含非字母和数字字符，只能使用［］访问。例如，访问 header 的 user-agent 属性。headerValues 则用来取得所有的头信息，等价于调用 request.getHeaders()方法。

8.3.5 Cookie 对象

虽然在 EL 中并没有提供向 Cookie 中保存值的方法,但是它提供了访问 Cookie 对象值的方法,使用 Cookie 类中定义的属性 value 或方法 getValue()。例如,要输出名字为 userCookie 的 Cookie 对象的值,可以使用如下语句:

```
${cookie.userCookie.value}
或
${cookie["userCookie"].value}
如果 userCookie 不存在,则输出空字符串.
cookie 对象的应用,具体代码如下:
<% Cookie cookie = new Cookie("user","addrr");
    response.addCookie(cookie);
%> //通过 response 对象设置一个请求有效的 Cookie 对象
${cookie.user.value}      //使用 EL 获得该 Cookie 对象,运行后在页面中显示 addrr
```

注意:所谓的 Cookie 是一个文本文件,它是以 key、value 的方法将用户会话信息记录在这个文本文件内,并将其暂时存放在客户端浏览器中。

8.3.6 initParam 对象

initParam 对象用于获取 Web 应用初始化参数的值。

在 Web 应用的 web.xml 文件中设置一个初始化参数 song,用于指定歌名,具体代码如下:

```
<context - param>
    <param - name>song</param - name>
    <param - value>怒放的生命</param - value>
</context - param>
```

应用 EL 获得参数 song 的代码如下:

```
${initParam.song}
```

运行后,将输出"怒放的生命"。

8.4 小   结

EL 表达式在实际开发中应用非常广泛,它在一定程度上提高了网页设计师的工作效率,同时减少了程序的代码量。通过本章的学习,应该了解 EL 的基本特点,掌握 EL 的基本语法,了解和掌握 EL 的隐含对象及其使用。

8.5 习   题

1. EL 中的两种访问运算符有什么不同?
2. 如何访问作用域变量?
3. 编写一个 JSP 程序,实现通过 EL 获取并显示用户注册信息。要求包括用户名、密码、E-mail 地址、性别(采用单选按钮)、爱好(采用复选框)和备注(采用文本域)等信息。

第9章 | JSTL 标准标签库

本章导读

  JSTL 全名为 JavaServer Pages Standard Tag Library，是由 JCP（Java Community Process）所指定的标准规格，它主要提供给 Java Web 开发人员一个标准通用的标签函数库。Web 程序开发人员能够利用 JSTL 和 EL 来开发 Web 程序，取代传统直接在页面上嵌入 Java 程序的做法，以提高程序的可读性、维护性和方便性。

本章要点

- JSTL 的基本概念
- JSTL 安装与配置
- JSTL 核心标签
- I18N 格式标签
- XML 标签
- SQL 标签
- 函数标签
- 自定义标签

9.1 JSTL 的基本概念、安装与配置

9.1.1 JSTL 标签库简介

  从 JSP1.1 规范开始 JSP 就支持使用自定义标签，使用自定义标签大大降低了 JSP 页面的复杂度，同时增强了代码的重用性，因此自定义标签在 Web 应用中被广泛使用。许多 Web 应用厂商都开发出了自己的一套标签库提供给用户使用，这导致出现了许多功能相同的标签，令网页制作者无所适从，不知道选择哪一家的好。为了解决这个问题，Apache Jakarta 小组归纳总结了那些网页设计人员经常遇到的问题，开发了一套用于解决这些常用问题的自定义标签库，这套标签库被 Sun 公司（现已被 Oracle 公司收购）定义为标准标签库（JSP Standard Tag Library，JSTL）。使用 JSTL 可以解决用户选用不同 Web 厂商的自定

义标签时的困惑,JSP 规范同时也允许 Web 容器厂商按 JSTL 标签库的标准提供自己的实现,以获取最佳性能。

由于 JSTL 是在 JSP 1.2 规范中定义的,所以 JSTL 需要运行在支持 JSP 1.2 及其更高版本的 Web 容器上,例如,Tomcat 5.5。JSTL 是一个开源项目,是一个标准的已定制好的 JSP 标签库。它可以替代 Java 代码实现各种功能,如输入输出、流程控制、迭代、数据库查询及国际化的应用等。JSTL 规范由 Sun 公司制定,目前最新的版本是 JSTL 1.2。

使用 JSTL 可以简化 JSP 和 Web 程序的开发,大大减少 JSP 脚本代码的数量,甚至可以不用脚本代码,从而提高程序可读性和可维护性。

JSTL 中包含 5 类标准标签库,分别是核心标签库、格式标签库、XML 标签库、SQL 标签库和函数标签库,在使用这些标签库之前,需要使用 taglib 指令的 prefix 和 uri 属性来指定要使用的标签库,如表 9.1 所示。其中,prefix 指定的前缀是在 JSP 页面中将要使用的标签前缀,例如< c：out >就表示使用核心标签库中的 out 标签完成指定的页面输出。

表 9.1　JSTL 标准标签库

分　　类	URL	prefix	范　　例
核心标签库	http://java.sun.com/jsp/jstl/core	c	< c：out >
XML 标签库	http://java.sun.com/jsp/jstl/xml	x	< x：forBach >
格式标签库	http://java.sun.com/jsp/jstl/fmt	fmt	< fmt：formatDate >
SQL 标签库	http://java.sun.com/jsp/jstl/sql	sql	< sql：query >
函数标签库	http://java.sun.com/jsp/jstl/functions	fn	< fn：split >

9.1.2　案例 1：JSTL 的安装和 JSTL 示例应用

由于 JSTL 还不是 JSP 2.0 规范中的一部分,所以在使用 JSTL 之前,需要安装并配置 JSTL。JSTL 标签库可以到 Oracle 公司的官方网站上下载,在浏览器地址栏中输入 http://java.sun.com/products/jsp/jstl,将会自动转至 Oracle 公司官方下载网址。JSTL 的标签库(jstl-1.2.jar)下载完成后,就可以在 Web 应用中配置 JSTL 标签库了。配置 JSTL 标签库有两种方法:一种是直接将 jstl-1.2.jar 复制到 Web 应用的 WEB-INF\lib 目录中;另一种是在 MyEclipse 中进行添加。在 MyEclipse 1.0 以上版本,JSTL 是可以默认支持的,无须再添加。在新建 Web 项目时,如果 J2EE Specification Level 选择的是 Java EE 6.0 或 Java EE 5.0,JSTL Support 下方的复选框是灰色的,表示默认支持 JSTL,如图 9.1 所示。如果 J2EE Specification Level 选择的是 J2EE 1.4 或 J2EE 1.3,JSTL Support 下方的复选框是黑色的,如果想支持 JSTL,需要将其选中。

注意:在 Jstl-1.2 之前的版本,配置的方法与此不同,下载 JSTL 标签库(jakarta-taglibs-standard-1.1.2.zip)后需要将其解压,把 lib 目录下的两个文件 jstl.jar 和 standard.jar 复制到/WEB-INF/lib 目录下,然后重新启动 Tomcat。

安装完 JSTL,需要测试 JSTL 是否配置成功。下面通过一个简单的示例来测试 JSTL 是否配置成功,如果成功配置将显示如图 9.2 所示的界面,否则需要重新配置。

图 9.1　New Web Project 对话框

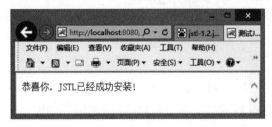

图 9.2　JSTL 配置成功

具体代码如下：

```
<%@ page contentType = "text/html;charset = GBk" %>
<%@ taglib uri = "http://java.sun.com/jsp/jstl/core" prefix = "c" %>
<html>
<head>
<title>测试 JSTL 是否工作</title>
</head>
<body>
<c:out value = "恭喜你,JSTL 已经成功安装!"/>
</body>
</html>
```

9.2　JSTL 核心标签

　　核心标签库在 JSTL 标准标签库中占据主导地位。主要用于完成 JSP 页面的常用功能，包括 JSTL 的表达式标签、URL 标签、流程控制标签和循环标签共 4 种。各标签的基本作用如表 9.2 所示。

表 9.2 核心标签的基本作用

分类	标 签	说 明
表达式标签	< c：out >	将表达式的值输出到 JSP 页面中,相当于 JSP 表达式<%=表达式%>
	< c：set >	在指定范围中定义变量,或为指定的对象设置属性值
	< c：remove >	从指定的 JSP 范围中移除指定的变量
	< c：catch >	捕获程序中出现的异常,相当于 Java 语言中的 try…catch 语句
URL 标签	< c：import >	导入站内或其他网站的静态和动态文件到 Web 页面中
	< c：redirect >	将客户端发出的 request 请求重定向到其他 URL 服务器
	< c：url >	使用正确的 URL 重新规则构造一个 URL
	< c：param >	为其他标签提供参数信息,通常与其标签结合使用
流程控制标签	< c：if >	根据不同的条件处理不同的业务,与 Java 语言中的 if 语句类似,只不过该语句没有 else 标签
	< c：choose >< c：when > < c：otherwise	根据不同的条件完成指定的业务逻辑,如果没有符合的条件,则会执行默认条件的业务逻辑,相当于 Java 语言中的 switch 语句
循环标签	< c：forEach >	根据循环条件,遍历数组和集合类中的所有或部分数据
	< c：forToken >	迭代字符串中由分隔符分隔的各成员

9.2.1 案例 2：表达式操作

在 JSTL 的核心标签库中,包含了< c：out >、< c：set >、< c：remove >和< c：catch >共 4 个表达式标签,用于增加和删除属性对象变量、显示变量的值及处理异常等。

1. < c：out >标签

< c：out >标签用于将表达式的值输出到 JSP 页面中,该标签类似于 JSP 表达式<%=表达式%>,或者 EL 表达式 $\{expression\}$。< c：out >标签有两种语法格式。

1) 没有标签体

```
< c:out value = "value" [escapeXml = "{true|false}"][default = "defaultValue"]/>
```

2) 有标签体

```
< c:out value = "value" [escapeXml = "{true|false}"]>
    default
</c:out >
```

< c：out >标签的属性如表 9.3 所示。

表 9.3 < c：out >标签的属性

属 性 名 称	类 型	说 明
value	Object	表示在 JSP 页面显示的值
escapeXml	boolean	可选属性,表示是否转换特殊字符,默认值是 true
default	Object	default 是默认值,如果 value 为 null,则显示 default 的值

应用< c：out >标签输出字符串"水平线标记< hr >",代码如下：

```
<% @ page contentType = "text/html;charset = GBk" %>
<% @ taglib uri = "http://java.sun.com/jsp/jstl/core" prefix = "c" %>
< html >
< body >
escapeXml 属性为 true 时：
< c:out value = "水平线标记< hr >" escapeXml = "true"/>
< br >
escapeXml 属性为 false 时：
< c:out value = "水平线标记< hr >" escapeXml = "false"/>
</body >
</html >
```

运行界面,如图 9.3 所示。

图 9.3   < c：out >标签的使用

2. < c：set >标签

< c：set >标签用于在指定范围(page、request、session 或 application)中定义保存某个值的变量,或为指定的对象设置属性值。< c：set >标签有 4 种语法格式。

1) 在 scope 指定的范围内将变量值存储到变量中

```
< c:set var = "name" value = "value"
[scope = "{page|request|session|application}"]/>
```

2) 在 scope 指定的范围内将标签体存储到变量中

```
< c:set var = "name" [scope = "{page|request|session|application}"]>
    value
</c:set >
```

3) 将变量值存储在 target 属性指定的目标对象的 propName 属性中

```
< c:set value = "value" target = "object" property = "propName"/>
```

4) 将标签体存储到 target 属性指定的目标对象的 propName 属性中

```
< c:set target = "object" property = "propName">
value
</c:set >
```

< c：set >标签的属性如表 9.4 所示。

表 9.4 ＜ c：set＞标签的属性

属 性 名 称	类 型	说 明
value	Object	将要设定的变量或对象的属性值
var	String	将要设定的变量名
scope	String	指定属性 var 中指定的变量的有效范围,默认值为 page
target	Object	表示一个 javabean 或 java.util.Map 对象
property	String	表示指定 target 对象的属性名

应用＜c：set＞标签设置变量,代码如下:

```
<%@ page contentType = "text/html;charset = GBk" %>
<%@ taglib uri = "http://java.sun.com/jsp/jstl/core" prefix = "c" %>
<html>
<body>
<c:set var = "var1" value = "1"/>
var1 的值:<c:out value = " $ {var1}"/>
<br>
<c:set var = "var2">
<c:out value = "2"/>
</c:set>
var2 的值:<c:out value = " $ {var2}"/>
<br>
<c:set var = "var3">
3
</c:set>
var3 的值:<c:out value = " $ {var3}"/>
<br>
<c:set var = "var4" value = "4" scope = "request"/>
var4 的值:<c:out value = " $ {requestScope.var4}"/>
<br>
<jsp:useBean class = "com.model.ManagerForm" id = "manager"/>
<c:set target = " $ {manager}" property = "pwd">123456 </c:set>
<c:out value = "mangaer 的 pwd 属性值为: $ {manager.pwd}"/>
</body>
</html>
```

运行界面,如图 9.4 所示。

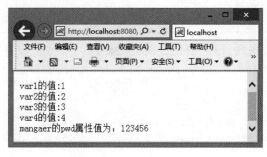

图 9.4 ＜c：set＞标签的使用

3. ＜c：remove＞标签

＜c：remove＞标签用于移除指定的 JSP 范围内的变量,其语法格式如下：

```
<c:remove var = "name" [scope = "{page|request|session|application}"]/>
```

其中,var 表示将要移除的变量名,类型为 String; scope 表示 var 的有效范围,类型为 String。

应用＜c：remove＞标签移除变量,代码如下：

```
<%@ page contentType = "text/html;charset = GBK" %>
<%@ taglib uri = "http://java.sun.com/jsp/jstl/core" prefix = "c" %>
<html>
<body>
<c:set var = "var1" value = "1"/>
var1 的值:<c:out value = " $ {var1}"/>
<br>
<c:remove var = "var1"/>
移除 var1 后,var1 的值:<c:out value = " $ {var1}"/>
</body>
</html>
```

运行界面,如图 9.5 所示。

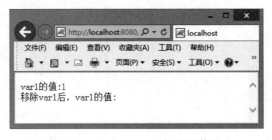

图 9.5 ＜c：remove＞标签的使用

4. ＜c：catch＞标签

＜c：catch＞标签用于捕获程序中出现的异常,如果需要它还可以将异常信息保存在指定的变量中。＜c：catch＞标签的语法格式如下：

```
<c:catch [var = "exception"]>
    ……//可能存在异常的代码
</c:catch>
```

其中,var 表示可选属性,用于指定存储异常信息的变量。如果不需要保存异常信息,可以省略该属性。

应用＜c：catch＞标签捕获异常信息,代码如下：

```
<%@ page contentType = "text/html;charset = GBK" %>
<%@ taglib uri = "http://java.sun.com/jsp/jstl/core" prefix = "c" %>
<html>
<body>
<c:catch var = "error">
```

```
<jsp:useBean class="com.model.ManagerForm" id="manager"/>
<c:set target="${manager}" property="name">gy</c:set>
</c:catch>
错误信息为: <c:out value="${error}"/>
</body>
</html>
```

运行界面,如图 9.6 所示。

图 9.6 ＜c：catch＞标签的使用

9.2.2　案例 3：流程控制

流程控制在程序中会根据不同的条件去执行不同的代码来产生不同的运行结果,使用流程控制可以处理程序中任何可能发生的事情。在 JSTL 中包含＜c：if＞、＜c：choose＞、＜c：when＞和＜c：otherwise＞共 4 种标签。

1.＜c：if＞标签

＜c：if＞标签是条件判断标签,与 Java 语言中的 if 语句类似,只不过该语句没有 else 标签。＜c：if＞标签有两种语法格式。

1) 没有标签体

```
<c:if test="condition" var="name" [scope="{page|request|session|application}"]/>
```

2) 有标签体

```
<c:if test="condition" var="name" [scope="{page|request|session|application}"]>
    标签体
</c:if>
```

＜c：if＞标签的属性如表 9.5 所示。

表 9.5　＜c：if＞标签的属性

属性名称	类型	说明
test	boolean	判断条件,当结果为 true 时执行 body 内容
var	String	记录判断条件返回结果的范围变量名
scope	String	指定属性 var 中指定的变量的有效范围,默认值为 page

应用＜c：if＞标签判断成绩的等级,代码如下:

```
<%@ page contentType="text/html;charset=GBk" %>
<%@ taglib uri="http://java.sun.com/jsp/jstl/core" prefix="c" %>
```

```
< html >
< body >
< c:set value = "75" var = "grade"/>
< c:if test = " $ {grade < 60}" var = "var">
成绩不及格
</c:if >
< c:if test = " $ {grade > = 60 && grade < 70}" var = "var">
成绩及格
</c:if >
< c:if test = " $ {grade > = 70 && grade < 80}" var = "var">
成绩中等
</c:if >
< c:if test = " $ {grade > = 80 && grade < 90}" var = "var">
成绩良好
</c:if >
< c:if test = " $ {grade > = 90}" var = "var">
成绩优秀
</c:if >
</body >
</html >
```

图 9.7 < c：if>标签的使用

运行界面,如图 9.7 所示。

2. < c：choose >、< c：when >和< c：otherwise >标签

< c：choose>标签可以根据不同的条件完成指定的业务逻辑,如果没有符合的条件就执行默认条件的业务逻辑。< c：choose>标签没有相关属性,它只是作为< c：when >和< c：otherwise>标签的父标签来使用,并且在< c：choose>标签中,除了空白字符外,只能包含< c：when >和< c：otherwise>标签。在一个< c：choose>标签中可以包含多个< c：when >标签来处理不同条件的业务逻辑,但是只能有一个< c：otherwise>标签来处理默认条件的业务逻辑。< c：choose>标签的语法格式如下:

```
< c:choose >
    < c:when test = "condition">
        标签体
    </c:when >
    [< c:when test = "condition">
        标签体
    </c:when >
    ...
    < c:otherwise >
        标签体
    </c:otherwise >]
</c:choose >
```

在< c：choose>标签中,必须有一个< c：when >标签,但是< c：otherwise>标签是可选的。如果省略了< c：otherwise>标签,那么当所有的< c：when >标签都不满足时,将不会处理< c：choose>标签的标签体。

应用< c：choose>标签实现上例,代码如下:

```
< % @ page contentType = "text/html;charset = GBk" % >
```

```
<%@ taglib uri = "http://java.sun.com/jsp/jstl/core" prefix = "c" %>
< html >
< body >
< c:set value = "75" var = "grade"/>
< c:choose >
< c:when test = " $ {grade < 60}">
成绩不及格
</c:when >
< c:when test = " $ {grade > = 60 && grade < 70}">
成绩及格
</c:when >
< c:when test = " $ {grade > = 70 && grade < 80}">
成绩中等
</c:when >
< c:when test = " $ {grade > = 80 && grade < 90}">
成绩良好
</c:when >
< c:otherwise >
成绩优秀
</c:otherwise >
</c:choose >
</body >
</html >
```

运行结果如图 9.7 所示。

9.2.3 案例 4：循环和迭代操作

程序中经常需要使用循环和迭代来生成大量的代码。JSTL 核心标签库中包含< c：forEach >和< c：forTokens >两个循环标签。< c：forEach >用于一般数据的处理，而< c：forTokens >则用于字符串的处理。

1. < c：forEach >标签

使用< c：forEach >标签可以指定循环的次数，也可以枚举集合中的所有元素或部分元素。< c：forEach >标签有两种语法：

1) 数字索引方式

```
< c:forEach begin = "start" end = "finish" [var = "name"] [varStatus = "statusName"] [step =
"step"] >
    标签体
</c:forEach >
```

2) 集合元素方式

```
< c:forEach item = "data" [var = "name"] begin = "start" end = "finish" [step = "step"]
[varStatus = "statusName"] >
    标签体
</c:forEach >
```

< c：forEach >标签的属性如表 9.6 所示。

表 9.6 ＜c：forEach＞标签的属性

属性名称	类　　型	说　　明
var	String	表示循环变量的名称
begin	int	表示循环的起始位置
end	int	表示循环的结束位置
varStatus	String	用于指定循环的状态变量,该属性还有 4 个状态属性：index(当前循环的索引值,从 0 开始)、count(当前循环的循环计数,从 1 开始)、first(是否为第一次循环)和 last(是否为最后一次循环)
step	int	表示每次循环的步长
items	支持多种类型,如：Arrays、Collection、Map、String 等	表示被循环的集合对象或字符串

应用＜c：forEach＞标签完成循环,代码如下：

```
<%@ page contentType = "text/html;charset = GBK" import = "java.util.Vector" %>
<%@ taglib uri = "http://java.sun.com/jsp/jstl/core" prefix = "c" %>
<html>
<body>
<b>数字索引方式</b><br>
10 以内的全部奇数为:
<c:forEach var = "i" begin = "1" end = "10" step = "2">
    ${i}  
</c:forEach><br>
<b>集合元素方式</b><br>
歌曲名称为:
<% Vector v = new Vector();
    v.add("High 歌");
    v.add("北京北京");
    v.add("志忑");
    v.add("时间都去哪了");
    v.add("爸爸去哪儿");
    pageContext.setAttribute("vector",v);
%>
<c:forEach items = "${vector}" var = "item" varStatus = "status">
    ${item}  
    <c:if test = "${status.last}">
        <br>总共有<c:out value = "${status.count}"/>个.
    </c:if>
</c:forEach>
</body>
</html>
```

运行界面,如图 9.8 所示。

2. ＜c：forTokens＞标签

＜c：forTokens＞标签主要用于浏览字符串中的所有成员并且可以指定一个或多个分隔符。＜c：forTokens＞标签的语法格式如下：

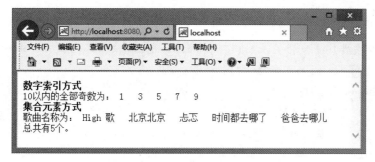

图 9.8   <c：forEach>标签的使用

```
<c:forTokens items = "String" delims = "char" [var = "name"] [begin = "start"] [end = "end"]
[step = "step"] [varStatus = "varStatusName"]>
    标签体
</c:forTokens>
```

其中,items 用于指定要迭代的 String 对象,该字符串通常由指定的分隔符分隔;
delims 用于指定分隔字符串的分隔符,可以同时有多个分隔符;其他属性同< c：forEach >
标签一样。

应用< c：forTokens >标签完成迭代,代码如下：

```
<%@ page contentType = "text/html;charset = GBK" import = "java.util.Vector" %>
<%@ taglib uri = "http://java.sun.com/jsp/jstl/core" prefix = "c" %>
<html>
<body>
<c:set var = "songs" value = "High 歌;北京北京;忐忑;时间都去哪了;爸爸去哪儿 "/>
歌曲名称为:
<c:forTokens items = "${songs}" delims = ";" var = "item" varStatus = "status">
    ${item}  
    <c:if test = "${status.last}">
        <br>总共有<c:out value = "${status.count}"/>个.
    </c:if>
</c:forTokens>
</body>
</html>
```

运行界面,如图 9.9 所示。

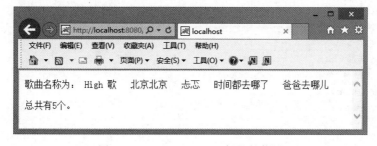

图 9.9   <c：forTokens>标签的使用

第
9
章

JSTL 标准标签库

9.2.4 案例 5：URL 操作

URL 标签主要用于文件导入、重定向和 URL 地址生成。JSTL 核心标签库中包含<c：import>、<c：url>、<c：redirct>和<c：param>共 4 个标签。

1. <c：import>标签

<c：import>标签功能类似于<jsp：include>标签，但功能更加强大。<jsp：include>标签只能导入站内资源，而<c：import>标签不仅可以导入站内资源，还可以导入其他网站资源。<c：import>标签有两种语法：

1）被引入的文件内容以 String 对象的形式输出

```
<c:import url = "url" [context = "context"] [var = "var"] [scope = "{page|request|session|
application}"] [charEncoding = "charencoding"]>
标签体
</c:import>
```

2）被引入的文件内容以 Reader 对象的形式输出

```
<c: import url = "url" [context = "context"] [varReader = "varreader"] [charEncoding = "
charencoding"]>
标签体
</c:import>
```

<c：import>标签的属性如表 9.7 所示。

表 9.7　<c：import>标签的属性

属 性 名 称	类型	说　　明
url	String	表示导入的网页 URL
context	String	表示当使用相对路径访问其他 context 时，context 指定了此资源的名称
var	String	表示要存储导入文件内容的变量，该变量用于以 String 类型存储获取的资源
scope	String	指定属性 var 中指定的变量的有效范围，默认值为 page
charEncoding	String	导入文件的字符集
varReader	String	读取 Reader 对象

应用<c：import>标签导入 URL 资源，代码如下：

```
<%@ page contentType = "text/html;charset = GBK" import = "java.util.Vector" %>
<%@ taglib uri = "http://java.sun.com/jsp/jstl/core" prefix = "c" %>
<html>
<body>
不使用 var 属性<br>
<c:import url = "/forToken.jsp"/><br>
使用 var 属性<br>
<c:import url = "/forToken.jsp" var = "var"/>
<c:out value = "${var}"/>
</body>
</html>
```

运行界面，如图 9.10 所示。

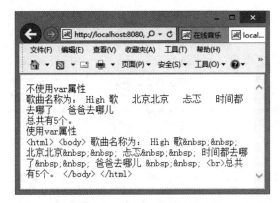

图 9.10 ＜c：import＞标签的使用

2. ＜c：url＞和＜c：param＞标签

＜c：url＞标签用于生成一个 URL 路径的字符串，并可保存到一个变量中。＜c：url＞标签有两种语法：

1）不包含标签体

```
< c:url value = "url" [var = "name"] [scope = "{ page|request|session|application }"] [context = "context"]/>
```

2）包含标签体

```
< c:url value = "url" [var = "name"] [scope = "{ page|request|session|application }"] [context = "context"]>
    < c:param name = "name" value = "value"/>
    ……<! -- 可以有多个< c:param >标签 -->
</c:url>
```

＜c：url＞标签的属性如表 9.8 所示。

表 9.8 ＜c：url＞标签的属性

属性名称	类型	说　　明
value	String	需要构造的 URL
context	String	表示当使用相对路径访问其他 context 时，context 指定了此资源的名称
var	String	存储构造后的 URL 的变量，如果没有指定 var 属性，那么重写后的 URL 将直接输出在浏览器中
scope	String	指定属性 var 中指定的变量的有效范围，默认值为 page

3. ＜c：param＞标签

＜c：param＞标签是 URL 参数传递标签，该标签主要用于将参数传递给包含的网页或重定向之后的网页。＜c：param＞标签有两种语法：

1）不包含标签体

```
< c:param name = "name" value = "value" />
```

2）包含标签体

```
< c:param name = "name">
```

```
    value
</c:param>
```

其中,name 用于设定参数名,类型为 String;value 用于设定参数值,类型也为 String。
应用<c:param>标签生成不带参数和带参数的 URL 地址,代码如下:

```
<%@ page contentType = "text/html;charset = GBK"%>
<%@ taglib uri = "http://java.sun.com/jsp/jstl/core" prefix = "c" %>
<html>
<body>
不带参数的应用:<br>
不使用 var 属性<br>
<c:url value = "/forToken.jsp"/><br>
使用 var 属性<br>
<c:url value = "/forToken.jsp" var = "var"/>
<c:out value = "${var}"/><br>
带参数的应用:<br>
<c:url value = "/forToken.jsp" var = "var1">
  <c:param name = "number" value = "5"/>
</c:url>
<c:out value = "${var1}"/><br>
</body>
</html>
```

运行界面,如图 9.11 所示。

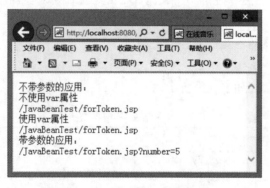

图 9.11 <c:param>标签的使用

4. <c:redirect>标签

<c:redirect>标签可以将浏览器重定向到一个新的 URL。<c:redirect>标签有两种
语法:

1) 不包含标签体

```
<c:redirect url = "value" [context = "context"]/>
```

2) 包含标签体

```
<c:redirect url = "value" [context = "context"]>
    <c:param name = "name" value = "value"/>
    ……<!-- 可以有多个<c:param>标签 -->
```

```
</c:redirect>
```

＜c：redirect＞标签的属性如表 9.9 所示。

表 9.9 ＜c：redirect＞标签的属性

属性名称	类型	说 明
url	String	用于指定重定向资源的 URL,可以使用 EL
context	String	表示当使用相对路径访问其他 context 时,context 指定了此资源的名称

应用＜c：redirect＞和＜c：param＞标签实现重定向页面并传递参数,代码如下：

```
redirect.jsp
<% @ page contentType = "text/html;charset = GBK" %>
<% @ taglib uri = "http://java.sun.com/jsp/jstl/core" prefix = "c" %>
<html>
<body>
<c:redirect url = "manager.jsp">
    <c:param name = "pwd" value = "123456"/>
</c:redirect>
</body>
</html>
manager.jsp
<% @ page contentType = "text/html;charset = GBK" %>
<% @ taglib uri = "http://java.sun.com/jsp/jstl/core" prefix = "c" %>
<html>
<body>
用户密码为：[ $ {param.pwd}]
</body>
</html>
```

运行界面,如图 9.12 所示。

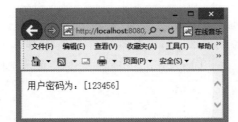

图 9.12 ＜c：redirect＞和＜c：param＞标签的使用

9.3 I18N 格式标签

随着全球经济的一体化,软件开发者应该开发出支持多国语言、国际化的 Web 应用。对于 Web 应用来说,同样的页面在不同的语言环境下需要显示不同的效果。也就是说,一个 Web 应用程序在运行时能够根据客户端请求所来自的国家和语言显示不同的用户界面。这样,当需要在应用程序中添加对一种新的语言的支持时,无须修改应用程序的代码。这就是人们常说的国际化和本地化问题。

I18N 常用于"国际化"的简称,其来源是英文单词 internationalization 的首末字符 i 和 n。18 为中间的字符数。国际化是指在设计软件时,将软件与特定语言及地区脱钩的过程。当软件被移植到不同的语言地区时,软件本身不用做内部工程上的改变或修正。本地化则是指当移植软件时,加上与特定区域设置有关的资讯和翻译文件的过程。

JSTL 中提供了 3 类格式标签库,分别是国际化标签、消息标签和数字、日期格式化标签,如表 9.10 所示。在使用这些标签库之前,需要使用<%@ taglib prefix="fmt" uri="http://java.sun.com/jsp/jstl/fmt" %>来指定要使用的标签库。

表 9.10　格式标签库

功 能 分 类	标 签 名 称	说　　　明
国际化标签	< fmt：requestEncoding >	用于处理和解决与国际化相关的问题
	< fmt：setLocale >	
消息标签	< fmt：bundle >	用于对资源包的访问,在资源包中包含了特定语言的相关项目
	< fmt：setBundle >	
	< fmt：message >	
	< fmt：param >	
数字、日期格式化标签	< fmt：timeZone >	用于将数字、日期等转换成指定地区或自定义的显示格式
	< fmt：setTimeZone >	
	< fmt：formatNumber >	
	< fmt：parseNumber >	
	< fmt：formatDate >	
	< fmt：parseDate >	

9.3.1　案例 6：国际化和消息标签

1. 国际化标签

1) < fmt：message >标签

< fmt：message >标签用于指定请求对象的编码格式,其作用和请求对象(request)的 setCharacterEncoding()方法相同。< fmt：message >标签的语法格式为:

```
< fmt:requestEncoding [value = "charsetName"]/>
```

其中,value 属性用来指定编码格式,默认 ISO-8859-1。常用的编码格式包括:ISO-8859-1、US-ASCII、ISO646-US、ISO646-GB(英文);GBK、GB18030、GB2312(简体中文);BIG5(繁体中文);EUC-JP(日文);ISO646-DE(德文);EUC-KR(韩文)等。

2) < fmt：setLocale >标签

< fmt：setLocale >标签用于设置本地属性以便执行本地相关的后续操作。< fmt：setLocale >标签的语法格式为:

```
< fmt:setLocale value = "locale"
 [scope = "{page|request|session|application}"] />
```

其中,value 属性用于指定本地属性值,可以是类型为 java.util.Locale 的表达式或一个字符串,字符串格式为"LL"或"ll-CC"(ll 为两个字母表示的语言代码,CC 则是国家代码),例如,zh-CN(中文-中国)、en-US(英语-美国);scope 属性用于指定本地属性的有效范围,默认为 page 有效。

2. 消息标签

1) < fmt：bundle >标签

< fmt：bundle >标签用于绑定消息资源。< fmt：bundle >标签的语法格式如下：

```
< fmt:bundle basename = "资源文件名" [prefix = "消息前缀"]>
标签体
</fmt:bundle >
```

其中,basename 属性用于指定的资源文件名并作绑定处理;prefix 属性用于指出标签体中要处理的消息的前缀。

例如：

```
< fmt:bundle basename = "ResourceProps">
        < fmt:message key = "labels.cancel"/>
        < fmt:message key = "labels.ok"/>
</fmt:bundle >
```

或

```
< fmt:bundle basename = "ResourceProps" prefix = "labels">
        < fmt:message key = "cancel"/>
        < fmt:message key = "ok"/>
</fmt:bundle >
```

为了使用本地消息的内容,一般需要开发人员为需要支持的每个本地属性都提供一个资源集合(通常为字符串)。资源集合通常称为资源包,在实现时通常是一个 Java 类或一个文本的属性文件。由于篇幅有限,这里仅给出采用纯文本的资源文件来实现资源包的例子。

英文资源包 Resource_en. properties 的代码如下：

```
greetingMorning = Good morning!
greetingEvening = Good night!
serverInfo = JSP version:{0} Java versions:{1}
currenTime = Current Time:{0}
labels. cancel = Cancel
labels.ok = Ok
```

将 ResourceProps_en. properties 内容对应成中文,得到 zh. properties,代码如下：

```
greetingMorning = 早上好!
greetingEvening = 晚上好!
serverInfo = JSP 容器版本:{0} Java 版本:{1}
currenTime = 当前时间:{0}
labels. cancel = 取消
labels. ok = 确定
```

但是在. properties 文件中如果有中文,读取时将会显示乱码,要解决这个问题,就必须对. properties 文件作编码转换。在 JDK 中提供了转换的工具——native2ascii. exe,此工具位于 JDK 安装目录的 bin 目录中。用 native2ascii.exe 工具执行如下命令：

nnative2ascii – encoding gb2312 源.properties 文件名 目标.properties 文件名

如要把当前目录下 zh.propertie 文件进行转码，转码后的文件名为 ResourceProps_zh. properties，其命令为：

native2ascii – encoding gb2312 zh.properties > ResourceProps.zh.properties

得到对应中文资源包的资源文件内容如下：

```
greetingMorning = \u65e9\u4e0a\u597d\uff01
greetingEvening = \u665a\u4e0a\u597d\uff01
serverInfo = JSP\u5bb9\u5668\u7248\u672c: {0} Java\u7248\u672c: {1}
currentTime = \u5f53\u524d\u65f6\u95f4\uff1a{0}
labels.cancel = \u53d6\u6d88
labels.ok = \u786e\u5b9a
```

2）< fmt：setBundle >标签

< fmt：setBundle >标签用于将一个资源包赋值给一个对象变量供以后使用。< fmt： setBundle >标签的语法格式为：

```
< fmt:setBundle basename = "basename" [var = "varName"]
[scope = "{page|request|session|application}"] />
```

其中，basename 和 scope 属性的作用同< fmt：bundle >标签，var 属性用于指定存储资源包的变量名。如果不使用 var 属性，这时资源包会被存储在一个 Web 应用配置变量（javax.servlet.jsp.jstl.fmt.localizationContext）中，在 JSP 页面中的任何< fmt：message >标签无须再次声明都可以访问该资源包。

3. < fmt：message >标签

< fmt：message >标签用于从资源包中取得消息内容。< fmt：message >标签的语法格式有三种：

1）无标签体

```
< fmt:message key = "messageKey" [bundle = "resourceBundle"]
      [var = "varName"][scope = "{page|request|session|application}"]/>
```

2）有标签体

```
< fmt:message [bundle = "resourceBundle"]
      [var = "varName"][scope = "{page|request|session|application}"]>
   key
</fmt:message >
```

下面两个语句是等价的：

```
< fmt:message key = "greetingMorning"/>
< fmt:message > greetingMorning </fmt:message >
```

3）支持参数传递

```
< fmt:message key = "messageKey" [bundle = "resourceBundle"]
```

```
            [var = "varName"][scope = "{page|request|session|application}"]>
        <fmt:param value = "value"/>
        ……<! -- 可以有多个<fmt:param>标签 -->
</fmt:message>
```

例如：

```
<fmt:message key = "regist">
    <fmt:param value = " $ {registDate}"/>
    <fmt:param value = " $ {registStatus}"/>
</fmt:message>
```

<fmt：message>标签的属性说明如表 9.11 所示。

表 9.11　<fmt：message>标签的属性

属性名称	类　型	说　明
key	String	指定要输出的信息的关键字
bundle	LocalizationContext	指定 ResourceBundle 对象在 Web 域中的属性名称
var	String	用于将格式化结果保存到变量里,使用 var 属性时,消息将不会输出到 JSP 页面而是保存到变量里
scope	String	指定属性 var 中指定的变量的有效范围,默认值为 page

4. <fmt：param>标签

<fmt：param>标签用于设置参数值,它只能嵌套在<fmt：message>标签内使用。
<fmt：param>标签有两种语法格式：

1) 无标签体

```
<fmt:param value = "messageParameter" />
```

2) 有标签体

```
<fmt:param>
    value
</fmt:param>
```

应用国际化标签和消息标签,实例代码如下：

```
<%@ page contentType = "text/html;charset = GB2312" import = "java.util. * " %>
<%@ taglib prefix = "fmt" uri = "http://java.sun.com/jsp/jstl/fmt" %>
<! -- 使用属性文件:ResourceProps.properties 和 ResourceProps_zh.properties 定义的资源包 -->
<html>
<body>
    <fmt:requestEncoding value = "GBK" />
    <br>选择 locale 设置:
    <a href = '?locale = zh'>中文</a> &#149;
    <a href = '?locale = en'> English</a>
    <br />
    <c:if test = " $ {!empty param.locale}">
        <fmt:setLocale value = " $ {param.locale}" scope = "page" />
    </c:if>
```

```
< fmt:bundle basename = "Resource">
    < h1 >
        < fmt:message key = "greetingMorning" />
    </h1 >
    < p >
        <! -- 获取当前时间 -->
        < jsp:useBean id = "now" class = "java.util.Date" />
        currenTime:
        < fmt:message key = "currenTime">
            < fmt:param value = " $ {now}" />
        </fmt:message >
    < p >
        < input type = "submit" value = "< fmt:message key = 'labels.ok'/>">
        < input type = "submit" value = "< fmt:message key = 'labels.cancel'/>">
</body >
</html >
</fmt:bundle >
```

运行界面，如图 9.13 所示。

图 9.13　国际化和消息标签的使用

9.3.2　案例 7：数字、日期格式化标签

1. ＜fmt：timeZone＞标签

＜fmt：timeZone＞标签用于指定时区，其本体内容将会以该时区的时间格式来解析和显示。＜fmt：timeZone＞标签的语法格式为：

```
< fmt:timeZone value = "timeZone">
        本体内容,如日期、时间标记
</fmt:timeZone >
```

其中，value 的值表示时区，可以为字符串，例如 America/Los_Angeles 或 java.util.TimeZone 类型的对象变量，默认为 GMT，也可以自定义时区，如 GMT-8 等。设置的时区只影响其本体内的内容，也称暂时时区。

2. ＜fmt：setTimeZone＞标签

＜fmt：setTimeZone＞标签用于将 value 属性指定的时区值存储到一个 var 属性指定的

变量中,便于以后的使用。< fmt:setTimeZone >标签的语法格式为:

```
< fmt:setTimeZone value = "timeZone" [var = "varName"]
    [scope = "{page|request|session|application}"]/>
```

例如:

```
< fmt:setTimeZone value = "GMT" var = "myTimeZone" scope = "request" />
```

< fmt:setTimeZone >标签的属性说明如表 9.12 所示。

表 9.12 < fmt:setTimeZone >标签的属性

属性名称	类型	说　明
value	String	指定表示时区的 ID 字符串或 TimeZone 对象
var	String	用于指定将创建出的 TimeZone 实例对象保存到变量里,如果没有指定 var,则将指定时区的值保存在当前配置变量(javax. servlet. jsp. jstl. fmt. timeZone)中
scope	String	指定属性 var 中指定的变量的有效范围,默认值为 page

3. < fmt:formatDate >标签

< fmt:formatDate >标签用于提供方便的时区格式化显示方式,将日期和时间按照客户端的时区来正确显示。< fmt:formatDate >标签的语法格式为:

```
< fmt:formatDate value = "date" [type = "{time|date|both}"]
    [dateStyle = "{default|short|medium|long|full}"]
[timeStyle = "{default|short|medium|long|full}"]
    [pattern = "customPattern"] [timeZone = "timeZone"]
    [var = "varName"] [scope = "{page|request|session|application}"] />
```

< fmt:formatDate >标签的属性说明如表 9.13 所示。

表 9.13 < fmt:formatDate >标签的属性

属性名称	类　型	说　明
value	java. util. Date	指定要格式化的日期或时间
type	String	指定是格式化输出日期部分,还是格式化输出时间部分,还是两者都输出
dateStyle	String	指定日期部分的输出格式。该属性仅在 type 属性取值为 date 或 both 时才有效
timeStyle	String	指定时间部分的输出格式。该属性仅在 type 属性取值为 time 或 both 时才有效
pattern	String	指定一个自定义的日期和时间输出格式,如"dd/MM/yyyy"
timeZone	Strin 或 java. util. timeZone	指定当前采用的时区
var	String	用于指定将格式化结果保存到变量中
scope	String	指定属性 var 中指定的变量的有效范围,默认值为 page

4. < fmt：parseDate >标签

< fmt：parseDate >标签用于将字符串表示的日期和时间解析成日期对象(java. util. Date)。< fmt：parseDate >标签有两种语法格式：

1) 无标签体

```
< fmt:parseDate value = "dateString" [type = "{time|date|both}"]
    [dateStyle = "{default|short|medium|long|full}"]
    [timeStyle = "{default|short|medium|long|full}"] [pattern = "customPattern"]
    [timeZone = "timeZone"] [parseLocale = "parseLocale"]
    [var = "varName"] [scope = "{page|request|session|application}"] />
```

2) 有标签体

```
< fmt:parseDate [type = "{time|date|both}"] [dateStyle = "{default|short|medium|long|full}"]
    [timeStyle = "{default|short|medium|long|full}"] [pattern = "customPattern"]
    [timeZone = "timeZone"] [parseLocale = "parseLocale"]
    [var = "varName"] [scope = "{page|request|session|application}"] >
        需要解析的日期内容
</fmt:parseDate >
```

其中，parseLocale 属性指定本地属性的值，类型为 java. util. Locale；其他属性同< fmt：formatDate >标签。

5. < fmt：formatNumber >标签

< fmt：formatNumber >标签用于将数字格式化成整数、十进制值、百分比和货币。< fmt：formatNumber >标签有两种语法格式：

1) 无标签体

```
< fmt:formatNumber value = "numericValue" [type = "{number|currency|percent}"]
    [pattern = "customPattern"] [currencyCode = "currencyCode"]
    [currencySymbol = "currencySymbol"] [groupingUsed = "{true|false}"]
    [maxIntegerDigits = "maxIntegerDigits"] [minIntegerDigits = "minIntegerDigits"]
    [maxFractionDigits = "maxFractionDigits "] [minFractionDigits = "minFractionDigits"]
    [var = "varName"] [scope = "{page|request|session|application}"] />
```

2) 有标签体

```
< fmt:formatNumber [type = "{number|currency|percent}"][pattern = "customPattern"]
    [currencyCode = "currencyCode"] [currencySymbol = "currencySymbol"]
    [groupingUsed = "{true|false}"] [maxIntegerDigits = "maxIntegerDigits"]
    [minIntegerDigits = "minIntegerDigits"] [maxFractionDigits = "maxFractionDigits"]
    [minFractionDigits = "minFractionDigits"] [var = "varName"]
    [scope = "{page|request|session|application}"] >
        本体内容
</fmt:formatNumber >
```

< fmt：formatNumber >标签的属性说明如表 9.14 所示。

表 9.14　＜fmt：formatNumber＞标签的属性

属 性 名 称	类　　型	说　　明
value	String 或数字	要被格式化的数值
type	String	指定被格式化的数值的数据类型，只能是 number、currency 或 percent 中的一种
pattern	String	指定自定义的格式化模式
currencyCode	String	ISO 4217 标准中的货币代码，仅当格式化货币数据类型时有效
currencySymbol	String	货币符号，如￥；仅当格式化货币数据类型时有效
groupingUsed	boolean	是否输出分隔符，如：1,234,567
maxIntegerDigits	int	整数部分最多的整数位数
minIntegerDigits	int	整数部分最少的整数位数
maxFractionDigits	int	小数部分最多的小数位数
minFractionDigits	int	小数部分最少的小数位数
var	String	存储格式化处理输出的结果字符串的变量
scope	Strng	指定属性 var 中指定的变量的有效范围，默认值为 page

6. ＜fmt：parseNumber＞标签

＜fmt：parseNumber＞标签用于将格式化的字符串解析成数值，与＜fmt：formatNumber＞标签的作用相反。＜fmt：parseNumber＞标签有两种语法格式：

1）无标签体

```
＜fmt:parseNumber value = "numericValue" [type = "{number|currency|percent}"]
    [pattern = "customPattern"] [parseLocale = "parseLocale"]
    [integerOnly = "{true|false}"] [var = "varName"]
    [scope = "{page|request|session|application}"] />
```

2）有标签体

```
＜fmt:parseNumber [type = "{number|currency|percent}"]  [pattern = "customPattern"]
    [parseLocale = "parseLocale"] [integerOnly = "{true|false}"]
    [var = "varName"] [scope = "{page|request|session|application}"] >
        本体内容
</fmt:parseNumber >
```

＜fmt：parseNumber＞标签的属性说明如表 9.15 所示。

表 9.15　＜fmt：parseNumber＞标签的属性

属 性 名 称	类　　型	说　　明
value	String 或数字	要被解析的字符串
type	String	指定需要解析的数据的类型，如数值、百分比或货币，默认为数值
pattern	String	指定自定义的格式化模式
parseLocale	String	用来替代默认区域的设定
integerOnly	String	设置是否只有整数部分数据
var	String	存储格式化处理输出的结果字符串的变量
scope	Strng	指定属性 var 中指定的变量的有效范围，默认值为 page

应用数字、日期格式化标签实例,代码如下:

```
<%@ page contentType = "text/html;charset = GB2312" import = "java.util. * " %>
<%@ taglib prefix = "fmt" uri = "http://java.sun.com/jsp/jstl/fmt" %>
<html>
<body>
<jsp:useBean id = "now" class = "java.util.Date" />
<fmt:formatDate value = "${now}"/><br>
<fmt:formatDate value = "${now}" type = "time" dateStyle = "long"/><br>
<fmt:formatDate value = "${now}" type = "both" dateStyle = "full" timeStyle = "full"/><br>
<fmt:formatDate value = "${now}" type = "date" pattern = "G yyyy 年 MM 月 dd 日 E"/><br>
<fmt:parseDate type = "date" pattern = "dd/MM/yyyy" var = "parsedDate">
        24/2/2014
</fmt:parseDate>
<fmt:formatNumber value = "123.45" minFractionDigits = "3" maxIntegerDigits = "6"/>
<c:set var = "salary" value = "123000"/>
<fmt:setLocale value = "en_GB"/><fmt:formatNumber type = "currency" value = "${salary}"/><
br>
<fmt:setLocale value = "it_IT"/><fmt:formatNumber type = "currency" value = "${salary}"/><
br>
<fmt:formatNumber type = "percent" value = "12"/><br>
<fmt:parseNumber value = "123456789 % " type = "percent" /><br>
<fmt:parseNumber value = "123456789 % " type = "percent" integerOnly = "true"/>
</body>
</html>
```

运行界面,如图 9.14 所示。

图 9.14　数字、日期格式化标签的使用

9.4　JSTL 的 XML 标签

XML 标签对 XML 文件处理和操作提供了强大的支持,包括 XML 节点的解析、迭代、基于 XML 数据的条件评估以及可扩展样式语言转换(Extensible Style Language Transformations,XSLT)的执行等。

XML 标签大致可以分为 3 类,分别是 XML 核心标签、XML 转换标签及 XMl 流程控制标签,如表 9.16 所示。在使用这些标签库之前,需要使用<%@ taglib prefix＝"x" uri＝"http://java.sun.com/jsp/jstl/xml" %>来指定要使用的标签库。由于篇幅有限,这里主要介绍 XML 核心标签和流程控制标签的用法。

表 9.16　XML 标签的分类

分　　类	属　　性	说　　明
XML 核心标签	< x: out >	解析 XML 文档、将 XML 文档中的值存储到变量及显示 XML 文档中的数据
	< x: set >	
	< x: parse >	
XML 转换标签	< x: transform >	通过 XSL 样式表对 XML 文件进行转换
	< x: param >	
XMl 流程控制标签	< x: if >	依据 XPath 表达式的结果来提供流程控制处理
	< x: choose >	
	< x: forEach >	

9.4.1　XPath 简介

XPath 即为 XML 路径语言(XML Path Language),它是一种用来确定 XML 文档中某部分位置的语言。XPath 基于 XML 的树状结构,提供在数据结构树中找寻节点的能力。

XPath 表示 XML 中数据的具体格式如表 9.17 所示。

表 9.17　XPath 表示数据的格式

XML 文档中的位置	XPath 表示格式
根	/
根节点	/根节点名
父节点	../
子节点	./节点名
兄弟节点	../节点名
所有同一节点名的节点集	//节点名
属性	@属性名
当前元素的所有子元素	*

注意:在 XPath 中,根和根节点含义并不相同。根包含整个 XML 文档,包括根节点、根节点开始标记和根节点结束标记之间的所有注释和处理命令。

下面给出一个简单的歌曲列表 songlist.xml 实例,代码如下:

```
<?xml version = "1.0" encoding = "UTF - 8"?>
<唱片公司 名称 = "滚石">
    <专辑 专辑名 = "我是一只小小鸟" 歌手 = "赵传">
        <歌曲>是你还是我</歌曲>
        <歌曲>给我一些时间</歌曲>
    </专辑>
```

233

第9章

JSTL 标准标签库

```
    <专辑 专辑名 = "爱相随" 歌手 = "周华健">
        <歌曲>痛苦的人</歌曲>
        <歌曲>若不是因为你</歌曲>
    </专辑>
</唱片公司>
```

对于 songlist. xml 文档,使用 XPath 表达式的结果如表 9.18 所示。

表 9.18 XPath 表达式

XPath 表达式	说明及结果
/唱片公司	根节点:<唱片公司>
/唱片公司/专辑	节点集,所有<专辑>子节点:2 个
/唱片公司/专辑/歌曲	节点集,所有<专辑>的所有<歌曲>子节点:4 个
/唱片公司@名称	唱片公司名称属性值:滚石
/唱片公司/专辑@专辑名	所有专辑的专辑名属性值:我是一只小小鸟 爱相随
/唱片公司/专辑[1]@专辑名	第一个专辑的专辑名属性值:我是一只小小鸟
/唱片公司/专辑[2]@歌手	第二个专辑的歌手属性值:周华健
//专辑	节点集:所有<专辑>节点:2 个
//专辑[@专辑名=" 我是一只小小鸟"]	节点:专辑名为"我是一只小小鸟"的<专辑>
//专辑[position()=1]	第一个<专辑>节点:"我是一只小小鸟"<专辑>
/唱片公司/专辑/ *	节点集,所有<专辑>节点下的所有子节点:4 个歌曲节点
count(//专辑)	<专辑>节点数:2 个

9.4.2 案例 8：XML 核心标签

1. < x：parse >标签

< x：parse >标签用于解析 XML 文档,该 XML 文档可以是一个字符串变量,一个 Java 的 Reader 流或者是< x：parse >标签体内的 XML 数据。< x：parse >标签有两种语法格式：

1) 无标签体

```
< x:parse doc = "xmlDocument"
{var = "name" [scope = "page|request|session|application"]|
varDom = "name" [scope = "page|request|session|application"]}
systemId = "systemId" filter = "filter"/>
```

2) 有标签体

```
< x:parse
{var = "name" [scope = "page|request|session|application"]|
varDom = "name" [scope = "page|request|session|application"]}
systemId = "systemId" filter = "filter">
xmlDocument
</x:parse >
```

< x：parse >标签的属性说明如表 9.19 所示。

表 9.19　＜x：parse＞标签属性

属性名称	类　　型	说　　明
doc	String/Reader	指定解析的 XML 文档
var	String	存储解析后的 XML 文档
scope	String	指定 var 的有效范围，默认为 page
varDom	String	以（org. w3c. dom. Doucemet）的形式存储解析的 XML 文档
scopeDom	String	指定 varDom 的有效范围，默认为 page
systemId	String	XML 文档的 url
filter	XMLFilter	解析 XML 文档的过滤器

2. ＜x：set＞标签

＜x：set＞标签用于从 XML 文档中取出 XPath 表达式指定的值，并将结果存储在一个变量中。＜x：set＞标签的语法格式为：

```
< x: set select = " XPathExpression" var = " varName" [ scope = " page | request | session | application"] />
```

＜x：set＞标签的属性说明如表 9.20 所示。

表 9.20　＜x：set＞标签属性

属性名称	类　　型	说　　明
select	String	指定一个 XPath 表达式
var	String	存储表达式结果的变量
scope	String	指定 var 的有效范围，默认为 page

3. ＜x：out＞标签

＜x：out＞标签可以使用 XPath 语言在剖析的 XML 文档中取出和显示指定的 XML 节点。＜x：out＞标签的语法格式为：

```
< x:out select = "XPathExpression" [escapeXml = "{true|false}"]/>
```

＜x：out＞标签的属性说明如表 9.21 所示。

表 9.21　＜x：out＞标签属性

属性名称	类　　型	说　　明
select	String	指定一个 XPath 表达式
escapeXml	Boolean	设置是否将 XML 标记输出到浏览器页面中

通过一个简单的实例来说明如何应用 XML 核心标签，代码如下：

```
<% @ page contentType = "text/html;charset = GBK" %>
<% @ taglib prefix = "x" uri = "http://java.sun.com/jsp/jstl/xml" %>
< html >
< body >
< h4 > 应用 XML 核心标签 </h4 >
< x:parse var = "parsedDoc">
<?xml version = "1.0" encoding = "UTF - 8"?>
```

235

第
9
章

JSTL 标准标签库

```
    <唱片公司 名称 = "滚石">
        <专辑 专辑名 = "我是一只小小鸟" 歌手 = "赵传">
            <歌曲>是你还是我</歌曲>
            <歌曲>给我一些时间</歌曲>
        </专辑>
        <专辑 专辑名 = "爱相随" 歌手 = "周华健">
            <歌曲>痛苦的人</歌曲>
            <歌曲>若不是因为你</歌曲>
        </专辑>
    </唱片公司>
    </x:parse>
    <x:out select = " $ parsedDoc/唱片公司"/><br>
    <x:out select = " $ parsedDoc//专辑[@专辑名 = '爱相随']" /><br>
    <x:set var = "var" select = "count( $ parsedDoc//专辑)"/>
    专辑个数为: <x:out select = " $ var"/>
    </body>
    </html>
```

运行界面,如图 9.15 所示。

图 9.15　XML 核心标签的使用

9.4.3　案例 9: XML 流程控制

XML 流程控制标签包括< x: if >、< x: when >和< x: forEach >,其作用类似标签< c: if >、< c: when >和< c: forEach >,只不过在 XML 标签库的标签中 select 属性指定的是 XPath 表达式,而在核心标签库的标签中 test 属性指定的是 EL 表达式。

1. < x: if >标签

< x: if >标签首先计算 select 属性指定的 XPath 表达式的值,如果该值为 true,则处理和显示标签体中的内容。< x: if >标签有两种语法格式。

1) 没有标签体

```
<x:if    select = "XPathExpression" var = "name"
[scope = "{page|request|session|application}"]/>
```

2）有标签体

```
< x:if  select = "XPathExpression" var = "name"
[scope = "{page|request|session|application}"]>
    标签体
</x:if>
```

< x：if >标签的属性如表 9.22 所示。

表 9.22　< x：if >标签的属性

属性名称	类型	说　　明
select	String	指定一个 XPath 表达式
var	String	指定变量来存储属性 select 指定的 XPath 表达式的计算结果
scope	String	指定属性 var 中指定的变量的有效范围，默认值为 page

2. < x：choose >、< x：when >、< x：otherwise >标签

< x：choose >、< x：when >、< x：otherwise >标签用于处理多重选择。其中，< x：when >和 < x：otherwise >标签必须在< x：choose >标签的本体内使用，< x：choose >标签的本体内包含一个或多个< x：when >标签、零个或一个< x：otherwise >标签。< x：choose >标签的语法格式如下：

```
< x:choose >
    < x:when select = "XPathExpression">
        标签体
</x:when >
[< x:when select = "XPathExpression">
        标签体
</x:when >
……
< x:otherwise >
        标签体
</x:otherwise >]
</x:choose >
```

3. < x：forEach >标签

< x：forEach >标签用于对 XPath 表达式返回集合中的每个元素重复执行标记本体内的操作。在每次循环时，当前的元素值会被赋值到指定的变量中。< x：forEach >标签的语法格式为：

```
< x:forEach select = "XPathExpression" [var = "name"] [varStatus = "statusName"]
[begin = "start"] [end = "finish"] [step = "step"] >
    标签体
</x:forEach >
```

< x：forEach >标签的属性如表 9.23 所示。

表 9.23　＜x：forEach＞标签的属性

属 性 名 称	类　　型	说　　明
select	String	指定一个 XPath 表达式
var	String	表示循环变量的名称
varStatus	String	用于指定循环的状态变量
begin	int	表示循环的起始位置
end	int	表示循环的结束位置
step	int	表示每次循环的步长

通过一个简单的实例来说明如何应用 XML 流程控制标签,代码如下:

```jsp
<%@ page contentType = "text/html;charset = GBK" %>
<%@ taglib prefix = "x" uri = "http://java.sun.com/jsp/jstl/xml" %>
<html>
<body>
<h4>应用 XML 流程控制标签</h4>
<x:parse var = "doc">
<?xml version = "1.0" encoding = "UTF - 8"?>
<唱片公司 名称 = "滚石">
    <专辑 专辑名 = "我是一只小小鸟" 歌手 = "赵传">
        <歌曲>是你还是我</歌曲>
        <歌曲>给我一些时间</歌曲>
    </专辑>
    <专辑 专辑名 = "爱相随" 歌手 = "周华健">
        <歌曲>痛苦的人</歌曲>
        <歌曲>若不是因为你</歌曲>
    </专辑>
</唱片公司>
</x:parse>
<x:if select = "$doc//专辑[@专辑名 = '爱相随']">
  歌曲:<x:out select = "$doc//专辑[@专辑名 = '爱相随']" />
</x:if><br>
<x:if select = "$doc//歌曲">
  歌曲:<x:out select = "$doc//歌曲"/>
</x:if><br>
<x:choose>
  <x:when select = '$doc//专辑[@专辑名 = "我是一只小小鸟"]'>
    "我是一只小小鸟"专辑:<x:out select = '$doc//专辑[@专辑名 = "我是一只小小鸟"]'/>
  </x:when>
  <x:when select = '$doc//专辑[@专辑名 = "我爱北京"]'>
    "我爱北京"专辑:<x:out select = '$doc//专辑[@专辑名 = "我爱北京"]'/>
  </x:when>
  <x:otherwise>
    专辑名不存在
  </x:otherwise>
</x:choose><br>
<x:forEach select = "$doc//专辑" varStatus = "status">
    ${status.index}:<x:out select = "."/><br>
</x:forEach>
```

```
</body>
</html>
```

运行界面，如图 9.16 所示。

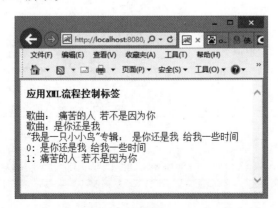

图 9.16　XML 流程控制标签的使用

9.4.4　案例 10：XML 文件转换

1. <x：transform>标签

<x：transform>标签主要通过 XSL 样式表对 XML 文件进行转换。<x：transform>
标签有 3 种语法格式。

1）无标签体

```
<x:transform doc = "xmlDocument" xslt = "xslt"
    [docSystemId = " docSystemId"] [xsltSystemId = "xsltSystemId"]
[{var = "name" scope = "page|request|session|application"}|result = "result"]/>
```

2）有标签体并指定参数

```
<x:transform doc = "xmlDocument" xslt = "xslt"
    [docSystemId = " docSystemId"] [xsltSystemId = "xsltSystemId"]
[{var = "name" scope = "page|request|session|application"}|result = "result"]>
  <x:param name = "name" value = "value"/>
[<x:param name = "name" value = "value"/>
.....]
</x:transform>
```

3）有标签体并指定需要解析的 XML 文件和可选参数

```
<x:transform xslt = "xslt"
    [docSystemId = " docSystemId"] [xsltSystemId = "xsltSystemId"]
[{var = "name" scope = "page|request|session|application"}|result = "result"]>
需要解析的 XML 文件
    [<x:param name = "name" value = "value"/>
.....]
</x:transform>
```

<x：transform>标签的属性说明如表 9.24 所示。

表 9.24 ＜x：transform＞标签的属性

属性名称	类 型	说 明
doc	String/Reader	需要进行转换的 XML 文件
xslt	String/Reader	用来执行转换的 XSL 样式表
docSystemId	String	用来解析 doc 属性所设定的 XML 文件的路径
xsltSystemId	String	用来解析 XSTL 属性规定的路径
result	Javax. xml. transform. Result 类的实例	用来保存转换后的 XML 文件的对象
var	String	用来存储解析后的 XML 文件
scope	String	表示 var 变量的范围,默认值为 page

2. ＜x：param＞标签

＜x：param＞标签和＜c：param＞标签的功能相同,用于传递参数。＜x：param＞标签有两种语法:

1) 不包含标签体

```
<x:param name = "name" value = "value" />
```

2) 包含标签体

```
<x:param name = "name">
    value
</x:param>
```

其中,name 用于设定参数名,类型为 String; value 用于设定参数值,类型也为 String。

9.5 JSTL 的其他标签

除了前面几节介绍的 JSTL 核心标签、格式标签、XML 标签外,JSTL 标签库中还提供了一些其他标签,例如,JSTL 的 SQL 标签和函数标签。

9.5.1 案例 11：JSTL 的 SQL 标签

JSTL 提供的 SQL 标签库具有与关系数据库交互的能力。使用 SQL 标签可以很容易地查询和修改数据库中的数据,与核心标签库配合使用,可以方便地获取数据结果集、迭代输出获取的结果集中的数据结果。SQL 标签包含＜sql：setDateSource＞、＜sql：query＞、＜sql：dateParam＞、＜sql：transaction＞、＜sql：update＞和＜sql：param＞共 6 个标签。

1. ＜sql：setDateSource＞标签

＜sql：setDateSource＞标签主要用来设置数据源。其语法格式为:

```
<sql:setDataSource url = "jdbcUrl" driver = "driverClassName" user = "userName"
    password = "password" [var = "varName"]
    [scope = "{page|request|session|application}"]/>
```

＜sql：setDateSource＞标签的属性说明如表 9.25 所示。

表 9.25 ＜sql：setDateSource＞标签的属性

属 性 名 称	类 型	说 明
url	String	表示数据库的 URL 地址
driver	String	表示驱动程序的类名称
user	String	表示数据库的用户名
password	String	表示数据库的密码
var	String	用来存储数据源对象的引用
scope	String	表示 var 变量的范围,默认值为 page

例如,这里使用名为 db_onLineMusic 的 MySQL 数据库,用户名为 chang,密码为 123456,设置数据源的语句如下:

```
< sql:setDataSource url = "jdbc:mysql://localhost:3306/db_onLineMusic"
    driver = "com.mysql.jdbc.Driver" user = "chang" password = "123456" var = "ds"/>
```

2. ＜sql：query＞标签

＜sql：query＞标签主要用于查询数据库,并将结果存储在由 var 属性指定的变量中。
＜sql：query＞标签有两种语法格式。

1）无标签体

```
< sql:query sql = "sqlQuery" var = "varName"
        [scope = "{page|request|session|application}"]
        [dataSource = "dataSource"] [maxRows = "maxRows"] [startRow = "startRow"]/>
```

2）有标签体

```
< sql:query var = "varName" [scope = "{page|request|session|application}"]
        [dataSource = "dataSource"] [maxRows = "maxRows"] [startRow = "startRow"] >
    SQL 查询语句
    < sql:param >或< sql:dateParam >指定参数
</sql:query>
```

＜sql：query＞标签的属性说明如表 9.26 所示。

表 9.26 ＜sql：query＞标签的属性

属 性 名 称	类 型	说 明
dataSource	String	表示数据来源
sql	String	表示要查询的语句
maxRows	String	表示可以存储的最大数据数
startRow	String	表示查询数据时从第几行开始
var	String	用来存储查询的结果
scope	String	表示 var 变量的范围,默认值为 page

对于 var 属性指定的查询结果对象,是 javax.servlet.jsp.jstl.sql.Result 类的实例,提供了许多方法访问结果集中的数据。其中,主要的方法有 getRows()、getRowsByIndex()、getColumnNames()、getRowCount()和 isLimitedByMaxRows()等。

241

第 9 章

JSTL 标准标签库

3.＜sql：param＞标签

＜sql：param＞标签是＜sql：query＞、＜sql：update＞标签体内使用的子标签,用于动态传递参数值,不能单独使用。＜sql：param＞标签有两种语法格式。

1) 无标签体

```
< sql:param value = "参数值"/>
```

2) 有标签体

```
< sql:param >
      参数值
</sql:param >
```

其中,value 属性用于指定 Object 类型的参数,如果参数值为 null,则 SQL 语句对应的参数值会设置为 null。

4.＜sql：dateParam＞标签

＜sql：dateParam＞标签同样是＜sql：query＞、＜sql：update＞标签体内使用的子标签,用于动态传递参数值,但参数值的类型为 java.util.Date,此标签同样不能单独使用。＜sql：dateParam＞标签的语法格式为：

```
< sql:dateParam value = "参数值" [type = "{timestamp|time|date}"]/>
```

其中,value 属性用于指定数据库中的 date、time 或 timestamp 类型的参数；type 属性用于指定具体的参数值的类型,默认为 timestamp。

5.＜sql：transaction＞标签

＜sql：transaction＞标签主要用于数据库的事务处理,所有在同一个＜sql：transaction＞标签体内的其他 SQL 标签组合成一个数据库事务。＜sql：transaction＞标签的语法格式为：

```
< sql:transaction [dataSource = "dataSource"]
    [isolation = {read_committed|read_uncommitted|repeatable_read|serializable}]>
    多个< sql:query >标签和< sql:update >标签
</sql:transaction >
```

其中,dataSource 属性表示数据来源,类型为 String 或 javax.sql.DataSource；isolation 数据表示事务隔离的级别,类型为 String。

6.＜sql：update＞标签

＜sql：update＞标签主要用于修改数据库中的数据。＜sql：update＞标签有两种语法格式。

1) 无标签体

```
< sql:update sql = "sqlUpdate" [dataSource = "dataSource"] [var = "varName"]
    [scope = "{page|request|session|application}"] />
```

2) 有标签体

```
< sql:update [dataSource = "dataSource"] [var = "varName"]
    [scope = "{page|request|session|application}"] >
```

SQL 语句
    <sql:param>或<sql:dateParam>指定参数
  </sql:update>

<sql：update>标签的属性说明如表 9.27 所示。

表 9.27　<sql：update>标签的属性

属 性 名 称	类　　　型	说　　　明
dataSource	String	表示数据来源
sql	String	表示要修改的 SQL 语句
var	String	用来存储执行后的结果
scope	String	表示 var 变量的范围,默认值为 page

应用 SQL 标签实例,代码如下:

```
<%@ page contentType = "text/html;charset = GBK" %>
<%@ taglib prefix = "sql" uri = "http://java.sun.com/jsp/jstl/sql" %>
<%@ taglib prefix = "c" uri = "http://java.sun.com/jsp/jstl/core" %>
<html><body>
<!-- 设置数据源 -->
<sql:setDataSource url - " jdbc:mysl://localhost:3306/db_onLineMusic?useUnicode =
true&characterEncoding = GB2312""
    driver = " com.mysql.jdbc.Driver " user = "chang" password = "123456"
    var = "ds"/>
<h4>向表 tb_manager 中插入记录: INSERT INTO </h4>
<sql:update dataSource = " ${ds}" var = "updateCount">
    INSERT INTO tb_manager VALUES ('hr','1234')
</sql:update>
<sql:update dataSource = " ${ds}" var = "updateCount">
    INSERT INTO tb_manager VALUES ('md','123456')
</sql:update>
<h4>查询表的记录: SELECT </h4>
<sql:query dataSource = " ${ds}" var = "deejays">
    SELECT * FROM tb_manager
</sql:query>
<table border = "1">
  <%-- 获取查询结果的字段名作为 HTML 表头 -- %>
  <c:forEach var = "columnName" items = " ${deejays.columnNames}">
    <th><c:out value = " ${columnName}"/></th>
  </c:forEach>
  <%-- 显示每条记录 -- %>
  <c:forEach var = "row" items = " ${deejays.rowsByIndex}">
    <tr><c:forEach var = "column" items = " ${row}">
        <td><c:out value = " ${column}"/></td>
      </c:forEach></tr>
  </c:forEach>
</table>
</body>
</html>
```

运行界面,如图 9.17 所示。

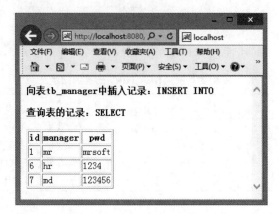

图 9.17　SQL 标签的使用

9.5.2　案例 12：JSTL 的函数标签

JSTL 的函数标签库提供了大量的标准函数方便用户使用,大部分都是字符串处理函数。这里介绍几种常用的函数标签,具体内容如下:

1. ＜fn：length＞标签

该标签主要用于获取字符串的长度,其语法格式为:

＄{fn:length(string|collection)}

其中,输入参数为字符串或集合对象,返回结果为整数; 如果参数为 null,返回结果为 0。

2. ＜fn：contains＞标签

该标签主要用于判断一个字符串是否包含另一个字符串,其语法格式为:

＄{fn:contains(string,substring)}

其中,string 参数表示原字符串,substring 参数表示被测字符串。如果包含,返回结果为 true,否则为 false。

3. ＜fn：substring＞标签

该标签用于返回指定字符串的一个子串,其语法格式为:

＄{fn:substring(string,starting_pos,ending_pos)}

其中,string 参数指定字符串,starting_pos 和 ending_pos 参数分别指定字符串的开始位置和结束位置,返回的子串就是指定字符串的开始位置到结束位置(不含结束位置)对应的字符子串。

4. ＜fn：replace＞标签

该标签用于将指定字符串中的某个子串替换为指定的替换串,并将替换后的结果字符串返回,其语法格式为:

＄{fn:replace(original_string,string_to_find,replacement_string)}

其中，original_string 参数指定初始的要处理的字符串，string_to_find 参数指定串中将要被替换的子串，replacement_string 参数指定用于替换的字符串。

5. ＜fn：split＞标签

该标签用于依据分割字符的集合，将指定字符串分割成一个子串的数组，其语法格式为：

```
${fn:split(string,token_string)}
```

其中，string 参数指定输入字符串，token_string 参数指定分割字符集合组成的字符串。

6. ＜fn：join＞标签

该标签用于连接字符串，其语法格式为：

```
${fn:join(array,separator)}
```

其中，array 属性指定输入的字符串数组，separator 属性指定分割字符串。

应用函数标签实例，代码如下：

```
<%@ page contentType = "text/html;charset = GBK" %>
<%@ taglib prefix = "c" uri = "http://java.sun.com/jsp/jstl/core" %>
<%@ taglib prefix = "fn" uri = "http://java.sun.com/jsp/jstl/functions" %>
<html>
<body>
<c:set var = "s1" value = "Hello Word!"/>
<table border = "1">
  <tr>
    <td> fn 函数</td>
    <td>结果</td>
  </tr>
  <tr>
    <td>\ ${fn:length(s1)}</td>
    <td>${fn:length(s1)}</td>
  </tr>
  <tr>
    <td>\ ${fn:contains(s1,"Word")}</td>
    <td>${fn:contains(s1,"Word")}</td>
  </tr>
  <tr>
    <td>\ ${fn:substring(s1,0,5)}</td>
    <td>${fn:substring(s1,0,5)}</td>
  </tr>
<tr>
    <td>\ ${fn:replace(s1,"Word","Shenyang")}</td>
    <td>${fn:replace(s1,"Word","Shenyang")}</td>
  </tr>
  <tr>
    <td>\ ${fn:join(fn:split(s1," "),"")}</td>
    <td>${fn:join(fn:split(s1," "),"")}</td>
  </tr>
</table>
</body>
</html>
```

运行界面,如图 9.18 所示。

图 9.18　函数标签的使用

9.6　自定义标签

由于在实际开发中,使用 JSTL 标准标签库并不能满足用户的所有要求,此时就需要我们自己来制定标签,即自定义标签。

自定义标签实际上是一个实现了特定接口的 Java 类,类定义了执行该标签操作的具体逻辑;然后再定义标签库描述文件,并把该文件导入到 Web 部署描述中,该文件定义了一组标签与标签类的对应关系;最后就可以在 JSP 页面中导入并使用自定义的标签了。在运行时,标签将被相应的代码所替换。

1. 自定义标签的使用格式

在使用自定义标签时,具体有如下 4 种格式。

1) 空标签

格式:

```
<前缀:标签名/>
```

例如:

```
< simple:greeting/>
```

2) 带有属性的标签

格式:

```
<前缀:标签名 属性 1 = "值 1" 属性 2 = "值 2" …/>
```

例如:

```
< simple:greetingAtt name = "< % = username % >"/>
```

3) 带有标签体的标签

格式:

<前缀:标签名>标签体<前缀:标签名/>

例如：

< simple:greetingBody >< % = hr % >:< % = min % >:< % = sec % ></simple:greetingBody >

4）既带有属性又有标签体的标签

格式：

<前缀:标签名 属性 1 = "值 1" 属性 2 = "值 2" …>
   标签体
<前缀:标签名 属性 1 = "值 1" 属性 2 = "值 2" … />

例如：

< simple:greetingAtt name = "< % = username % >">
现在时间是：
< % = hr % >:< % = min % >:< % = sec % >
</simple:greetingAtt >

2. 创建自定义标签

下面通过一个简单的实例说明创建自定义标签的基本步骤。

1）编写标签处理器类（编写 Java 类）

构造自定义标记的第一步就是编写标签处理器类。标签处理器是使用 Java 类来实现标签应提供的功能，具体编写时需要实现或继承如图 9.19 中所提供的相关接口或类。

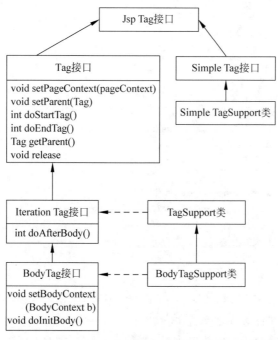

图 9.19　自定义标记相关接口或类

在 JSP 2.0 中，定义自定义标签时，只需要继承 SimpleTagSupport 类并覆盖 doTag()方法，这也是开发简单标签最常用的方式。这里就以这种方式编写一个简单标签，其功能是

在 JSP 页面中显示输出服务器的 IP 地址,代码如下:

```
package myTag;
import java.io.IOException;
import javax.servlet.http.HttpServletRequest;
import javax.servlet.jsp.JspException;
import javax.servlet.jsp.JspWriter;
import javax.servlet.jsp.PageContext;
import javax.servlet.jsp.tagext.SimpleTagSupport;
public class ViewIpTag extends SimpleTagSupport {
    public void doTag() throws JspException, IOException {
        PageContext pageContext = (PageContext) this.getJspContext();
        HttpServletRequest request = (HttpServletRequest) pageContext.getRequest();
        JspWriter out = getJspContext().getOut();          //获取 JspWriter 对象
        String ip = request.getRemoteAddr();
        try {
            out.print(ip);
        } catch (IOException e) {
            throw new RuntimeException(e);
        }
    }
}
```

2) 编辑标签库描述文件

在 WEB-INF/tlds 文件夹下,创建名称为 mytag.tld 文件,代码如下:

```
<?xml version = "1.0" encoding = "UTF-8" ?>
<taglib xmlns = "http://java.sun.com/xml/ns/j2ee"
        xmlns:xsi = "http://www.w3.org/2001/XMLSchema-instance"
        xsi:schemaLocation = "http://java.sun.com/xml/ns/j2ee/web-jsptaglibrary_2_0.xsd"
        version = "2.0">
    <description>自定义标记库-简单标记</description>
    <jsp-version>2.0</jsp-version>
    <tlib-version>1.0</tlib-version>
    <short-name>myTag</short-name>
    <uri>/myTag</uri>
    <tag>
        <name>ViewIp</name><!-- 标签名 -->
        <tag-class>myTag.ViewIpTag</tag-class>
        <body-content>empty</body-content>
<!-- 有无标签体(单标签还是成对标签) -->
    </tag>
</taglib>
```

其中,<description>用于定义标签库的文字说明,<jsp-version>和<tlib-version>分别定义要求的 JSP 版本和标签库的版本,<short-name>定义标签库的简短名称,<uri>定义一个 URI,只要保证该 URI 在标签库中是唯一的就可以,并不需要一定存在实际,<tag>标签体用于定义自定义标签的内容,包括用<name>定义标签名和用<tag-class>定义标签处理器的实际 Java 类名。

3）使用标签库

与使用 JSTL 标准标签一样，在 JSP 页面中使用自定义标签库时需要首先使用 taglib
指令来导入标签库，代码如下：

```
<%@ page contentType = "text/html;charset = GB2312" %>
<%@ taglib prefix = "myTag" uri = "WEB - INF/tlds/myTag.tld" %>
<html>
<body>
    服务器的 IP 地址为：<myTag:ViewIp/>
</body>
</html>
```

运行界面，如图 9.20 所示。

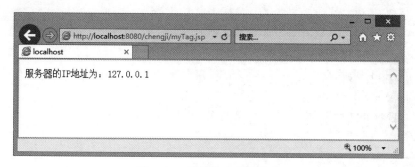

图 9.20　使用自定义标签库

9.7　小　　结

JSTL 标签在实际的开发过程中经常被使用，使用这些标签可以大大提高开发人员的
工作效率。通过本章的学习，应该掌握 JSTL 核心标签、格式标签、XML 标签、SQL 标签、
函数标签和自定义标签的功能及应用。

9.8　习　　题

1. JSTL 的核心标签包括哪些？

2. JSTL 的 SQL 标签包括哪些？

3. 编写用户注册页面，利用格式标签库设计页面，依据浏览器语言不同，提供中文和英
文界面，包括用户名、密码、性别、E-mail、地址等信息。

4. 在 MySQL 数据库服务器中创建 user 表，包括用户名、密码、性别、E-mail、地址等字
段，利用 SQL 标签库访问数据库 user 表，输出表中的全部记录。

5. 通过自定义标签，实现在 JSP 页面中显示当前日期和时间。

第 10 章　　Web 架构介绍

本章导读

开发 Web 应用时,一般有多个开发模式可以选择。

(1) 只用 Servlet 处理 http 请求。

(2) JSP Model1。

(3) JSP Model2。

(4) 根据 Model2 的架构,又有许多开源的 Web MVC 框架。

本章要点

- Jsp Model1
- Jsp Model2
- Struts 框架

10.1　JSP 开发模式介绍

10.1.1　Model1 简介

随着 Sun 公司推出的 Servlet 和 JSP 技术,为了更好地指导 Web 开发人员进行 Web 的开发,提出了两种架构模式,即 JSP Model1 和 JSP Model2。

JSP Model1 模式应用了 Web 开发中的两种技术:JSP 和 JavaBean 技术。其中 JSP 完成逻辑上的处理和显示,JavaBean 做辅助。

JSP 需要接受用户的请求,给用户响应数据,同时还完成流程的控制处理。而 JavaBean 做辅助,如把数据库查询出来的数据做保存,就可以通过这个 JavaBean 来取得相应数据了。架构图如图 10.1 所示。

由于 JSP Model1 的结构很简单,开发人员很容易上手,适合开发一些小型的 Web 应用。但有优点就有缺点。JSP Model1 把显示代码和逻辑处理代码都放在 JSP 页面当中,如果开发大型的 Web 应用,就显得力不从心了,想象一下,一个大型的 Web 应用里面有多少要显示的代码和多少处理逻辑的代码。这样一来既不便于开发人员的维护,也不便于美工人员的修改。基于这种情况,Sun 公司又推出了一种架构模式,即 JSP Model2 模式。

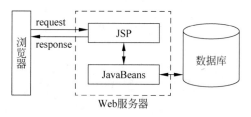

图 10.1　Model1 架构图

10.1.2　Model2(MVC 模式)简介

JSP Model2 模式里所有的页面都有一个共同的入口点,通常是用一个 Servlet 或者过滤器来充当控制器。控制器部分负责接收来自用户输入并控制模型和视图部分做出相应的变化;视图部分负责实现应用程序的信息显示功能;模型部分封装着应用程序的数据和业务逻辑。而在这样的应用程序里,每一个 HTTP 请求都必须定向到控制器,而潜在各个请求 URI 中的信息将告诉这个控制需要调用哪些动作。控制器检查每个 URI 以决定应该调用哪些动作。它还将动作对象保存在一个可以从视图访问的地方,这样服务器端的值就可以显示在浏览器上了。最后控制器使用 RequestDispatcher 对象把请求传递给视图(即相应的 JSP 页面),再由 JSP 页面里的定义标签把动作对象的内容显示出来。

从设计结构可以看出 JSP Model2 的优点。它们在设计上分工很明确,也就是做显示的是 JSP,做逻辑处理的是 JavaBean,做控制的是 Servlet。这样分工以后,对开发人员来说,就可以很好地做自己的开发工作了,而美工人员也不必了解和看懂业务逻辑处理代码,在很大程度上提高了开发效率。这个模型是 MVC 设计模式的另一个名字。架构图如图 10.2所示。

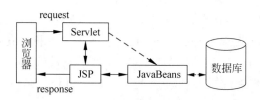

图 10.2　Model2 架构图

MVC 模式(Model-View-Controller)是软件工程的一种软件架构模式,把软件系统分为三个基本部分:模型(Model)、视图(View)和控制器(Controller)。MVC 模式的目的是实现一种动态的程序设计,使后续对程序的修改和扩展简化,并且使程序某一部分的重复利用成为可能。除此之外,此模式通过对复杂度的简化,使程序结构更加直观。软件系统通过对自身基本部分分离的同时也赋予了各个基本部分应有的功能:

- 控制器(Controller)——负责转发请求,对请求进行处理。
- 视图(View)——界面设计人员进行图形界面设计。
- 模型(Model)——程序员编写程序应有的功能(实现算法等)、数据库专家进行数据管理和数据库设计(可以实现具体的功能)。

模型视图控制器之间的关系如图 10.3 所示。

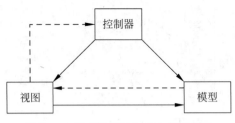

图 10.3　模型视图控制器之间的关系

1. 模型（Model）

"数据模型"用于封装与应用程序的业务逻辑相关的数据以及对数据的处理方法。"模型"有对数据直接访问的权利，例如对数据库的访问。"模型"不依赖"视图"和"控制器"，也就是说，模型不关心它会被如何显示或是如何被操作。但是模型中数据的变化一般会通过一种刷新机制被公布。

2. 视图（View）

视图层能够实现数据有目的的显示（理论上，这不是必需的）。在视图中一般没有程序上的逻辑。为了实现视图上的刷新功能，视图需要访问它监视的数据模型（Model）。

3. 控制器（Controller）

控制器起到不同层面间的组织作用，用于控制应用程序的流程。它处理事件并做出响应，包括用户的行为和数据模型上的改变。

在最初的 JSP 网页中，像数据库查询语句这样的数据层代码和像 HTML 这样的表示层代码混在一起。经验比较丰富的开发者会将数据从表示层分离开来，但这通常不是很容易做到的，它需要精心地计划和不断地尝试。MVC 从根本上强制性地将它们分开。尽管构造 MVC 应用程序需要一些额外的工作，但是它带给我们的好处是毋庸置疑的。

首先，多个视图能共享一个模型。如今，同一个 Web 应用程序会提供多种用户界面，例如用户希望既能够通过浏览器来收发电子邮件，又能通过手机来访问邮箱，这就要求 Web 网站同时能提供多种界面。在 MVC 设计模式中，模型响应用户请求并返回响应数据，视图负责格式化数据并把它们呈现给用户，业务逻辑和表示层分离，同一个模型可以被不同的视图重用，所以大大提高了代码的可重用性。

其次，控制器与模型和视图保持相对独立，所以可以方便地改变应用程序的数据层和业务规则。例如，把数据库从 MySQL 移植到 Oracle，或者改变数据源，只需变换模型即可。一旦正确地实现了控制器，不管数据来自数据库还是服务器，视图都会正确地显示它们。由于 MVC 模式的三个模块相互独立，改变其中一个不会影响其他两个，所以依据这种设计思想能构造良好的互相干扰少的构件。

此外，控制器提高了应用程序的灵活性和可配置性。控制器可以用来连接不同的模型和视图去完成用户的需求，也可以构造应用程序提供强有力的手段。给定一些可重用的模型和视图，控制器可以根据用户的需求选择适当的模型进行处理，然后选择适当的视图将处理结果显示给用户。

MVC 模式的缺点是由于它没有明确的定义，所以完全理解 MVC 模式并不是很容易。使用 MVC 模式时需要精心地计划，由于它的内部原理比较复杂，所以需要花费一些时间去思考。开发一个 MVC 模式架构的工程,将不得不花费相当可观的时间去考虑如何将 MVC 模式运用到应用程序中,同时由于模型和视图要严格的分离,这样也给调试应用程序带来了一定的困难。每个构件在使用之前都需要经过彻底的测试。另外由于 MVC 模式将一个应用程序分成了三个部件,所以这意味着同一个工程将包含比以前更多的文件。

过去 MVC 模式并不适合小型甚至中等规模的应用程序,这样会带来额外的工作量,增加应用的复杂性。但现在多数软件设计框架,能直接快速提供 MVC 框架,供中小型应用程序开发,此问题不再存在。对于开发存在大量用户界面,并且逻辑复杂的大型应用程序,MVC 将会使软件在健壮性、代码重用和结构方面上一个新的台阶。尽管在最初构建 MVC 模式框架时会花费一定的工作量,但从长远的角度来看,它会大大提高后期软件开发的效率。

在 J2EE 应用程序中,视图(View)可能由 JSP 承担。生成视图的代码则可能是一个 Servlet 的一部分,特别是在客户端服务端交互的时候。控制器可能是一个 Servlet,现在一般用 Struts2/Spring Framework 实现。模型则是由一个实体 Bean 来实现。

10.1.3 Struts 框架

Struts2 是一个 Web 应用框架,它是一个全新的框架。Struts2 是第二代基于 Model-View-Controller(MVC)模型的 Web 应用框架。Java 企业级 Web 应用的可扩展性的框架。它是 WebWork 和 Struts 社区合并后的产物。这一版本的 Struts2 声称,Struts2 会接近于原先版本 Struts,并且会更容易使用。

第一版本的 Struts 设计的目标就是使 MVC 模式应用于 Web 程序设计。在过去十年,第一版本的 Struts 在 Web 应用方面所做的工作是值得肯定的。在深入学习 MVC 运行模式并同时引入一些新的设计理念后,新的 Struts2 框架结构更清晰,使用更灵活方便。Struts2 提供了对 MVC 的一个清晰的实现,这一实现包含对请求进行处理的关键组件,如拦截器、OGNL 表达式语言、堆栈等。

Struts2 是 WebWork 的升级版,采用的是 WebWork 的核心,所以 Struts2 并不是一个不成熟的产品,相反,构建在 WebWork 基础之上的 Struts2 是一个运行稳定、性能优异、设计成熟的 Web 框架。Struts2 官方站点提供的 Struts2 的整体结构图如图 10.4 所示。

Struts2 的工作流程如下:

(1) 客户端发送请求。

(2) 请求先通过 ActionContextCleanUp→FilterDispatcher。

(3) FilterDispatcher 通过 ActionMapper 来决定这个请求需要调用哪个 Action。

(4) 如果 ActionMapper 决定调用某个 Action,FilterDispatcher 把请求的处理交给 ActionProxy,这儿已经转到它的 DelegateDispatcher 来执行。

(5) ActionProxy 根据 ActionMapping 和 ConfigurationManager 找到需要调用的 Action 类。

(6) ActionProxy 创建一个 ActionInvocation 的实例。

(7) ActionInvocation 调用真正的 Action,当然这涉及相关拦截器的调用。

(8) Action 执行完毕,ActionInvocation 创建 Result 并返回,当然,如果要在返回之前做些什么,可以实现 PreResultListener。添加 PreResultListener 可以在 Interceptor 中实现。

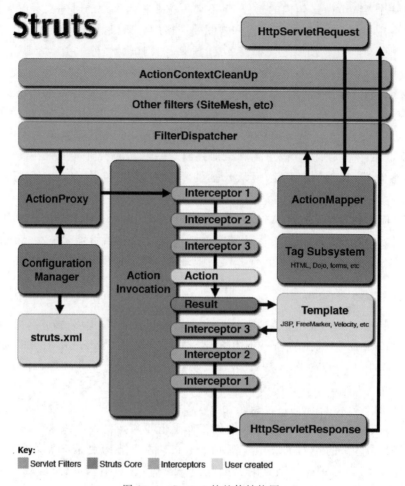

图 10.4　Struts2 的整体结构图

以上步骤具体阐述如下：

客户端发出一个（HttpServletRequest）请求，如在浏览器中输入：http：//localhost：
8080/TestMvc/add. action，就发出一个（HttpServletRequest）请求。

请求被提交到一系列（主要是三层）的过滤器（Filter），如 ActionContextCleanUp、其他过
滤器（SiteMesh 等）和 FilterDispatcher。注意这里是有顺序的，先 ActionContextCleanUp，再其
他过滤器（SiteMesh 等）、最后到 FilterDispatcher。

FilterDispatcher 是控制器的核心，就是 MVC 中的控制层的核心。FilterDispatcher 询
问 ActionMapper 是否需要调用某个 Action 来处理这个（request）请求，如果 ActionMapper
决定需要调用某个 Action，FilterDispatcher 把请求的处理交给 ActionProxy。

ActionProxy 通过 Configuration Manager（struts. xml）询问框架的配置文件，找到需要
调用的 Action 类。

ActionProxy 创建一个 ActionInvocation 的实例，同时 ActionInvocation 通过代理模式
调用 Action。但在调用之前 ActionInvocation 会根据配置加载 Action 相关的所有
Interceptor。ActionInvocation 是 Action 调度的核心。而对 Interceptor 的调度，也正是由

ActionInvocation 负责的。ActionInvocation 是一个接口,而 DefaultActionInvocation 则是对 ActionInvocation 的默认实现。

Interceptor 的调度流程大致如下:

(1) ActionInvocation 初始化时,根据配置,加载 Action 相关的所有 Interceptor。

(2) 通过 ActionInvocation. invoke 方法调用 Action 实现时,执行 Interceptor。

Interceptor 将很多功能从 Action 中独立出来,大量减少了 Action 的代码,独立出来的行为具有很好的重用性,可以在配置文件中组装 Action 用到的 Interceptor,它会按照指定的顺序,在 Action 执行前后运行。

一旦 Action 执行完毕,ActionInvocation 负责根据 struts. xml 中的配置找到对应的返回结果。

10.2 案例: Model1 和 Model2 示例程序

(1) 创建 Web 项目,导入 Struts2 核心库,如图 10.5 所示。

(2) 在 Web. xml 中声明 Struts2 提供的过滤器,将类 StrutsPrepareAndExecuteFilter 在 Web. xml 中进行配置,类的完整路径为 org. apache. struts2. dispatcher. ng. filter. Struts PrepareAndExecuteFilter。主要代码如下:

```
<?xml version = "1.0" encoding = "UTF - 8"?>
< web – app xmlns:xsi = http://www.w3.org/2001/XMLSchema -
instance
 xmlns = "http://java.sun.com/xml/ns/javaee"
xsi:schemaLocation = "http://java.sun.com/xml/ns/javaee
http://java.sun.com/xml/ns/javaee/web – app_3_0.xsd" id = "WebApp_ID" version = "3.0">
  < display – name > MyFisrtStruts </display – name >
  < filter >
    < filter – name > struts2 </filter – name >
    < filter – class > org. apache. struts2. dispatcher. ng. filter. StrutsPrepareAndExecuteFilter
</filter – class >
  </filter >
  < filter – mapping >
    < filter – name > struts2 </filter – name >
    < url – pattern >/ * </url – pattern >
  </filter – mapping >
</web – app >
```

(3) 创建 struts. xml 配置文件,定义 Struts2 中的 Action 对象,主要代码如下:

```
<?xml version = "1.0" encoding = "UTF – 8"?>
<!DOCTYPE struts PUBLIC
  " – //Apache Software Foundation//DTD Struts Configuration 2.3//EN"
  "http://struts.apache.org/dtds/struts – 2.3.dtd">
< struts >
  < package name = "myPackage" extends = "struts – default">
    < action name = "first" class = "com. changesoft. demo. controller. TestAction">
```

图 10.5 导入 Struts2 核心库

```
                    < result name = "tofirst"/>/first. jsp </result >
                </action >
            </package >
        </struts >
```

（4）创建 index. jsp，主要代码如下：

```
< body >
    keep improving!!!
    < a href = "first. action"> request struts2 </a>
</body >
```

（5）创建 first. jsp，主要代码如下：

```
< body >
    keep improving!!!
</body >
```

（6）运行。运行程序主要界面如图 10.6 所示。

在图 10.6 中单击超链接 request struts2，页面跳转至 first. jsp，运行界面如图 10.7 所示。

图 10.6　测试界面 index. jsp　　　　　图 10.7　测试界面 first. jsp

备注：

步骤（3）和步骤（4）中的 action name 要一致，否则会出现错误，如图 10.8 所示。

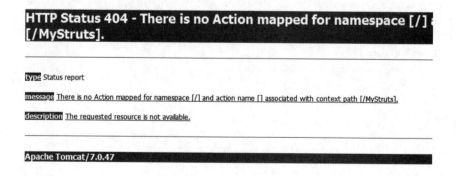

图 10.8　出错界面

基本简要流程如下：

（1）客户端浏览器发出 HTTP 请求。

（2）根据 web. xml 配置，该请求被 FilterDispatcher 接收。

（3）根据 struts.xml 配置，找到需要调用的 Action 类和方法，并通过 IoC 方式，将值注入给 Aciton。

（4）Action 调用业务逻辑组件处理业务逻辑，这一步包含表单验证。

（5）Action 执行完毕，根据 struts.xml 中的配置找到对应的返回结果 result，并跳转到相应页面。

（6）返回 HTTP 响应到客户端浏览器。

10.3　小　　结

设计模式（Design Pattern）是对面向对象设计中反复出现的问题的解决方案，是一套被反复使用、被多数人知晓的、经过分类编目的、代码设计经验的总结。使用设计模式是为了可重用代码、让代码更容易被他人理解、保证代码可靠性。算法不是设计模式，因为算法致力于解决问题而非设计问题。设计模式通常描述了一组相互紧密作用的类与对象。设计模式提供一种讨论软件设计的公共语言，使得熟练设计者的设计经验可以被初学者和其他设计者掌握。设计模式还为软件重构提供了目标。

为什么要提倡设计模式呢？根本原因是为了代码复用，增加可维护性。那么怎么才能实现代码复用呢？有几个原则："开闭"原则（Open Closed Principal）、里氏代换原则、合成复用原则等。设计模式就是实现了这些原则，从而达到了代码复用、增加可维护性的目的。设计模式使人们可以更加简单方便地复用成功的设计和体系结构。将已证实的技术表述成设计模式也会使新系统开发者更加容易理解设计思路，避免会引起麻烦的紧耦合，以增强软件设计面对并适应变化的能力。

并非所有的软件模式都是设计模式，设计模式特指软件"设计"层次上的问题。还有其他非设计模式的模式，如架构模式。MVC 模式（Model-View-Controller）是软件工程中的一种软件架构模式，把软件系统分为三个基本部分：模型（Model）、视图（View）和控制器（Controller）。MVC 模式的目的是实现一种动态的程序设计，使后续对程序的修改和扩展简化，并且使程序某一部分的重复利用成为可能。除此之外，此模式通过对复杂度的简化，使程序结构更加直观。软件系统通过对自身基本部分分离的同时也赋予了各个基本部分应有的功能。

10.4　习　　题

1. 阐述 JSP Model1 和 JSP Model2 的区别和联系。

2. 说明 MVC 模式各个部分的作用及使用的技术。

3. 简述 Struts2 的工作流程？

4. Struts2 的核心控制器是 Servlet 还是 Filter？

5. Struts2 实现了 MVC 模式中的哪些部分，是模型、视图和控制器还是视图和控制器？

6. 使用 Struts2＋JDBC 或 Struts2＋数据库连接池实现系统的登录注册和用户管理模块，用户管理包括对数据库用户信息表数据的增、删、改、查。

第 11 章　个人信息管理系统项目实训

 **本章导读**

　　本章综合运用前面章节的相关概念与原理,设计和开发一个基于 MVC 模式的个人信息管理系统(Personal Information Management System,PIMS)。通过本实训项目的训练可以进一步提高项目实践开发能力。

 **本章要点**

- 项目需求
- 项目分析
- 项目设计
- 项目实现

11.1　个人信息管理系统项目需求说明

　　在日常办公中有很多常用的个人数据,如朋友电话、邮件地址、日程安排、日常记事、等都可以使用个人信息管理系统进行管理。个人信息管理系统也可以内置于握在手掌上的数字助力器中,以提供电子名片、便条、行程管理等功能。本实训项目基于 B/S 设计,也可以发布到网上,用户可以随时存取个人信息。

　　用户可以在系统中任意添加、修改、删除个人数据,包括个人的基本信息、个人通讯录、日程安排等。本系统要实现的功能包括 4 个方面。

1. 登录和注册

系统的登录和注册功能。

2. 个人信息管理模块

系统中对个人信息的管理包括个人的姓名、性别、出生日期、民族、学历、职称、登录名、密码、电话、家庭住址等。

3. 通讯录管理模块

系统的个人通讯录保存了个人的通讯录信息,包括自己联系人的姓名、电话、邮箱、工作单位、地址、QQ 等。可以自由添加联系人的信息查询或删除联系人。

4. 日程安排管理模块

日程模块记录自己的活动安排或者其他有关事项，如添加从某一时间到另一时间要做什么事，日程标题、日程内容、开始时间、结束时间。可以自由查询、修改、删除日程安排。

11.2　个人信息管理系统项目系统分析

系统功能描述如下所示。

1. 用户登录与注册

个人通过用户名和密码登录系统；注册时需提供自己的个人信息。

2. 查看个人信息

主页面显示个人的基本信息：登录名字、用户密码、用户姓名、用户性别、出身日期、用户民族、用户学历、用户类型、用户电话、家庭住址、邮箱地址等。

3. 修改个人信息

用户可以修改自己的基本信息。如果修改了登录名，下次登录时应使用新的登录名。

4. 修改登录密码

用户可以修改登录密码。

5. 查看通讯录

用户可以浏览通讯录列表，按照姓名检索等。

6. 维护通讯录

用户可以增加、修改、删除联系人。

7. 查看日程安排

用户可以查看日程安排列表，可以查看某一日程的时间和内容等。

8. 维护日程

一个新的日程安排包括日程标题、内容。用户可以对日程执行添加、修改、删除等操作。

系统模块结构如图 11.1 所示。

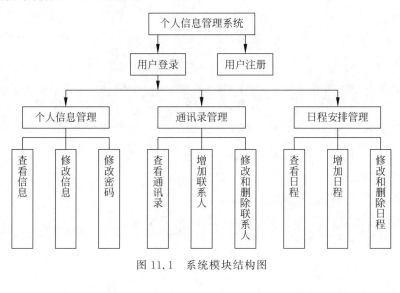

图 11.1　系统模块结构图

259

第11章

个人信息管理系统项目实训

11.3　个人信息管理系统项目数据库设计

如果已经学过相应的 DBMS，请按照数据库优化的思想设计相应的数据库。本系统提供的数据库设计仅供参考，读者可根据自己所学知识选择相应 DBMS 对数据库进行设计和优化。本系统需要在数据库中建立如下表，用于存放相关信息。

用户表（user）用于管理 login.jsp 页面中用户登录的信息以及用户注册（register.jsp）的信息。具体表设计如表 11.1 所示。

表 11.1　用户表（user）

列名	数据类型	长度	默认	主键？	非空？	Unsigned	自增？	Zerofill？	注释
id	int	11		☑	☑	☐	☑	☐	
username	varchar	30		☐	☐	☐	☐	☐	登录名字
password	varchar	30		☐	☐	☐	☐	☐	用户密码
name	varchar	30		☐	☐	☐	☐	☐	用户姓名
sex	varchar	2		☐	☐	☐	☐	☐	用户性别
birth	varchar	30		☐	☐	☐	☐	☐	出生日期
nation	varchar	10		☐	☐	☐	☐	☐	用户民族
edu	varchar	10		☐	☐	☐	☐	☐	用户学历
work	varchar	30		☐	☐	☐	☐	☐	用户类型
phone	varchar	10		☐	☐	☐	☐	☐	用户电话
place	varchar	30		☐	☐	☐	☐	☐	家庭住址
email	varchar	30		☐	☐	☐	☐	☐	邮箱地址

通讯录管理表（friends）用于管理通讯表，即管理联系人（好友）。具体表设计如表 11.2 所示。

表 11.2　添加联系人表（friends）

列名	数据类型	长度	默认	主键？	非空？	Unsigned	自增？	Zerofill？	注释
id	int	11		☑	☑	☐	☑	☐	
username	varchar	30		☐	☐	☐	☐	☐	用户登录名
name	varchar	30		☐	☐	☐	☐	☐	好友名称
phone	varchar	10		☐	☐	☐	☐	☐	好友电话
email	varchar	30		☐	☐	☐	☐	☐	好友邮箱
workplace	varchar	30		☐	☐	☐	☐	☐	好友工作单位
place	varchar	30		☐	☐	☐	☐	☐	好友住址
QQ	varchar	10		☐	☐	☐	☐	☐	好友QQ号

备注：表 friends 中的用户登录名字段 userName 用于关联用户的好友信息列表。

日程安排管理表（date）用于管理用户的日程安排。具体表设计如表 11.3 所示。

表 11.3　日程安排管理表（date）

列名	数据类型	长度	默认	主键？	非空？	Unsigned	自增？	Zerofill？	注释
id	int	11		☑	☑	☐	☑	☐	
username	varchar	30		☐	☐	☐	☐	☐	用户登录名
date	varchar	30		☐	☐	☐	☐	☐	日程时间
thing	varchar	255		☐	☐	☐	☐	☐	日程内容

备注：表 date 中的用户登录名字段 userName 用于关联用户的日程信息。

本项目使用 MySQL 数据库系统，项目数据库名为 person，数据库中的表包括上述的 user、friends 和 date，如图 11.2 所示。

```
⊟ 📦 person
  ⊟ 📚 表
    ⊞ 📊 date
    ⊞ 📊 friends
    ⊞ 📊 user
  ⊞ 📚 视图
  ⊞ 📚 存储过程
  ⊞ 📚 函数
  ⊞ 📚 触发器
  ⊞ 📚 事件
```

图 11.2　项目中用到的数据库和表

11.4　个人信息管理系统项目代码实现

本实训项目是基于 MVC 模式开发的个人信息管理系统（Personal Information Management System，PIMS），项目命名为 PIMS。

11.4.1　项目文件结构

项目的页面文件结构如图 11.3 所示。项目的源包文件结构如图 11.4 所示。

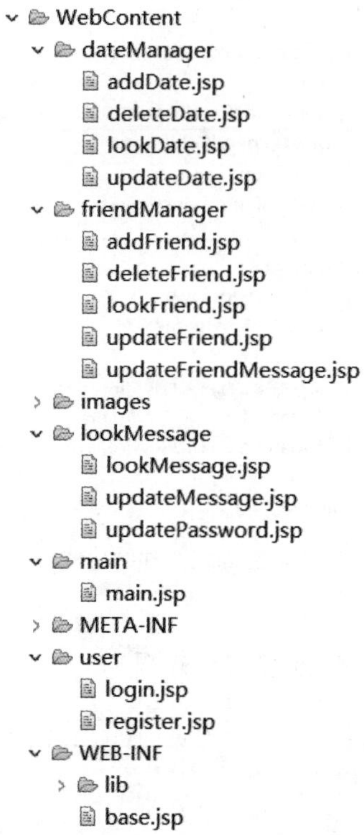

```
∨ 📂 WebContent
    ∨ 📂 dateManager
        📄 addDate.jsp
        📄 deleteDate.jsp
        📄 lookDate.jsp
        📄 updateDate.jsp
    ∨ 📂 friendManager
        📄 addFriend.jsp
        📄 deleteFriend.jsp
        📄 lookFriend.jsp
        📄 updateFriend.jsp
        📄 updateFriendMessage.jsp
    > 📂 images
    ∨ 📂 lookMessage
        📄 lookMessage.jsp
        📄 updateMessage.jsp
        📄 updatePassword.jsp
    ∨ 📂 main
        📄 main.jsp
    > 📂 META-INF
    ∨ 📂 user
        📄 login.jsp
        📄 register.jsp
    ∨ 📂 WEB-INF
        > 📂 lib
        📄 base.jsp
```

图 11.3　项目的页面文件结构图

图 11.3 中登录页面（login.jsp）在 user 文件夹下，注册页面（register.jsp）在 user 文件夹中，登录和注册页面对应的 Servlet 和 JavaBean 分别在图 11.4 所示的 loginRegister 包中和 bean 包中。本程序将操作数据库的工具类封装到了 JDBCUtil 类中。

如图 11.3 所示文件结构中，dateManager 文件夹中的页面是日程安排管理功能相关的页面，其对应的 Servlet 文件和 JavaBean 分别在如图 11.4 所示的 date 包和 bean 包中。friendManager 文件夹中的页面是通讯录管理功能相关的页面，其对应的 Servlet 文件和 JavaBean 分别在 friend 包和 bean 包中。images 文件夹中保存项目中用到的图片。lookMessage 文件夹中的页面是个人信息管理功能相关的页面，其对应的 Servlet 文件和 JavaBean 分别在 message 包和 bean 包中。main 文件夹中存放主页面的相关文件。

```
∨ 📦 PIMS
    > 🗋 Deployment Descriptor: PIMS
    > 🔊 JAX-WS Web Services
    ∨ 📦 Java Resources
        ∨ 🗁 src
            ∨ ⊞ bean
                > 🗋 Date.java
                > 🗋 Friends.java
                > 🗋 User.java
            ∨ ⊞ servlet
                ∨ ⊞ date
                    > 🗋 AddDateServlet.java
                    > 🗋 DeleteDateServlet.java
                    > 🗋 LookDateServlet.java
                    > 🗋 UpdateDateServlet.java
                ∨ ⊞ friend
                    > 🗋 AddFriendServlet.java
                    > 🗋 DeleteFriendServlet.java
                    > 🗋 LookFriendServlet.java
                    > 🗋 UpdateFriendMessageServlet.java
                    > 🗋 UpdateFriendServlet.java
                ∨ ⊞ loginRegister
                    > 🗋 LoginServlet.java
                    > 🗋 RegisterServlet.java
                ∨ ⊞ message
                    > 🗋 LookMessageServlet.java
                    > 🗋 UpdateMessageServlet.java
                    > 🗋 UpdatePasswordServlet.java
            ∨ ⊞ util
                > 🗋 JDBCUtil.java
```

图 11.4　项目的源包文件结构图

11.4.2　案例 1：登录和注册功能的实现

本系统在 WEB-INF 文件夹下提供了一个基础页面(base.jsp)，为其他页面的功能服务。
基础页面(base.jsp)的代码如下所示。

```
< % @taglib uri = "http://java.sun.com/jsp/jstl/core" prefix = "c" % >
< % @taglib uri = "http://java.sun.com/jsp/jstl/fmt" prefix = "fmt" % >
< base href = " $ {pageContext.request.scheme}://$ {pageContext.request.serverName}:
 $ {pageContext.request.serverPort} $ {pageContext.request.contextPath}/">
```

本系统提供登录页面，如用户没有注册，需先注册后登录。登录页面如图 11.5 所示。
登录页面(login.jsp)的代码如下所示。

```
< % @ page language = "java" contentType = "text/html; charset = UTF - 8" pageEncoding = "UTF -
8" % >
<!DOCTYPE html PUBLIC " - //W3C//DTD HTML 4.01 Transitional//EN" "http://www.w3.org/TR/html4/
loose.dtd">
< html >
< head >
< meta http - equiv = "Content - Type" content = "text/html; charset = UTF - 8">
< % @ include file = "/WEB - INF/base.jsp" % >
< title >登录界面</title>
</head >
```

```
< body style = "background - image: url('images/login.jpg');" >
    < br >< br >< br >< br >< br >
    < br >< br >< br >< br >< br >
    < center >
        < h1 >欢迎登录个人信息管理系统</h1 >
        < form action = "login.do" method = "post">
            < table >
                < tr >
                    < td >
                        < table style = "border: 1px solid;background - color: ♯dddddd;
width: 400px;height: 220px;">
                            < tr style = "height: 130px;">
                                < td align = "center">
                                    < c:if test = " $ {not empty loginMsg }">
                            < span style = "color: red;"> $ {loginMsg }</span >< br >
                                        < c:remove var = "loginMsg"/>
                                    </c:if >
                        账号 < input type = "text" name = "username">< br >< br >
                        密码 < input type = "password" name = "password">< br >< br >
                        < input type = "submit" value = "登录">    
                        < input type = "reset" value = "重置">
                                </td >   </tr >
                            < tr style = "height: 30px;">
                                < td bgcolor = "♯95BDFF">
    < P style = "text - align: center">< a href = "user/register.jsp">注册</a></P >
                                </td >
                        </tr >   </table >
                    </td >     </tr >     </table >
        </form > </center >
</body >
</html >
```

用户需先成功注册方可登录,单击如图 11.5 所示页面中的"注册"按钮,出现如图 11.6 所示的注册页面。

图 11.5　系统登录页面

个人信息管理系统项目实训

图 11.6　系统注册页面

注册页面(register.jsp)的代码如下所示。

```jsp
<%@ page language = "java" contentType = "text/html; charset = UTF - 8"
pageEncoding = "UTF - 8" %>
<!DOCTYPE html PUBLIC " - //W3C//DTD HTML 4.01 Transitional//EN"
"http://www.w3.org/TR/html4/loose.dtd">
<html>
<head>
<meta http - equiv = "Content - Type" content = "text/html; charset = UTF - 8">
<%@ include file = "/WEB - INF/base.jsp" %>
<title>注册页面</title>
</head>
<body style = "background - image: url('images/login.jpg');">
    <br><br><br><br><br>
    <br><br><br>
    <table style = "margin:0 auto">
        <tr>
            <td colspan = "3">
                <h3 style = "color: yellow">请填写以下信息完成注册</h3>
            </td>
        </tr>
        <tr>
            <td>
                <form action = "register.do" method = "post">
                    <table style = "border:2px solid ;background - color:AAABBB;">
                        <tr>
                            <c:if test = " $ {not empty registerMsg }">
<span style = "color: red;"> $ {registerMsg }</span><br>
<c:remove var = "registerMsg"/>
                            </c:if>
```

```html
            <td>用户账号</td>
            <td><input type = "text" name = "username"></td>
        </tr>
        <tr>
            <td>用户密码</td>
            <td><input type = "password" name = "password" ></td>
        </tr>
        <tr>
            <td>确认密码</td>
            <td><input type = "password" name = "password1" ></td>
        </tr>
        <tr>
            <td>用户姓名</td>
            <td><input type = "text" name = "name" ></td>
        </tr>
        <tr>
            <td>用户性别</td>
            <td>
                <input type = "radio" name = "sex" value = "男" checked>男
                <input type = "radio" name = "sex" value = "女" >女
            </td>
        </tr>
        <tr>
            <td>出生日期</td>
            <td>
                <select name = "year">
                    <option value = "1980"> 1980 </option>
                    <option value = "1981"> 1981 </option>
                    <option value = "1982"> 1982 </option>
                    <option value = "1983"> 1983 </option>
                    <option value = "1984"> 1984 </option>
                    <option value = "1985"> 1985 </option>
                    <option value = "1986"> 1986 </option>
                    <option value = "1987"> 1987 </option>
                    <option value = "1988"> 1988 </option>
                    <option value = "1989"> 1989 </option>
                    <option value = "1990"> 1990 </option>
                    <option value = "1991"> 1991 </option>
                    <option value = "1992"> 1992 </option>
                    <option value = "1993"> 1993 </option>
                    <option value = "1994"> 1994 </option>
                    <option value = "1995"> 1995 </option>
                    <option value = "1996"> 1996 </option>
                    <option value = "1997"> 1997 </option>
                    <option value = "1998"> 1998 </option>
                    <option value = "1999"> 1999 </option>
                    <option value = "2000"> 2000 </option>
                </select>年
                <select name = "month">
                    <option value = "01"> 01 </option>
                    <option value = "02"> 02 </option>
```

```
                          < option value = "03"> 03 </option >
                          < option value = "04"> 04 </option >
                          < option value = "05"> 05 </option >
                          < option value = "06"> 06 </option >
                          < option value = "07"> 07 </option >
                          < option value = "08"> 08 </option >
                          < option value = "09"> 09 </option >
                          < option value = "10"> 10 </option >
                          < option value = "11"> 11 </option >
                          < option value = "12"> 12 </option >
                    </select >月
                    < select name = "day">
                          < option value = "01"> 01 </option >
                          < option value = "02"> 02 </option >
                          < option value = "03"> 03 </option >
                          < option value = "04"> 04 </option >
                          < option value = "05"> 05 </option >
                          < option value = "06"> 06 </option >
                          < option value = "07"> 07 </option >
                          < option value = "08"> 08 </option >
                          < option value = "09"> 09 </option >
                          < option value = "10"> 10 </option >
                          < option value = "11"> 11 </option >
                          < option value = "12"> 12 </option >
                          < option value = "13"> 13 </option >
                          < option value = "14"> 14 </option >
                          < option value = "15"> 15 </option >
                          < option value = "16"> 16 </option >
                          < option value = "17"> 17 </option >
                          < option value = "18"> 18 </option >
                          < option value = "19"> 19 </option >
                          < option value = "20"> 20 </option >
                          < option value = "21"> 21 </option >
                          < option value = "22"> 22 </option >
                          < option value = "23"> 23 </option >
                          < option value = "24"> 24 </option >
                          < option value = "25"> 25 </option >
                          < option value = "26"> 26 </option >
                          < option value = "27"> 27 </option >
                          < option value = "28"> 28 </option >
                          < option value = "29"> 29 </option >
                          < option value = "30"> 30 </option >
                          < option value = "31"> 31 </option >
                    </select >日
              </td >
        </tr >
        < tr >
              < td >用户民族</td >
              < td >
< input type = "radio" name = "nation" value = "汉族" checked>汉族
        < input type = "radio" name = "nation" value = "满族" >满族
```

```html
                <input type = "radio" name = "nation" value = "回族">回族
                <input type = "radio" name = "nation" value = "壮族">壮族
                <input type = "radio" name = "nation" value = "其他">其他
            </td>
    </tr>
    <tr>
            <td>用户学历</td>
            <td>
                <select name = "edu">
                    <option value = "博士">博士</option>
                    <option value = "硕士">硕士</option>
                    <option value = "本科">本科</option>
                    <option value = "专科">专科</option>
                    <option value = "高中">高中</option>
                    <option value = "初中">初中</option>
                    <option value = "小学">小学</option>
                    <option value = "其他">其他</option>
                </select>
            </td>
    </tr>
    <tr>
            <td>用户职业</td>
            <td>
                <select name = "work">
                    <option value = "学生">学生</option>
                    <option value = "教师">教师</option>
                    <option value = "公务员">公务员</option>
                    <option value = "医生">医生</option>
                    <option value = "其他">其他</option>
                </select>
            </td>
    </tr>
    <tr>
            <td>用户电话</td>
            <td>
                <input type = "text" name = "phone">
            </td>
    </tr>
    <tr>
            <td>家庭住址</td>
            <td>
                <select name = "place">
                    <option value = "北京">北京</option>
                    <option value = "上海">上海</option>
                    <option value = "天津">天津</option>
                    <option value = "河北">河北</option>
                    <option value = "河南">河南</option>
                    <option value = "吉林">吉林</option>
                    <option value = "黑龙江">黑龙江</option>
                    <option value = "内蒙古">内蒙古</option>
                    <option value = "山东">山东</option>
```

个人信息管理系统项目实训

```
                                        < option value = "山西">山西</option >
                                        < option value = "陕西">陕西</option >
                                        < option value = "甘肃">甘肃</option >
                                        < option value = "宁夏">宁夏</option >
                                        < option value = "青海">青海</option >
                                        < option value = "新疆">新疆</option >
                                        < option value = "辽宁">辽宁</option >
                                        < option value = "江苏">江苏</option >
                                        < option value = "浙江">浙江</option >
                                        < option value = "安徽">安徽</option >
                                        < option value = "广东">广东</option >
                                        < option value = "海南">海南</option >
                                        < option value = "广西">广西</option >
                                        < option value = "云南">云南</option >
                                        < option value = "贵州">贵州</option >
                                        < option value = "四川">四川</option >
                                        < option value = "重庆">重庆</option >
                                        < option value = "西藏">西藏</option >
                                        < option value = "香港">香港</option >
                                        < option value = "澳门">澳门</option >
                                        < option value = "福建">福建</option >
                                        < option value = "江西">江西</option >
                                        < option value = "湖南">湖南</option >
                                        < option value = "青海">青海</option >
                                        < option value = "湖北">湖北</option >
                                        < option value = "台湾">台湾</option >
                                        < option value = "其他">其他</option >
                                </select >省(直辖市)
                            </td >
                        </tr >
                        < tr >
                            < td >邮箱地址</td >
                            < td >< input type = "text" name = "email"></td >
                        </tr >
                        < tr >
                            < td colspan = "2" align = "center">
                                < input type = "submit" value = "注册">   
   
                                < input type = "reset" value = "重置">
                            </td >
                        </tr >
                    </table >
                </form >
            </td >
        </tr >
    </table >
</body >
</html >
```

MySQL 数据库的连接池工具类的代码如下所示。

```java
package util;

import java.sql. * ;

public final class JDBCUtil {
    private static String driver = "com.mysql.jdbc.Driver";
    private static String url = "jdbc:mysql://localhost:3306/person?characterEncoding = UTF - 8";
    private static String user = "root";
    private static String password = "123";

    private JDBCUtil(){}

    static {
        try {
            Class.forName(driver);
        } catch (ClassNotFoundException e) {
            throw new ExceptionInInitializerError(e);
        }

    }

    public static Connection getConnection() throws SQLException{
        return DriverManager.getConnection(url, user, password);
    }

    public static void closeResource(Connection conn, Statement st, ResultSet rs) {
        closeResultSet(rs);
        closeStatement(st);
        closeConnection(conn);
    }

    public static void closeConnection(Connection conn) {
        if(conn != null) {
            try {
                conn.close();
            } catch (SQLException e) {
                e.printStackTrace();
            }
        }
        conn = null;
    }

    public static void closeStatement(Statement st) {
        if(st != null) {
            try {
                st.close();
            } catch (SQLException e) {
                e.printStackTrace();
            }
        }
        st = null;
```

```
        }

    public static void closeResultSet(ResultSet rs) {
        if(rs != null) {
            try {
                rs.close();
            } catch (SQLException e) {
                e.printStackTrace();
            }
        }
        rs = null;
    }
}
```

Servlet 使用注解方式进行配置，用@WebServlet 注解来实现 servlet 和 url 的映射。

登录页面对应的控制器类是 LoginServlet(Servlet 文件)，注册页面对应的控制器类是 RegisterServlet(Servlet 文件)。

LoginServlet.java 的代码如下所示。

```
package servlet.loginRegister;

import java.io.IOException;
import java.sql.*;
import javax.servlet.ServletException;
import javax.servlet.annotation.WebServlet;
import javax.servlet.http.*;
import util.JDBCUtil;

@WebServlet("/login.do")
public class LoginServlet extends HttpServlet {
    private static final long serialVersionUID = 1L;

    protected void doGet(HttpServletRequest request, HttpServletResponse response) throws
ServletException, IOException {
        request.setCharacterEncoding("UTF-8");
        response.setContentType("text/html;charset=UTF-8");
        String username = new String(request.getParameter("username"));
        String password = new String(request.getParameter("password"));
        HttpSession session = request.getSession();
        String loginMsg = null;
        if(username.equals("")){
            loginMsg = "登录失败,用户名不能为空!";
            session.setAttribute("loginMsg", loginMsg);
            response.sendRedirect("user/login.jsp");
        }else if(password.equals("")){
            loginMsg = "登录失败,用户密码不能为空!";
            session.setAttribute("loginMsg", loginMsg);
            response.sendRedirect("user/login.jsp");
        }else{
            try {
```

```
                Connection conn = JDBCUtil.getConnection();
                Statement st = null;
                ResultSet rs = null;
                st = conn.createStatement();
                String sql = "select * from user where username = '" + username + "'and
password = '" + password + "'";
                rs = st.executeQuery(sql);
                if (rs.next()) {
                    session.setAttribute("username", username);
                    response.sendRedirect("main/main.jsp");
                }else {
                    loginMsg = "登录失败,用户名或密码错误!";
                    session.setAttribute("loginMsg", loginMsg);
                    response.sendRedirect("user/login.jsp");
                }
                JDBCUtil.closeResource(conn, st, rs);
            } catch (Exception e) {
                e.printStackTrace();
            }
        }
    }

    protected void doPost(HttpServletRequest request, HttpServletResponse response) throws
ServletException, IOException {
        doGet(request, response);
    }

}
```

LoginServlet.java 中使用一个 JavaBean 存储数据,该 JavaBean 类是 User。
User.java 的代码如下所示。

```
package bean;

import java.io.Serializable;

public class User implements Serializable{
    private static final long serialVersionUID = 1L;
    private int id;
    private String username;
    private String password;
    private String name;
    private String sex;
    private String birth;
    private String nation;
    private String edu;
    private String work;
    private String phone;
    private String place;
    private String email;
    public User() {
```

个人信息管理系统项目实训

```
            super();
        }
    public User(String name, String sex, String birth, String nation, String edu, String work,
String phone,
            String place, String email) {
        super();
        this.name = name;
        this.sex = sex;
        this.birth = birth;
        this.nation = nation;
        this.edu = edu;
        this.work = work;
        this.phone = phone;
        this.place = place;
        this.email = email;
    }
    public User(int id, String username, String password, String name, String sex, String
birth, String nation,
            String edu, String work, String phone, String place, String email) {
        super();
        this.id = id;
        this.username = username;
        this.password = password;
        this.name = name;
        this.sex = sex;
        this.birth = birth;
        this.nation = nation;
        this.edu = edu;
        this.work = work;
        this.phone = phone;
        this.place = place;
        this.email = email;
    }
    public int getId() {
        return id;
    }
    public void setId(int id) {
        this.id = id;
    }
    public String getUsername() {
        return username;
    }
    public void setUsername(String username) {
        this.username = username;
    }
    public String getPassword() {
        return password;
    }
    public void setPassword(String password) {
        this.password = password;
    }
```

```java
public String getName() {
    return name;
}
public void setName(String name) {
    this.name = name;
}
public String getSex() {
    return sex;
}
public void setSex(String sex) {
    this.sex = sex;
}
public String getBirth() {
    return birth;
}
public void setBirth(String birth) {
    this.birth = birth;
}
public String getNation() {
    return nation;
}
public void setNation(String nation) {
    this.nation = nation;
}
public String getEdu() {
    return edu;
}
public void setEdu(String edu) {
    this.edu = edu;
}
public String getWork() {
    return work;
}
public void setWork(String work) {
    this.work = work;
}
public String getPhone() {
    return phone;
}
public void setPhone(String phone) {
    this.phone = phone;
}
public String getPlace() {
    return place;
}
public void setPlace(String place) {
    this.place = place;
}
public String getEmail() {
    return email;
}
```

个人信息管理系统项目实训

```
        public void setEmail(String email) {
            this.email = email;
        }

    }
```

RegisterServlet.java 的代码如下所示。

```
package servlet.loginRegister;

import java.io.IOException;
import javax.servlet.ServletException;
import javax.servlet.annotation.WebServlet;
import javax.servlet.http.*;
import util.JDBCUtil;
import java.sql.*;

@WebServlet("/register.do")
public class RegisterServlet extends HttpServlet {
    private static final long serialVersionUID = 1L;

    protected void doGet(HttpServletRequest request, HttpServletResponse response) throws
ServletException, IOException {
        request.setCharacterEncoding("UTF-8");
        response.setContentType("text/html;charset=UTF-8");
        String username = new String(request.getParameter("username"));
        String password = new String(request.getParameter("password"));
        String password1 = new String(request.getParameter("password1"));
        String name = new String(request.getParameter("name"));
        String sex = new String(request.getParameter("sex"));
        String birth = new String(request.getParameter("year") + "-" +
            request.getParameter("month") + "-" + request.getParameter("day"));
        String nation = new String(request.getParameter("nation"));
        String edu = new String(request.getParameter("edu"));
        String work = new String(request.getParameter("work"));
        String phone = new String(request.getParameter("phone"));
        String place = new String(request.getParameter("place"));
        String email = new String(request.getParameter("email"));
        HttpSession session = request.getSession();
        String registerMsg = null;
        if(username.length() == 0||password.length() == 0||password1.length() == 0||
            phone.length() == 0||email.length() == 0){
            registerMsg = "注册失败,不允许有空!";
            session.setAttribute("registerMsg", registerMsg);
            response.sendRedirect("user/register.jsp");
        }else if(!(password.equals(password1))){
            registerMsg = "注册失败,两次密码不同!";
            session.setAttribute("registerMsg", registerMsg);
            response.sendRedirect("user/register.jsp");
        }else{
            try {
```

```
                Connection conn = JDBCUtil.getConnection();
                Statement st = null;
                ResultSet rs = null;
                st = conn.createStatement();
                String sql1 = "select * from user where username = '" + username + "'";
                rs = st.executeQuery(sql1);
                if(rs.next()){
                        registerMsg = "注册失败,用户名已存在!";
                        session.setAttribute("registerMsg", registerMsg);
                        response.sendRedirect("user/register.jsp");
                }else{
                        String sql2 = "insert into
user(username,password,name,sex,birth,nation,edu,
                                " + "work,phone,place,email) values('" + username + "','" + password + "',
                                " + "'" + name + "','" + sex + "','" + birth + "','" + nation + "','" + edu + "',
                                " + "'" + work + "','" + phone + "','" + place + "','" + email + "')";
                        st.executeUpdate(sql2);
                }
                JDBCUtil.closeResource(conn, st, rs);
                response.sendRedirect("user/login.jsp");
            } catch (Exception e) {
                e.printStackTrace();
            }
        }
    }


    protected void doPost(HttpServletRequest request, HttpServletResponse response) throws
ServletException, IOException {
        doGet(request, response);
    }

}
```

11.4.3 案例 2: 系统主页面功能的实现

如果注册成功则返回到登录页面。在如图 11.5 所示页面中输入用户名和密码,单击
"登录"按钮后进入"个人信息管理系统"的主页面(main.jsp),如图 11.7 所示。

主页面(main.jsp)的代码如下所示。

```
<%@ page language = "java" contentType = "text/html; charset = UTF-8"
pageEncoding = "UTF-8" %>
<!DOCTYPE html PUBLIC "-//W3C//DTD HTML 4.01 Transitional//EN"
"http://www.w3.org/TR/html4/loose.dtd">
<html>
<head>
<meta http-equiv = "Content-Type" content = "text/html; charset = UTF-8">
<%@ include file = "/WEB-INF/base.jsp" %>
<title>主界面</title>
</head>
```

第11章

图 11.7　系统主页面

```
< body style = "text - align: center; background - image: url('images/main.jpg');">
    < br >< br >< br >< br >
    < h1 style = "text - align:center;">欢迎使用个人信息管理平台</h1 >
    < c:if test = " $ {not empty username}">
        < h3 style = "color: blue;position: absolute;margin - left: 80 % ;"> 欢迎, $ {username }登
录系统</h3 >
    </c:if >
    < c:if test = " $ {empty username}">
        < jsp:forward page = "../user/login. jsp"></jsp:forward >
    </c:if >
    < br >< br >
    < div style = "position: absolute;margin - left: 5 % ;">
        < h2 >< a href = "lookMessage. do">个人信息管理</a ></h2 >< br >
        < h2 >< a href = "lookFriend. do">通讯录管理</a ></h2 >< br >
        < h2 >< a href = "lookDate. do">日程安排管理</a ></h2 >< br >
        < h2 >< a href = "user/login. jsp">退出主页面</a ></h2 >
    </div >
    < br >< br >< br >< br >
    < h1 >本项目是对前 10 章知识点的综合训练!千里之行始于足下!</h1 >
</body >
</html >
```

11.4.4　案例 3：个人信息管理功能的实现

单击如图 11.7 所示页面中的"个人信息管理",出现如图 11.8 所示的页面。请参照 main.
jsp 代码中的"< a href = "lookMessage. do">个人信息管理</a >"。LookMessageServlet 是
Servlet 控制器。

LookMessageServlet. java 的代码如下所示。

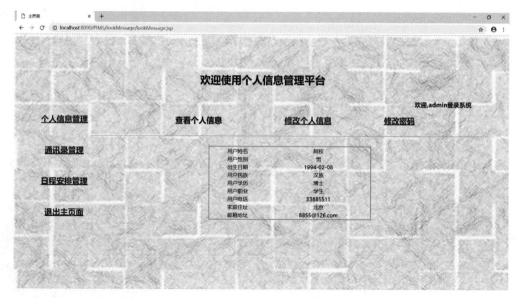

图 11.8　个人信息页面

```java
package servlet.messaqe;

import java.io.IOException;
import java.sql. * ;
import javax.servlet.ServletException;
import javax.servlet.annotation.WebServlet;
import javax.servlet.http. * ;
import bean.User;
import util.JDBCUtil;

@WebServlet("/lookMessage.do")
public class lookMessageServlet extends HttpServlet {
    private static final long serialVersionUID = 1L;

    protected void doGet(HttpServletRequest request, HttpServletResponse response) throws
ServletException, IOException {
        request.setCharacterEncoding("UTF - 8");
        response.setContentType("text/html;charset = UTF - 8");
        String username = (String)request.getSession().getAttribute("username");
        try {
            Connection conn = JDBCUtil.getConnection();
            Statement st = null;
            ResultSet rs = null;
            st = conn.createStatement();
            String sql = "select * from user where username = '" + username + "'";
            rs = st.executeQuery(sql);
            User user = new User();
            if(rs.next()){
                user.setName(rs.getString("name"));
                user.setSex(rs.getString("sex"));
```

个人信息管理系统项目实训

```
                        user.setBirth(rs.getString("birth"));
                        user.setNation(rs.getString("nation"));
                        user.setEdu(rs.getString("edu"));
                        user.setWork(rs.getString("work"));
                    user.setPhone(rs.getString("phone"));
                        user.setPlace(rs.getString("place"));
                        user.setEmail(rs.getString("email"));
                }
                request.getSession().setAttribute("user1", user);
                JDBCUtil.closeResource(conn, st, rs);
                response.sendRedirect("lookMessage/lookMessage.jsp");
            } catch (Exception e) {
                e.printStackTrace();
            }
        }


        protected void doPost(HttpServletRequest request, HttpServletResponse response) throws
    ServletException, IOException {
            doGet(request, response);
        }


    }
```

在 LookMessageServlet.java 中首先获取该用户名,并连接数据库把该用户的信息保存在一个 JavaBean 中,该 JavaBean 类是 User,并使用 response.sendRedirect()方法把页面重定向到 LookMessage.jsp。

LookMessage.jsp 的代码如下所示。

```
<%@ page language = "java" contentType = "text/html; charset = UTF - 8"
pageEncoding = "UTF - 8" %>
<!DOCTYPE html PUBLIC " - //W3C//DTD HTML 4.01 Transitional//EN"
"http://www.w3.org/TR/html4/loose.dtd">
<html>
<head>
<meta http - equiv = "Content - Type" content = "text/html; charset = UTF - 8">
<%@ include file = "/WEB - INF/base.jsp" %>
<title>主界面</title>
</head>
<body style = "text - align: center; background - image: url('images/main.jpg');">
    <br><br><br><br>
    <h1 style = "text - align:center;">欢迎使用个人信息管理平台</h1>
    <c:if test = " ${not empty username}">
        <h3 style = "color: blue;position: absolute;margin - left: 80 % ;">欢迎, ${username
}登录系统</h3>
    </c:if>
    <c:if test = " ${empty username}">
        <jsp:forward page = "../user/login.jsp"></jsp:forward>
    </c:if>
    <br><br>
    <div style = "position: absolute;margin - left: 5 % ;">
```

```
        <h2><a href = "lookMessage.do">个人信息管理</a></h2><br>
        <h2><a href = "lookFriend.do">通讯录管理</a></h2><br>
        <h2><a href = "lookDate.do">日程安排管理</a></h2><br>
        <h2><a href = "user/login.jsp">退出主页面</a></h2>
</div>
<div style = "position: absolute;margin-left: 15%;width: 80%;height: 70%;">
    <table style = "width: 900px;margin: 0 auto;">
        <tr>
            <td><h2>查看个人信息</h2></td>
            <td>
                <h2><a href = "lookMessage/updateMessage.jsp">修改个人信息</a></h2>
            </td>
            <td>
                <h2><a href = "lookMessage/updatePassword.jsp">修改密码</a></h2>
            </td>
        </tr>
    </table>
    <hr>
    <br>
    <table style = "width: 500px;border: 2px solid #aaaaaa;margin: 0 auto;">
        <tr>
            <td>用户姓名</td>
            <td>${user1.name }</td>
        </tr>
        <tr>
            <td>用户性别</td>
            <td>${user1.sex }</td>
        </tr>
        <tr>
            <td>出生日期</td>
            <td>${user1.birth }</td>
        </tr>
        <tr>
            <td>用户民族</td>
            <td>${user1.nation }</td>
        </tr>
        <tr>
            <td>用户学历</td>
            <td>${user1.edu }</td>
        </tr>
        <tr>
            <td>用户职业</td>
            <td>${user1.work }</td>
        </tr>
        <tr>
            <td>用户电话</td>
            <td>${user1.phone }</td>
        </tr>
        <tr>
            <td>家庭住址</td>
            <td>${user1.place }</td>
```

第11章

个人信息管理系统项目实训

```
        </tr>
        <tr>
            <td>邮箱地址</td>
            <td>${user1.email}</td>
        </tr>
    </table>
    </div>
</body>
</html>
```

单击如图 11.8 所示页面中的"修改个人信息",出现如图 11.9 所示的修改个人信息页面,对应的超链接页面是 updateMessage.jsp。

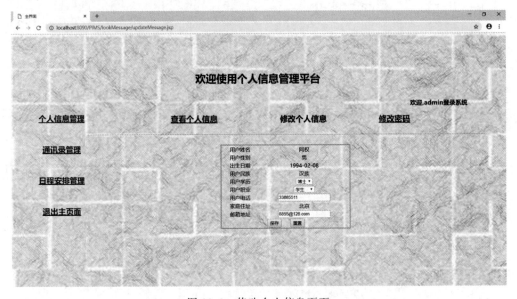

图 11.9　修改个人信息页面

updateMessage.jsp 的代码如下所示。在如图 11.9 所示页面中修改过个人信息后单击"保存"按钮,请求提交到 UpdateMessageServlet 控制器。

UpdateMessageServlet.java 的代码如下所示。

```
package servlet.message;

import java.io.IOException;
import java.sql.*;
import javax.servlet.ServletException;
import javax.servlet.annotation.WebServlet;
import javax.servlet.http.*;
import bean.User;
import util.JDBCUtil;

@WebServlet("/updateMessage.do")
public class UpdateMessageServlet extends HttpServlet {
    private static final long serialVersionUID = 1L;
```

```java
    protected void doGet(HttpServletRequest request, HttpServletResponse response) throws
ServletException, IOException {
        request.setCharacterEncoding("UTF-8");
        response.setContentType("text/html;charset=UTF-8");
        String username = (String)request.getSession().getAttribute("username");
        String edu = new String(request.getParameter("edu"));
        String work = new String(request.getParameter("work"));
        String phone = new String(request.getParameter("phone"));
        String email = new String(request.getParameter("email"));
        String updateMessage = null;
        if(phone.length() == 0 || email.length() == 0){
            updateMessage = "修改失败,不允许有空!";
            request.getSession().setAttribute("updateMessage", updateMessage);
            response.sendRedirect("lookMessage/updateMessage.jsp");
        }else{
            try {
                Connection conn = JDBCUtil.getConnection();
                Statement st = null;
                st = conn.createStatement();
                String sql = "update user set
edu = '" + edu + "',work = '" + work + "',phone = '" + phone + "',"
                    + "email = '" + email + "' where username = '" + username + "'";
                st.executeUpdate(sql);
                User user1 = (User) request.getSession().getAttribute("user1");
                User user = new
User(user1.getName(),user1.getSex(),user1.getBirth(),user1.getNation(),
                    edu,work,phone,user1.getPlace(),email);
                request.getSession().setAttribute("user1", user);
                JDBCUtil.closeResource(conn, st, null);
                response.sendRedirect("lookMessage/lookMessage.jsp");
            } catch (Exception e) {
                e.printStackTrace();
            }
        }
    }


    protected void doPost(HttpServletRequest request, HttpServletResponse response) throws
ServletException, IOException {
        doGet(request, response);
    }

}
```

单击如图 11.9 所示页面中的"修改密码",出现如图 11.10 所示的修改密码页面,对应的超链接页面是 updatePassword.jsp。

updatePassword.jsp 的代码如下所示。

```
<%@ page language = "java" contentType = "text/html; charset = UTF-8"
pageEncoding = "UTF-8" %>
<!DOCTYPE html PUBLIC "-//W3C//DTD HTML 4.01 Transitional//EN" "http://www.w3.org/TR/html4/
loose.dtd">
```

个人信息管理系统项目实训

282

图 11.10　修改密码页面

```
< html >
< head >
< meta http - equiv = "Content - Type" content = "text/html; charset = UTF - 8">
< % @ include file = "/WEB - INF/base. jsp" % >
< title>主界面</title>
</head>
< body style = "text - align: center; background - image: url('images/main. jpg'); ">
    < br >< br >< br >< br >
    < h1 style = "text - align:center;">欢迎使用个人信息管理平台</h1 >
    < c:if test = " $ {not empty username}">
        < h3 style = "color: blue; position: absolute; margin - left: 80 % ;"> 欢迎, $ {username
}登录系统</h3 >
    </c:if >
    < c:if test = " $ {empty username}">
        < jsp:forward page = "../user/login. jsp"></jsp:forward >
    </c:if >
    < br >< br >
    < div style = "position: absolute; margin - left: 5 % ;">
        < h2 >< a href = "lookMessage. do">个人信息管理</a ></h2 >< br >
        < h2 >< a href = "lookFriend. do">通讯录管理</a ></h2 >< br >
        < h2 >< a href = "lookDate. do">日程安排管理</a ></h2 >< br >
        < h2 >< a href = "user/login. jsp">退出主页面</a ></h2 >
    </div >
    < div style = "position: absolute; margin - left: 15 % ; width: 80 % ; height: 70 % ;">
        < table style = "width: 900px; margin: 0 auto;">
            < tr >
                < td >
                    < h2 >
                        < a href = "lookMessage/lookMessage. jsp">查看个人信息</a >
                    </h2 >
```

```
                        </td>
                        <td>
                            <h2>
                                <a href = "lookMessage/updateMessage.jsp">修改个人信息</a>
                            </h2>
                        </td>
                        <td><h2>修改密码</h2></td>
                    </tr>
                </table>
                <hr>
                <br>
                <form action = "updatePassword.do" method = "post">
                    <table style = "width: 400px;border: 2px solid #aaaaaa;margin: 0 auto;">
                        <tr>
                            <c:if test = " $ {not empty passwordMsg}">
                                <span style = "color: red;"> $ {passwordMsg }</span><br>
                                <c:remove var = "passwordMsg"/>
                            </c:if>
                            <td>新密码</td>
                            <td><input type = "password" name = "password"></td>
                        </tr>
                        <tr>
                            <td>确认密码</td>
                            <td><input type = "password" name = "password1"></td>
                        </tr>
                        <tr>
                            <td colspan = "2" align = "center"><input type = "submit" value = "保
存">     
                                <input type = "reset" value = "重置"></td>
                        </tr>
                    </table>
                </form>
            </div>
    </body>
</html>
```

在如图 11.10 所示页面中修改过密码后单击"保存"按钮,请求提交到 UpdatePasswordServlet
控制器。

UpdatePasswordServlet.java 的代码如下所示。

```
package servlet.message;

import java.io.IOException;
import java.sql.*;
import javax.servlet.ServletException;
import javax.servlet.annotation.WebServlet;
import javax.servlet.http.*;
import util.JDBCUtil;

@WebServlet("/updatePassword.do")
public class UpdatePasswordServlet extends HttpServlet {
```

```
        private static final long serialVersionUID = 1L;

    protected void doGet(HttpServletRequest request, HttpServletResponse response) throws
ServletException, IOException {
        request.setCharacterEncoding("UTF - 8");
        response.setContentType("text/html;charset = UTF - 8");
        String username = (String)request.getSession().getAttribute("username");
        String password = new String(request.getParameter("password"));
        String password1 = new String(request.getParameter("password1"));
        String passwordMsg = null;
        if(password.length() == 0 || password1.length() == 0){
            passwordMsg = "修改失败,不允许有空!";
            request.getSession().setAttribute("passwordMsg", passwordMsg);
            response.sendRedirect("lookMessage/updatePassword.jsp");
        }else if(!(password.equals(password1))){
            passwordMsg = "修改失败,两次密码不同!";
            request.getSession().setAttribute("passwordMsg", passwordMsg);
            response.sendRedirect("lookMessage/updatePassword.jsp");
        }else{
            try {
                Connection conn = JDBCUtil.getConnection();
                Statement st = null;
                st = conn.createStatement();
                String sql = "update user set password = '" + password + "' where username = '
" + username + "'";
                st.executeUpdate(sql);
                JDBCUtil.closeResource(conn, st, null);
                response.sendRedirect("lookMessage/lookMessage.jsp");
            } catch (Exception e) {
                e.printStackTrace();
            }
        }
    }

    protected void doPost(HttpServletRequest request, HttpServletResponse response) throws
ServletException, IOException {
        doGet(request, response);
    }

}
```

11.4.5 案例 4: 通讯录管理功能的实现

单击如图 11.10 所示页面中的"通讯录管理",出现如图 11.11 所示的页面。请参照 main.jsp 代码中的"< a href = "lookFriend.do">通讯录管理</a>"。LookFriendServlet 是 Servlet 控制器。

LookFriendServlet.java 的代码如下所示。

```
package servlet.friend;
```

图 11.11　通讯录页面

```java
import java.io.IOException;
import java.sql.*;
import java.util.ArrayList;
import javax.servlet.ServletException;
import javax.servlet.annotation.WebServlet;
import javax.servlet.http.*;
import bean.Friends;
import util.JDBCUtil;


@WebServlet("/lookFriend.do")
public class LookFriendServlet extends HttpServlet {
    private static final long serialVersionUID = 1L;

    protected void doGet(HttpServletRequest request, HttpServletResponse response) throws
ServletException, IOException {
        request.setCharacterEncoding("UTF-8");
        response.setContentType("text/html;charset=UTF-8");
        String username = (String)request.getSession().getAttribute("username");
        try {
            Connection conn = JDBCUtil.getConnection();
            Statement st = null;
            ResultSet rs = null;
            st = conn.createStatement();
            String sql = "select * from friends where username = '" + username + "'";
            rs = st.executeQuery(sql);
            ArrayList < Friends > friendList = null;
            friendList = new ArrayList < Friends >();
            while (rs.next()) {
                Friends friends = new Friends();
                friends.setName(rs.getString("name"));
```

个人信息管理系统项目实训

```
                friends.setPhone(rs.getString("phone"));
                friends.setEmail(rs.getString("email"));
                friends.setWorkplace(rs.getString("workplace"));
                friends.setPlace(rs.getString("place"));
                friends.setQQ(rs.getString("QQ"));
                friendList.add(friends);
                request.getSession().setAttribute("friendList", friendList);
            }
            JDBCUtil.closeResource(conn, st, rs);
            response.sendRedirect("friendManager/lookFriend.jsp");
        } catch (Exception e) {
            e.printStackTrace();
        }

    }

    protected void doPost(HttpServletRequest request, HttpServletResponse response) throws
ServletException, IOException {
        doGet(request, response);
    }

}
```

在 LookFriendServlet.java 中首先获取用户名，并连接数据库把该用户的通讯录信息保存在一个 JavaBean 中，该 JavaBean 类是 Friends，并使用 response.sendRedirect()方法把页面重定向到 lookFriend.jsp。

Friends.java 的代码如下所示。

```
package bean;

import java.io.Serializable;

public class Friends implements Serializable{
    private static final long serialVersionUID = 1L;
    private int id;
    private String username;
    private String name;
    private String phone;
    private String email;
    private String workplace;
    private String place;
    private String QQ;
    public Friends() {
        super();
    }
    public Friends(int id, String username, String name, String phone, String email, String
workplace, String place,
            String qQ) {
        super();
        this.id = id;
```

```java
            this.username = username;
            this.name = name;
            this.phone = phone;
            this.email = email;
            this.workplace = workplace;
            this.place = place;
            QQ = qQ;
        }
        public Friends(String name, String phone, String email, String workplace, String place,
    String qQ) {
            super();
            this.name = name;
            this.phone = phone;
            this.email = email;
            this.workplace = workplace;
            this.place = place;
            QQ = qQ;
        }
        public int getId() {
            return id;
        }
        public void setId(int id) {
            this.id = id;
        }
        public String getUsername() {
            return username;
        }
        public void setUsername(String username) {
            this.username = username;
        }
        public String getName() {
            return name;
        }
        public void setName(String name) {
            this.name = name;
        }
        public String getPhone() {
            return phone;
        }
        public void setPhone(String phone) {
            this.phone = phone;
        }
        public String getEmail() {
            return email;
        }
        public void setEmail(String email) {
            this.email = email;
        }
        public String getWorkplace() {
            return workplace;
        }
```

个人信息管理系统项目实训

```
        public void setWorkplace(String workplace) {
            this.workplace = workplace;
        }
        public String getPlace() {
            return place;
        }
        public void setPlace(String place) {
            this.place = place;
        }
        public String getQQ() {
            return QQ;
        }
        public void setQQ(String qQ) {
            QQ = qQ;
        }
    }
```

lookFriend.jsp 代码如下所示。

```
<%@ page language = "java" contentType = "text/html; charset = UTF - 8"
pageEncoding = "UTF - 8"%>
<!DOCTYPE html PUBLIC " - //W3C//DTD HTML 4.01 Transitional//EN"
"http://www.w3.org/TR/html4/loose.dtd">
<html>
<head>
<meta http - equiv = "Content - Type" content = "text/html; charset = UTF - 8">
<%@ include file = "/WEB - INF/base.jsp" %>
<title>主界面</title>
</head>
<body style = "text - align: center; background - image: url('images/main.jpg');">
    <br><br><br><br>
    <h1 style = "text - align:center;">欢迎使用个人信息管理平台</h1>
    <c:if test = "${not empty username}">
        <h3 style = "color: blue;position: absolute;margin - left: 80%;"> 欢迎, ${username}登
录系统</h3>
    </c:if>
    <c:if test = "${empty username}">
        <jsp:forward page = "../user/login.jsp"></jsp:forward>
    </c:if>
    <br><br>
    <div style = "position: absolute;margin - left: 5%;">
        <h2><a href = "lookMessage.do">个人信息管理</a></h2><br>
        <h2><a href = "lookFriend.do">通讯录管理</a></h2><br>
        <h2><a href = "lookDate.do">日程安排管理</a></h2><br>
        <h2><a href = "user/login.jsp">退出主页面</a></h2>
    </div>
    <div style = "position: absolute;margin - left: 15%;width: 80%;height: 70%;">
        <table style = "width: 900px;margin: 0 auto;">
            <tr>
                <td><h2>查看通讯录</h2></td>
                <td>
```

```
                    < h2 > < a href = "friendManager/addFriend.jsp">增加联系人</a></h2 >
                </td >
                < td >
                    < h2 > < a href = "friendManager/updateFriend.jsp">修改联系人</a></h2 >
                </td >
                < td >
                    < h2 > < a href = "friendManager/deleteFriend.jsp">删除联系人</a></h2 >
                </td >
            </tr >
        </table >
        < hr >
        < br >
        < c:if test = " $ {empty friendList }">
            < h1 style = "color: red;">您还没有任何联系人!</h1 >
            < br >
        </c:if >
        < c:if test = " $ {not empty friendList }">
            < table
                style = "width: 500px; border: 2px solid ♯aaaaaa; margin: 0 auto;">
                < tr >
                    < th>用户姓名</th>
                    < th>用户电话</th>
                    < th>邮箱地址</th>
                    < th>工作单位</th>
                    < th>家庭地址</th>
                    < th>用户 QQ </th>
                </tr >
                < c:forEach items = " $ {friendList }" var = "friend">
                < tr >
                    < td > $ {friend.name }</td >
                    < td > $ {friend.phone }</td >
                    < td > $ {friend.email }</td >
                    < td > $ {friend.workplace }</td >
                    < td > $ {friend.place }</td >
                    < td > $ {friend.QQ }</td >
                </tr >
                </c:forEach >
            </table >
        </c:if >
    </div >
</body >
</html >
```

单击如图 11.11 所示页面中的"增加联系人",出现如图 11.12 所示的增加联系人页面,对应的超链接页面是 addFriend.jsp。

addFriend.jsp 的代码如下所示。

```
< % @ page language = "java" contentType = "text/html; charset = UTF - 8"
pageEncoding = "UTF - 8" % >
<!DOCTYPE html PUBLIC " - //W3C//DTD HTML 4.01 Transitional//EN"
"http://www.w3.org/TR/html4/loose.dtd">
```

图 11.12　增加联系人页面

```
<html>
<head>
<meta http-equiv = "Content-Type" content = "text/html; charset = UTF-8">
<%@include file = "/WEB-INF/base.jsp" %>
<title>添加联系人界面</title>
</head>
<body style = "text-align: center; background-image: url('images/main.jpg');">
    <br><br><br><br>
    <h1 style = "text-align:center;">欢迎使用个人信息管理平台</h1>
    <c:if test = "${not empty username}">
        <h3 style = "color: blue;position: absolute;margin-left: 80%;"> 欢迎, ${username}登
录系统</h3>
    </c:if>
    <c:if test = "${empty username}">
        <jsp:forward page = "../user/login.jsp"></jsp:forward>
    </c:if>
    <br><br>
    <div style = "position: absolute;margin-left: 5%;">
        <h2><a href = "lookMessage.do">个人信息管理</a></h2><br>
        <h2><a href = "lookFriend.do">通讯录管理</a></h2><br>
        <h2><a href = "lookDate.do">日程安排管理</a></h2><br>
        <h2><a href = "user/login.jsp">退出主页面</a></h2>
    </div>
    <div style = "position: absolute;margin-left: 15%;width: 80%;height: 70%;">
        <table style = "width: 900px;margin: 0 auto;">
            <tr>
                <td>
                    <h2><a href = "friendManager/lookFriend.jsp">查看通讯录</a></h2>
                </td>
                <td>
```

```
                < h2 >增加联系人</h2 >
            </td >
            < td >
                < h2 >< a href = "friendManager/updateFriend.jsp">修改联系人</a ></h2 >
            </td >
            < td >
                < h2 >< a href = "friendManager/deleteFriend.jsp">删除联系人</a ></h2 >
            </td >
        </tr >
    </table >
    < hr >
    < br >
    < form action = "addFriend.do" method = "post">
        < table style = "width: 400px;border: 2px solid #aaaaaa;margin: 0 auto;">
            < tr >
                < c:if test = " $ {not empty addFriendMsg }">
                    < span style = "color: red;"> $ {addFriendMsg }</span >
                    < br >
                    < c:remove var = "addFriendMsg" />
                </c:if >
                < td >用户姓名</td >
                < td >< input type = "text" name = "name"></td >
            </tr >
            < tr >
                < td >用户电话</td >
                < td >< input type = "text" name = "phone"></td >
            </tr >
            < tr >
                < td >邮箱地址</td >
                < td >< input type = "text" name = "email"></td >
            </tr >
            < tr >
                < td >工作单位</td >
                < td >< input type = "text" name = "workplace"></td >
            </tr >
            < tr >
                < td >家庭地址</td >
                < td >
                    < select name = "place">
                        < option value = "北京">北京</option >
                        < option value = "上海">上海</option >
                        < option value = "天津">天津</option >
                        < option value = "河北">河北</option >
                        < option value = "河南">河南</option >
                        < option value = "吉林">吉林</option >
                        < option value = "黑龙江">黑龙江</option >
                        < option value = "内蒙古">内蒙古</option >
                        < option value = "山东">山东</option >
                        < option value = "山西">山西</option >
                        < option value = "陕西">陕西</option >
                        < option value = "甘肃">甘肃</option >
```

```
                                    < option value = "宁夏">宁夏</option>
                                    < option value = "青海">青海</option>
                                    < option value = "新疆">新疆</option>
                                    < option value = "辽宁">辽宁</option>
                                    < option value = "江苏">江苏</option>
                                    < option value = "浙江">浙江</option>
                                    < option value = "安徽">安徽</option>
                                    < option value = "广东">广东</option>
                                    < option value = "海南">海南</option>
                                    < option value = "广西">广西</option>
                                    < option value = "云南">云南</option>
                                    < option value = "贵州">贵州</option>
                                    < option value = "四川">四川</option>
                                    < option value = "重庆">重庆</option>
                                    < option value = "西藏">西藏</option>
                                    < option value = "香港">香港</option>
                                    < option value = "澳门">澳门</option>
                                    < option value = "福建">福建</option>
                                    < option value = "江西">江西</option>
                                    < option value = "湖南">湖南</option>
                                    < option value = "青海">青海</option>
                                    < option value = "湖北">湖北</option>
                                    < option value = "台湾">台湾</option>
                                    < option value = "其他">其他</option>
                                </select>省(直辖市)
                            </td>
                        </tr>
                        < tr >
                            < td>用户 QQ </td>
                            < td >< input type = "text" name = "QQ"></td>
                        </tr>
                        < tr >
                            < td colspan = "2" align = "center">
                                < input type = "submit" value = "确定">
     
                                < input type = "reset" value = "重置">
                            </td>
                        </tr>
                    </table>
                </form>
            </div>
        </body>
    </html>
```

在如图 11.12 所示页面中输入数据后单击"确定"按钮,请求提交到 AddFriendServlet 控制器。

AddFriendServlet.java 的代码如下所示。

```
package servlet.friend;

import java.io.IOException;
```

```
import java.sql. * ;
import javax.servlet.ServletException;
import javax.servlet.annotation.WebServlet;
import javax.servlet.http. * ;
import util.JDBCUtil;

@WebServlet("/addFriend.do")
public class AddFriendServlet extends HttpServlet {
    private static final long serialVersionUID = 1L;

    protected void doGet(HttpServletRequest request, HttpServletResponse response) throws
ServletException, IOException {
        request.setCharacterEncoding("UTF-8");
        response.setContentType("text/html;charset=UTF-8");
        String username = (String)request.getSession().getAttribute("username");
        String name = new String(request.getParameter("name"));
        String phone = new String(request.getParameter("phone"));
        String email = new String(request.getParameter("email"));
        String workplace = new String(request.getParameter("workplace"));
        String place = new String(request.getParameter("place"));
        String QQ = new String(request.getParameter("QQ"));
        String addFriendMsg = null;
        if(name.length() == 0 || phone.length() == 0 || email.length() == 0 ||
            workplace.length() == 0 || QQ.length() == 0){
            addFriendMsg = "添加失败,不允许有空!";
            request.getSession().setAttribute("addFriendMsg", addFriendMsg);
            response.sendRedirect("friendManager/addFriend.jsp");
        } else{
            try {
                Connection conn = JDBCUtil.getConnection();
                Statement st = null;
                ResultSet rs = null;
                st = conn.createStatement();
                String sql1 = "select * from friends where name = '" + name + "'"
                        + "and username = '" + username + "'";
                rs = st.executeQuery(sql1);
                if(rs.next()){
                    addFriendMsg = "添加失败,用户名已存在!";
                    request.getSession().setAttribute("addFriendMsg", addFriendMsg);
                    response.sendRedirect("friendManager/addFriend.jsp");
                }else{
                    String sql2 = "insert into friends(username,name,phone,email,"
                            + "workplace,place,QQ) values('" + username + "','" + name + "',"
                            + "'" + phone + "','" + email + "','" + workplace + "','" + place + "
',"" + QQ + "')";

                    st.executeUpdate(sql2);
                }
                JDBCUtil.closeResource(conn, st, rs);
                response.sendRedirect("lookFriend.do");
            } catch (Exception e) {
                e.printStackTrace();
```

个人信息管理系统项目实训

```
            }
        }
    }

    protected void doPost(HttpServletRequest request, HttpServletResponse response) throws
ServletException, IOException {
        doGet(request, response);
    }

}
```

单击如图 11.12 所示页面中的"修改联系人",出现如图 11.13 所示的输入联系人姓名页面,对应的超链接页面是 updateFriend.jsp。

图 11.13　输入联系人的姓名

updateFriend.jsp 的代码如下所示。

```
< % @ page language = "java" contentType = "text/html; charset = UTF - 8"
pageEncoding = "UTF - 8" % >
<! DOCTYPE html PUBLIC " - //W3C//DTD HTML 4.01 Transitional//EN"
"http://www.w3.org/TR/html4/loose.dtd">
< html >
< head >
< meta http - equiv = "Content - Type" content = "text/html; charset = UTF - 8">
< % @ include file = "/WEB - INF/base.jsp" % >
< title >主界面</title >
</head >
< body style = "text - align: center; background - image: url('images/main.jpg');">
    < br >< br >< br >< br >
    < h1 style = "text - align:center;">欢迎使用个人信息管理平台</h1 >
    < c:if test = " $ {not empty username}">
        < h3 style = "color: blue;position: absolute;margin - left: 80 % ;"> 欢迎, $ {username }登
```

录系统</h3>
  </c:if>
  <c:if test = "$ {empty username}">
   <jsp:forward page = "../user/login.jsp"></jsp:forward>
  </c:if>

  <div style = "position: absolute;margin - left: 5 % ;">
   <h2><a href = "lookMessage.do">个人信息管理</a></h2>
   <h2><a href = "lookFriend.do">通讯录管理</a></h2>
   <h2><a href = "lookDate.do">日程安排管理</a></h2>
   <h2><a href = "user/login.jsp">退出主页面</a></h2>
  </div>
  <div style = "position: absolute;margin - left: 15 % ;width: 80 % ;height: 70 % ;">
   <table style = "width: 900px; margin: 0 auto;">
    <tr>
     <td>
      <h2><a href = "friendManager/lookFriend.jsp">查看通讯录</a></h2>
     </td>
     <td>
      <h2><a href = "friendManager/addFriend.jsp">增加联系人</a></h2>
     </td>
     <td><h2>修改联系人</h2></td>
     <td>
      <h2><a href = "friendManager/deleteFriend.jsp">删除联系人</a></h2>
     </td>
    </tr>
   </table>
   <hr>

   <form action = "updateFriend.do" method = "post">
   <table style = "width: 400px;border: 2px solid #aaaaaa;margin: 0 auto;">
    <tr>
     <td>
      <c:if test = "$ {not empty updateFriendMsg }">
       <span style = "color: red;">$ {updateFriendMsg }</span>

       <c:remove var = "updateFriendMsg" />
      </c:if>
      <P>请输入要修改人的姓名</P>
       姓名 <input type = "text" name = "friendName">
      <hr>
     </td>
    </tr>
    <tr>
     <td colspan = "2" align = "center">
      <input type = "submit" value = "确定">

      <input type = "reset" value = "重置">
     </td>
    </tr>
   </table>

个人信息管理系统项目实训

```
            </form>
        </div>
    </body>
    </html>
```

在如图 11.13 所示页面中输入联系人的姓名后单击"确定"按钮，请求提交到 UpdateFriendServlet 控制器。

UpdateFriendServlet.java 的代码如下所示。

```java
package servlet.friend;

import java.io.IOException;
import java.sql.*;
import javax.servlet.ServletException;
import javax.servlet.annotation.WebServlet;
import javax.servlet.http.*;
import bean.Friends;
import util.JDBCUtil;

@WebServlet("/updateFriend.do")
public class UpdateFriendServlet extends HttpServlet {
    private static final long serialVersionUID = 1L;

    protected void doGet(HttpServletRequest request, HttpServletResponse response) throws
ServletException, IOException {
        request.setCharacterEncoding("UTF-8");
        response.setContentType("text/html;charset=UTF-8");
        String friendName = new String(request.getParameter("friendName"));
        String updateFriendMsg = null;
        if(friendName.length() == 0){
            updateFriendMsg = "修改失败,不允许有空!";
            request.getSession().setAttribute("updateFriendMsg", updateFriendMsg);
            response.sendRedirect("friendManager/updateFriend.jsp");
        }else{
            try {
                Connection conn = JDBCUtil.getConnection();
                Statement st = null;
                ResultSet rs = null;
                st = conn.createStatement();
                String sql1 = "select * from friends where name = '" + friendName + "'";
                rs = st.executeQuery(sql1);
                if(rs.next()){
                    Friends friend = new Friends();
                    friend.setName(rs.getString("name"));
                    friend.setPhone(rs.getString("phone"));
                    friend.setEmail(rs.getString("email"));
                    friend.setWorkplace(rs.getString("workplace"));
                    friend.setPlace(rs.getString("place"));
                    friend.setQQ(rs.getString("QQ"));
                    request.getSession().setAttribute("friend", friend);
                }else{
```

```
                    updateFriendMsg = "修改失败,姓名不存在!";
                    request.getSession().setAttribute("updateFriendMsg", updateFriendMsg);
                    response.sendRedirect("friendManager/updateFriend.jsp");
                }
                JDBCUtil.closeResource(conn, st, rs);
                response.sendRedirect("friendManager/updateFriendMessage.jsp");
            } catch (Exception e) {
                e.printStackTrace();
            }
        }
    }

    protected void doPost(HttpServletRequest request, HttpServletResponse response) throws
ServletException, IOException {
        doGet(request, response);
    }

}
```

在 UpdateFriendServlet.java 中查询联系人,如果这个联系人存在,使用 response.
sendRedirect()方法把页面重定向到 updateFriendMessage.jsp,如图 11.14 所示。

图 11.14   修改联系人页面

updateFriendMessage.jsp 的代码如下所示。

```
<%@ page language = "java" contentType = "text/html; charset = UTF - 8"
pageEncoding = "UTF - 8"%>
<!DOCTYPE html PUBLIC " - //W3C//DTD HTML 4.01 Transitional//EN"
"http://www.w3.org/TR/html4/loose.dtd">
<html>
<head>
<meta http - equiv = "Content - Type" content = "text/html; charset = UTF - 8">
```

个人信息管理系统项目实训

```
<%@ include file = "/WEB - INF/base.jsp" %>
<title>主界面</title>
</head>
<body style = "text - align: center; background - image: url('images/main.jpg');">
    <br><br><br><br>
    <h1 style = "text - align:center;">欢迎使用个人信息管理平台</h1>
    <c:if test = "${not empty username}">
        <h3 style = "color: blue;position: absolute;margin - left: 80%;"> 欢迎, ${username }登
录系统</h3>
    </c:if>
    <c:if test = "${empty username}">
        <jsp:forward page = "../user/login.jsp"></jsp:forward>
    </c:if>
    <br><br>
    <div style = "position: absolute;margin - left: 5%;">
        <h2><a href = "lookMessage.do">个人信息管理</a></h2><br>
        <h2><a href = "lookFriend.do">通讯录管理</a></h2><br>
        <h2><a href = "lookDate.do">日程安排管理</a></h2><br>
        <h2><a href = "user/login.jsp">退出主页面</a></h2>
    </div>
    <div style = "position: absolute;margin - left: 15%;width: 80%;height: 70%;">
        <table style = "width: 900px; margin: 0 auto;">
            <tr>
                <td>
                    <h2><a href = "friendManager/lookFriend.jsp">查看通讯录</a></h2>
                </td>
                <td>
                    <h2><a href = "friendManager/addFriend.jsp">增加联系人</a></h2>
                </td>
                <td><h2>修改联系人</h2></td>
                <td>
                    <h2><a href = "friendManager/deleteFriend.jsp">删除联系人</a></h2>
                </td>
            </tr>
        </table>
        <hr>
        <br>
        <form action = "updateFriendMessage.do" method = "post">
            <table style = "width: 400px;border: 2px solid #aaaaaa;margin: 0 auto;">
                <tr>
                    <c:if test = "${not empty updateFriendMsg1 }">
                        <span style = "color: red;">${updateFriendMsg1 }</span>
                        <br>
                        <c:remove var = "updateFriendMsg1" />
                    </c:if>
                    <td>用户姓名</td>
                    <td>${friend.name }</td>
                </tr>
                <tr>
                    <td>用户电话</td>
                    <td><input type = "text" name = "phone" value = "${friend.phone }">
```

```html
                    </td>
                </tr>
                <tr>
                    <td>邮箱地址</td>
                    <td><input type = "text" name = "email" value = "${friend.email}">
</td>
                </tr>
                <tr>
                    <td>工作单位</td>
                    <td><input type = "text" name = "workplace" value = "${friend.workplace
}"></td>
                </tr>
                <tr>
                    <td>家庭地址</td>
                    <td><input type = "text" name = "place" value = "${friend.place}">
</td>
                </tr>
                <tr>
                    <td>用户 QQ</td>
                    <td><input type = "text" name = "QQ" value = "${friend.QQ}"></td>
                </tr>
                <tr>
                    <td colspan = "2" align = "center">
                            <input type = "submit" value = "保存">   
  
                            <input type = "reset" value = "重置">
                    </td>    </tr></table>  </form>    </div>
</body>
</html>
```

在如图 11.14 所示页面中修改联系人的信息后单击"确定"按钮,请求提交到 UpdateFriendMessageServlet 控制器。

UpdateFriendMessageServlet.java 的代码如下所示。

```java
package servlet.friend;

import java.io.IOException;
import java.sql.*;
import javax.servlet.ServletException;
import javax.servlet.annotation.WebServlet;
import javax.servlet.http.*;
import bean.Friends;
import util.JDBCUtil;


@WebServlet("/updateFriendMessage.do")
public class UpdateFriendMessageServlet extends HttpServlet {
    private static final long serialVersionUID = 1L;

    protected void doGet(HttpServletRequest request, HttpServletResponse response) throws
ServletException, IOException {
```

个人信息管理系统项目实训

```java
request.setCharacterEncoding("UTF-8");
response.setContentType("text/html;charset=UTF-8");
String username = (String)request.getSession().getAttribute("username");
Friends friend = (Friends)request.getSession().getAttribute("friend");
String name = friend.getName();
String phone = new String(request.getParameter("phone"));
String email = new String(request.getParameter("email"));
String workplace = new String(request.getParameter("workplace"));
String place = new String(request.getParameter("place"));
String QQ = new String(request.getParameter("QQ"));
String updateFriendMsg1 = null;
if(phone.length() == 0 || email.length() == 0 || workplace.length() == 0 ||
        place.length() == 0 ||QQ.length() == 0){
    updateFriendMsg1 = "修改失败,不允许有空!";
    request.getSession().setAttribute("updateFriendMsg1", updateFriendMsg1);
    response.sendRedirect("friendManager/updateFriendMessage.jsp");
} else{
    try {
        Connection conn = JDBCUtil.getConnection();
        Statement st = null;
        st = conn.createStatement();
        String sql1 = "update friends set phone = '''+phone+''',email = '''+email+''',
            ''+ "workplace = '''+workplace+''',place = '''+place+''',QQ = '''+QQ+
            '''''+ "where name = '''+name+''' and username = '''+username+'''''";
        st.executeUpdate(sql1);
        JDBCUtil.closeResource(conn, st, null);
        response.sendRedirect("lookFriend.do");
    } catch (Exception e) {
        e.printStackTrace();
    }
}
}
}

    protected void doPost(HttpServletRequest request, HttpServletResponse response) throws
ServletException, IOException {
        doGet(request, response);
    }

}
```

单击如图 11.14 所示页面中的"删除联系人",出现如图 11.15 所示的输入删除联系人姓名页面,对应的超链接页面是 deleteFriend.jsp。

deleteFriend.jsp 的代码如下所示。

```jsp
<%@ page language = "java" contentType = "text/html; charset = UTF-8"
pageEncoding = "UTF-8" %>
<!DOCTYPE html PUBLIC "-//W3C//DTD HTML 4.01 Transitional//EN"
"http://www.w3.org/TR/html4/loose.dtd">
<html>
<head>
<meta http-equiv = "Content-Type" content = "text/html; charset = UTF-8">
```

图 11.15　删除联系人页面

```jsp
<% @ include file = "/WEB - INF/base.jsp" %>
<title>主界面</title>
</head>
<body style = "text - align: center; background - image: url('images/main.jpg');">
    <br><br><br><br>
    <h1 style = "text - align:center;">欢迎使用个人信息管理平台</h1>
    <c:if test = "${not empty username}">
        <h3 style = "color: blue;position: absolute;margin - left: 80%;">欢迎, ${username}登
录系统</h3>
    </c:if>
    <c:if test = "${empty username}">
        <jsp:forward page = "../user/login.jsp"></jsp:forward>
    </c:if>
    <br><br>
    <div style = "position: absolute;margin - left: 5%;">
        <h2><a href = "lookMessage.do">个人信息管理</a></h2><br>
        <h2><a href = "lookFriend.do">通讯录管理</a></h2><br>
        <h2><a href = "lookDate.do">日程安排管理</a></h2><br>
        <h2><a href = "user/login.jsp">退出主页面</a></h2>
    </div>
    <div style = "position: absolute;margin - left: 15%;width: 80%;height: 70%;">
        <table style = "width: 900px; margin: 0 auto;">
            <tr>
                <td>
                    <h2><a href = "friendManager/lookFriend.jsp">查看通讯录</a></h2>
                </td>
                <td>
                    <h2><a href = "friendManager/addFriend.jsp">增加联系人</a></h2>
                </td>
                <td>
```

```html
                     <h2><a href = "friendManager/updateFriend.jsp">修改联系人</a></h2>
                  </td>
                  <td><h2>删除联系人</h2></td>
               </tr>
            </table>
            <hr>
            <br>
            <form action = "deleteFriend.do" method = "post">
               <table style = "width: 400px;border: 2px solid #aaaaaa;margin: 0 auto;">
                  <tr>
                     <td>
                        <c:if test = "${not empty deleteFriendMsg }">
                           <span style = "color: red;">${deleteFriendMsg }</span><br>
                           <c:remove var = "deleteFriendMsg" />
                        </c:if>
                        <P>请输入要删除人的姓名</P>
                              姓名 <input type = "text" name = "name"><br><hr>
                     </td>
                  </tr>
                  <tr>
                     <td colspan = "2" align = "center">
                        <input type = "submit" value = "确定">      
                        <input type = "reset" value = "重置">
                     </td>
                  </tr>
               </table>
            </form>
      </div>
   </body>
</html>
```

在如图 11.15 所示页面中输入要删除的联系人的姓名后单击"确定"按钮,请求提交到 DeleteFriendServlet 控制器。

DeleteFriendServlet.java 的代码如下所示。

```java
package servlet.friend;

import java.io.IOException;
import java.sql.*;
import javax.servlet.ServletException;
import javax.servlet.annotation.WebServlet;
import javax.servlet.http.*;
import util.JDBCUtil;

@WebServlet("/deleteFriend.do")
public class DeleteFriendServlet extends HttpServlet {
    private static final long serialVersionUID = 1L;

    protected void doGet(HttpServletRequest request, HttpServletResponse response) throws
ServletException, IOException {
        request.setCharacterEncoding("UTF-8");
```

```java
        response.setContentType("text/html;charset=UTF-8");
        String username = (String)request.getSession().getAttribute("username");
        String name = new String(request.getParameter("name"));
        String deleteFriendMsg = null;
        if(name.length() == 0){
            deleteFriendMsg = "删除失败,不允许有空!";
            request.getSession().setAttribute("deleteFriendMsg", deleteFriendMsg);
            response.sendRedirect("friendManager/deleteFriend.jsp");
        }else{
            try {
                Connection conn = JDBCUtil.getConnection();
                Statement st = null;
                ResultSet rs = null;
                st = conn.createStatement();
                String sql1 = "select * from friends where name = '" + name + "'"
                        + "and username = '" + username + "'";
                rs = st.executeQuery(sql1);
                if(rs.next()){
                    String sql2 = "delete from friends where name = '" + name + "'"
                            + "and username = '" + username + "'";
                    st.executeUpdate(sql2);
                }else{
                    deleteFriendMsg = "删除失败,姓名不存在!";
                    request.getSession().setAttribute("deleteFriendMsg", deleteFriendMsg);
                    response.sendRedirect("friendManager/deleteFriend.jsp");
                }
                JDBCUtil.closeResource(conn, st, rs);
                response.sendRedirect("lookFriend.do");
            } catch (Exception e) {
                e.printStackTrace();
            }
        }
    }

    protected void doPost(HttpServletRequest request, HttpServletResponse response) throws
ServletException, IOException {
        doGet(request, response);
    }

}
```

11.4.6 案例 5：日程安排管理功能的实现

单击如图 11.15 所示页面的“日程安排管理”,出现如图 11.16 所示的页面。请参照 main.jsp 代码中的“< a href = "lookDate.do">日程安排管理</a>”。LookDateServlet 是 Servlet 控制器。

LookDateServlet.java 的代码如下所示。

```java
package servlet.date;
```

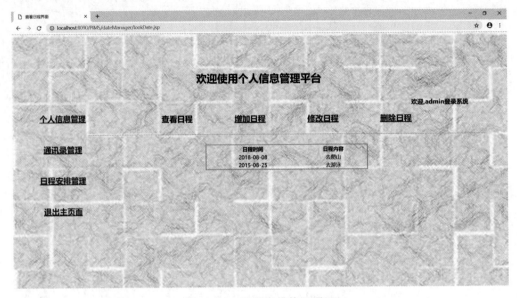

图 11.16　日程安排管理页面

```
import java.io.IOException;
import java.sql. * ;
import java.util.ArrayList;
import javax.servlet.ServletException;
import javax.servlet.annotation.WebServlet;
import javax.servlet.http. * ;
import bean.Date;
import util.JDBCUtil;

@WebServlet("/lookDate.do")
public class LookDateServlet extends HttpServlet {
    private static final long serialVersionUID = 1L;

    protected void doGet(HttpServletRequest request, HttpServletResponse response) throws
ServletException, IOException {
        request.setCharacterEncoding("UTF - 8");
        response.setContentType("text/html;charset = UTF - 8");
        String username = (String)request.getSession().getAttribute("username");
        try {
            Connection conn = JDBCUtil.getConnection();
            Statement st = null;
            ResultSet rs = null;
            st = conn.createStatement();
            String sql = "select * from date where username = '" + username + "'";
            rs = st.executeQuery(sql);
            ArrayList < Date > dateList = null;
            dateList = new ArrayList < Date >();
            while (rs.next()) {
                Date date = new Date();
                date.setDate(rs.getString("date"));
```

```
                date.setThing(rs.getString("thing"));
                dateList.add(date);
                request.getSession().setAttribute("dateList", dateList);
            }
            JDBCUtil.closeResource(conn, st, rs);
            response.sendRedirect("dateManager/lookDate.jsp");
        } catch (Exception e) {
            e.printStackTrace();
        }
    }


    protected void doPost(HttpServletRequest request, HttpServletResponse response) throws
ServletException, IOException {
        doGet(request, response);
    }


}
```

在 LookDateServlet.java 中首先获取用户名,并连接数据库把该用户的日程安排信息保存在一个 JavaBean 中,该 JavaBean 类是 Date,并使用 response.sendRedirect()方法把页面重定向到 LookDate.jsp。

Date.java 的代码如下所示。

```
package bean;

import java.io.Serializable;

public class Date implements Serializable{
    private static final long serialVersionUID = 1L;

    private int id;
    private String username;
    private String date;
    private String thing;
    public Date() {
        super();
    }
    public Date(String date, String thing) {
        super();
        this.date = date;
        this.thing = thing;
    }
    public Date(int id, String username, String date, String thing) {
        super();
        this.id = id;
        this.username = username;
        this.date = date;
        this.thing = thing;
    }
    public int getId() {
```

```
        return id;
    }
    public void setId(int id) {
        this.id = id;
    }
    public String getUsername() {
        return username;
    }
    public void setUsername(String username) {
        this.username = username;
    }
    public String getDate() {
        return date;
    }
    public void setDate(String date) {
        this.date = date;
    }
    public String getThing() {
        return thing;
    }
    public void setThing(String thing) {
        this.thing = thing;
    }
    public static long getSerialversionuid() {
        return serialVersionUID;
    }
}

}
```

lookDate.jsp 的代码如下所示。

```
<%@ page language = "java" contentType = "text/html; charset = UTF-8"
pageEncoding = "UTF-8" %>
<!DOCTYPE html PUBLIC "-//W3C//DTD HTML 4.01 Transitional//EN"
"http://www.w3.org/TR/html4/loose.dtd">
<html>
<head>
<meta http-equiv = "Content-Type" content = "text/html; charset = UTF-8">
<%@ include file = "/WEB-INF/base.jsp" %>
<title>查看日程界面</title>
</head>
<body style = "text-align: center; background-image: url('images/main.jpg');">
    <br><br><br><br>
    <h1 style = "text-align:center;">欢迎使用个人信息管理平台</h1>
    <c:if test = "${not empty username}">
        <h3 style = "color: blue;position: absolute;margin-left: 80%;">欢迎, ${username}登
录系统</h3>
    </c:if>
    <c:if test = "${empty username}">
        <jsp:forward page = "../user/login.jsp"></jsp:forward>
    </c:if>
```

```
<br><br>
<div style = "position: absolute;margin-left: 5%;">
    <h2><a href = "lookMessage.do">个人信息管理</a></h2><br>
    <h2><a href = "lookFriend.do">通讯录管理</a></h2><br>
    <h2><a href = "lookDate.do">日程安排管理</a></h2><br>
    <h2><a href = "user/login.jsp">退出主页面</a></h2>
</div>
<div style = "position: absolute;margin-left: 15%;width: 80%;height: 70%;">
    <table style = "width: 900px;margin: 0 auto;">
        <tr>
            <td><h2>查看日程</h2></td>
            <td>
                <h2><a href = "dateManager/addDate.jsp">增加日程</a></h2>
            </td>
            <td>
                <h2><a href = "dateManager/updateDate.jsp">修改日程</a></h2>
            </td>
            <td>
                <h2><a href = "dateManager/deleteDate.jsp">删除日程</a></h2>
            </td>
        </tr>
    </table>
    <hr>
    <br>
    <c:if test = "${empty dateList}">
        <h1 style = "color: red;">您还没有任何日程安排!</h1>
        <br>
    </c:if>
    <c:if test = "${not empty dateList}">
        <table
            style = "width: 500px; border: 2px solid #aaaaaa; margin: 0 auto;">
            <tr>
                <th>日程时间</th>
                <th>日程内容</th>
            </tr>
            <c:forEach items = "${dateList}" var = "dates">
            <tr>
                <td>${dates.date}</td>
                <td>${dates.thing}</td>
            </tr>
            </c:forEach>
        </table>
    </c:if>
</div>
</body>
</html>
```

单击如图 11.16 所示页面中的"增加日程",出现如图 11.17 所示的增加日程页面,对应的超链接页面是 addDate.jsp。

addDate.jsp 的代码如下所示。

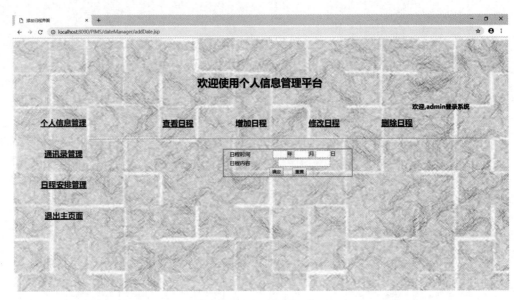

图 11.17　增加日程页面

```jsp
<%@ page language = "java" contentType = "text/html; charset = UTF - 8"
pageEncoding = "UTF - 8" %>
<!DOCTYPE html PUBLIC " - //W3C//DTD HTML 4.01 Transitional//EN"
"http://www.w3.org/TR/html4/loose.dtd">
< html >
< head >
< meta http - equiv = "Content - Type" content = "text/html; charset = UTF - 8">
<%@ include file = "/WEB - INF/base.jsp" %>
< title >添加日程界面</title>
</head >
< body style = "text - align: center; background - image: url('images/main.jpg');">
    < br >< br >< br >< br >
    < h1 style = "text - align:center;">欢迎使用个人信息管理平台</h1 >
    < c:if test = " $ {not empty username}">
        < h3 style = "color: blue;position: absolute;margin - left: 80 % ;"> 欢迎, $ {username }登
录系统</h3 >
    </c:if >
    < c:if test = " $ {empty username}">
        < jsp:forward page = "../user/login. jsp"></jsp:forward >
    </c:if >
    < br >< br >
    < div style = "position: absolute;margin - left: 5 % ;">
        < h2 >< a href = "lookMessage.do">个人信息管理</a ></h2 >< br >
        < h2 >< a href = "lookFriend.do">通讯录管理</a ></h2 >< br >
        < h2 >< a href = "lookDate.do">日程安排管理</a ></h2 >< br >
        < h2 >< a href = "user/login.jsp">退出主页面</a ></h2 >
    </div >
    < div style = "position: absolute;margin - left: 15 % ;width: 80 % ;height: 70 % ;">
        < table style = "width: 900px;margin: 0 auto;">
            < tr >
```

```
            < td >
                    < h2 >< a href = "dateManager/lookDate. jsp">查看日程</a ></h2 >
            </td >
            < td >
                    < h2 >增加日程</h2 >
            </td >
            < td >
                    < h2 >< a href = "dateManager/updateDate. jsp">修改日程</a ></h2 >
            </td >
            < td >
                    < h2 >< a href = "dateManager/deleteDate. jsp">删除日程</a ></h2 >
            </td >
        </tr >
    </table >
    < hr >
    < br >
    < form action = "addDate. do" method = "post">
        < table style = "width: 400px;border: 2px solid #aaaaaa;margin: 0 auto;">
            < tr >
                    < c:if test = " $ {not empty addDateMsg }">
                            < span style = "color: red;"> $ {addDateMsg }</span >
                            < br >
                            < c:remove var = "addDateMsg" />
                    </c:if >
                    < td >日程时间</td >
                    < td >
                            < input type = "text" name = "year" size = "2">年
                            < input type = "text" name = "month" size = "2">月
                            < input type = "text" name = "day" size = "2">日
                    </td >
            </tr >
            < tr >
                    < td >日程内容</td >
                    < td >< input type = "text" name = "thing"></td >
            </tr >
            < tr >
                    < td colspan = "2" align = "center">
                            < input type = "submit" value = "确定"
>      
                            < input type = "reset" value = "重置">
                    </td >
            </tr >
        </table >
    </form >
    </div >
</body >
</html >
```

在如图 11.17 所示页面中输入数据后单击"确定"按钮,请求提交到 AddDateServlet 控制器。

AddDateServlet.java 的代码如下所示。

```java
package servlet.date;

import java.io.IOException;
import java.sql.*;
import javax.servlet.ServletException;
import javax.servlet.annotation.WebServlet;
import javax.servlet.http.*;
import util.JDBCUtil;

@WebServlet("/addDate.do")
public class AddDateServlet extends HttpServlet {
    private static final long serialVersionUID = 1L;

    protected void doGet(HttpServletRequest request, HttpServletResponse response) throws
ServletException, IOException {
        request.setCharacterEncoding("UTF-8");
        response.setContentType("text/html;charset=UTF-8");
        String username = (String)request.getSession().getAttribute("username");
        String year = new String(request.getParameter("year"));
        String month = new String(request.getParameter("month"));
        String day = new String(request.getParameter("day"));
        String thing = new String(request.getParameter("thing"));
        String date = year + "-" + month + "-" + day;
        String addDateMsg = null;
        if(year.length() == 0||month.length() == 0||day.length() == 0){
            addDateMsg = "添加失败,不允许有空!";
            request.getSession().setAttribute("addDateMsg", addDateMsg);
            response.sendRedirect("dateManager/addDate.jsp");
        }else if(year.length()!= 4||Integer.parseInt(year)< 2000||Integer.parseInt(month)< 1||
            Integer.parseInt(month)> 12||Integer.parseInt(day)< 1||Integer.parseInt(day)> 31){
            addDateMsg = "添加失败,请确认日期填写正确!";
            request.getSession().setAttribute("addDateMsg", addDateMsg);
            response.sendRedirect("dateManager/addDate.jsp");
        }else if(thing.length() == 0){
            addDateMsg = "添加失败,请填写日程内容!";
            request.getSession().setAttribute("addDateMsg", addDateMsg);
            response.sendRedirect("dateManager/addDate.jsp");
        }else {
            try {
                Connection conn = JDBCUtil.getConnection();
                Statement st = null;
                ResultSet rs = null;
                st = conn.createStatement();
                String sql1 = "select * from date where date = '" + date + "'"
                        + "and username = '" + username + "'";
                rs = st.executeQuery(sql1);
                if(rs.next()){
                    addDateMsg = "添加失败,该日已有日程计划!";
                    request.getSession().setAttribute("addDateMsg", addDateMsg);
```

```
                    response.sendRedirect("dateManager/addDate.jsp");
            }else{
                    String sql2 = "insert into date(username,date,thing) values"
                        + "('" + username + "','" + date + "','" + thing + "')";
                    st.executeUpdate(sql2);
            }
            JDBCUtil.closeResource(conn, st, rs);
            response.sendRedirect("lookDate.do");
        } catch (Exception e) {
            e.printStackTrace();
        }
    }
}

    protected void doPost(HttpServletRequest request, HttpServletResponse response) throws
ServletException, IOException {
        doGet(request, response);
    }

}
```

单击如图 11.17 所示页面中的"增加日程",出现如图 11.18 所示的修改日程页面,对应的超链接页面是 updateDate.jsp。

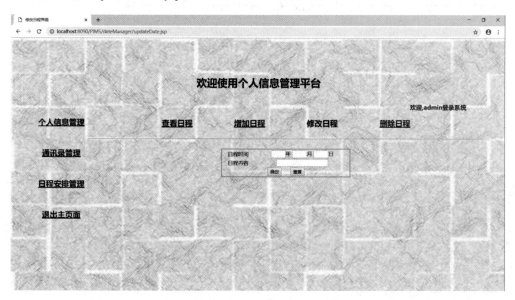

图 11.18　修改日程页面

updateDate.jsp 的代码如下所示。

```
< % @ page language = "java" contentType = "text/html; charset = UTF-8"
pageEncoding = "UTF-8" % >
<! DOCTYPE html PUBLIC " - //W3C//DTD HTML 4.01 Transitional//EN"
"http://www.w3.org/TR/html4/loose.dtd">
< html >
```

```
< head >
< meta http - equiv = "Content - Type" content = "text/html; charset = UTF - 8">
< % @ include file = "/WEB - INF/base. jsp" % >
< title >修改日程界面</title >
</head >
< body style = "text - align: center; background - image: url('images/main. jpg');">
    < br >< br >< br >< br >
    < h1 style = "text - align:center;">欢迎使用个人信息管理平台</h1 >
    < c: if test = " $ {not empty username}">
        < h3 style = "color: blue;position: absolute;margin - left: 80 % ;"> 欢迎, $ {username }登
录系统</h3 >
    </c: if >
    < c: if test = " $ {empty username}">
        < jsp:forward page = "../user/login. jsp"></jsp:forward >
    </c: if >
    < br >< br >
    < div style = "position: absolute;margin - left: 5 % ;">
        < h2 >< a href = "lookMessage. do">个人信息管理</a ></h2 >< br >
        < h2 >< a href = "lookFriend. do">通讯录管理</a ></h2 >< br >
        < h2 >< a href = "lookDate. do">日程安排管理</a ></h2 >< br >
        < h2 >< a href = "user/login. jsp">退出主页面</a ></h2 >
    </div >
    < div style = "position: absolute;margin - left: 15 % ;width: 80 % ;height: 70 % ;">
        < table style = "width: 900px; margin: 0 auto;">
            < tr >
                < td >
                    < h2 >< a href = "dateManager/lookDate. jsp">查看日程</a ></h2 >
                </td >
                < td >
                    < h2 >< a href = "dateManager/addDate. jsp">增加日程</a ></h2 >
                </td >
                < td >< h2 >修改日程</h2 ></td >
                < td >
                    < h2 >< a href = "dateManager/deleteDate. jsp">删除日程</a ></h2 >
                </td >
            </tr >
        </table >
        < hr >
        < br >
        < form action = "updateDate. do" method = "post">
            < table style = "width: 400px;border: 2px solid ♯aaaaaa;margin: 0 auto;">
                < tr >
                    < c: if test = " $ {not empty updateDateMsg }">
                        < span style = "color: red;"> $ {updateDateMsg }</span >< br >
                        < c: remove var = "updateDateMsg" />
                    </c: if >
                    < td >日程时间</td >
                    < td >
                        < input type = "text" name = "year" size = "2">年
                        < input type = "text" name = "month" size = "2">月
                        < input type = "text" name = "day" size = "2">日
```

```html
                                </td>
                            </tr>
                            <tr>
                                <td>日程内容</td>
                                <td><input type = "text" name = "thing"></td>
                            </tr>
                            <tr>
                                <td colspan = "2" align = "center">
                                    <input type = "submit" value = "确定"
>     
                                    <input type = "reset" value = "重置">
                                </td>
                            </tr>
                    </table>
                </form>
            </div>
        </body>
    </html>
```

在如图 11.18 所示页面中输入要修改的数据后单击"确定"按钮,请求提交 UpdateDateServlet
控制器。

UpdateDateServlet.java 的代码如下所示。

```java
package servlet.date;

import java.io.IOException;
import java.sql.*;
import javax.servlet.ServletException;
import javax.servlet.annotation.WebServlet;
import javax.servlet.http.*;
import util.JDBCUtil;

@WebServlet("/updateDate.do")
public class UpdateDateServlet extends HttpServlet {
    private static final long serialVersionUID = 1L;

    protected void doGet(HttpServletRequest request, HttpServletResponse response) throws
ServletException, IOException {
        request.setCharacterEncoding("UTF - 8");
        response.setContentType("text/html;charset = UTF - 8");
        String username = (String)request.getSession().getAttribute("username");
        String year = new String(request.getParameter("year"));
        String month = new String(request.getParameter("month"));
        String day = new String(request.getParameter("day"));
        String thing = new String(request.getParameter("thing"));
        String date = year + " - " + month + " - " + day;
        String updateDateMsg = null;
        if(year.length() == 0||month.length() == 0||day.length() == 0){
            updateDateMsg = "修改失败,不允许有空!";
            request.getSession().setAttribute("updateDateMsg", updateDateMsg);
            response.sendRedirect("dateManager/updateDate.jsp");
```

第
11
章

```
        }else if(year.length()!= 4||Integer.parseInt(year)< 2000||Integer.parseInt(month)< 1||
            Integer.parseInt(month)> 12||Integer.parseInt(day)< 1||Integer.parseInt(day)> 31){
            updateDateMsg = "修改失败,请确认日期填写正确!";
            request.getSession().setAttribute("updateDateMsg", updateDateMsg);
            response.sendRedirect("dateManager/updateDate.jsp");
        }else if(thing.length() == 0){
            updateDateMsg = "添加失败,请填写日程内容!";
            request.getSession().setAttribute("updateDateMsg", updateDateMsg);
            response.sendRedirect("dateManager/updateDate.jsp");
        }else {
            try {
                Connection conn = JDBCUtil.getConnection();
                Statement st = null;
                ResultSet rs = null;
                st = conn.createStatement();
                String sql1 = "select * from date where date = '" + date + "'"
                        + "and username = '" + username + "'";
                rs = st.executeQuery(sql1);
                if(rs.next()){
                    String sql2 = "update date set thing = '" + thing + "' where "
                        + "date = '" + date + "' and username = '" + username + "'";
                        st.executeUpdate(sql2);
                }else{
                    updateDateMsg = "修改失败,该日程不存在!";
                    request.getSession().setAttribute("updateDateMsg", updateDateMsg);
                    response.sendRedirect("dateManager/updateDate.jsp");
                }
                JDBCUtil.closeResource(conn, st, rs);
                response.sendRedirect("lookDate.do");
            } catch (Exception e) {
                e.printStackTrace();
            }
        }
    }

    protected void doPost(HttpServletRequest request, HttpServletResponse response) throws
ServletException, IOException {
        doGet(request, response);
    }

}
```

单击如图 11.18 所示页面中的"删除日程",出现如图 11.19 所示的删除日程页面,对应的超链接页面是 deleteDate.jsp。

deleteDate.jsp 的代码如下所示。

```
<%@ page language = "java" contentType = "text/html; charset = UTF - 8"
pageEncoding = "UTF - 8"%>
<!DOCTYPE html PUBLIC " - //W3C//DTD HTML 4.01 Transitional//EN"
"http://www.w3.org/TR/html4/loose.dtd">
<html>
```

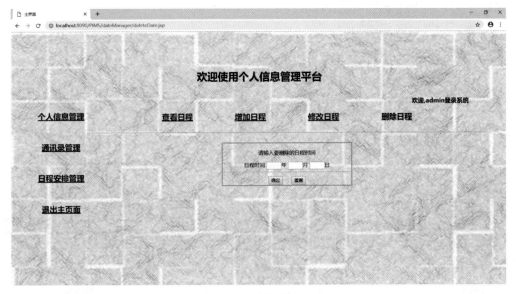

图 11.19 删除日程页面

```
< head >
< meta http - equiv = "Content - Type" content = "text/html; charset = UTF - 8">
< % @ include file = "/WEB - INF/base.jsp" % >
< title >主界面</title >
</head >
< body style = "text - align: center; background - image: url('images/main.jpg');">
    < br >< br >< br >< br >
    < h1 style = "text - align:center;">欢迎使用个人信息管理平台</h1 >
    < c: if test = " $ {not empty username}">
        < h3 style = "color: blue;position: absolute;margin - left: 80 % ;"> 欢迎, $ {username
}登录系统</h3 >
    </c: if >
    < c: if test = " $ {empty username}">
        < jsp: forward page = "../user/login.jsp"></jsp: forward >
    </c: if >
    < br >< br >
    < div style = "position: absolute;margin - left: 5 % ;">
        < h2 >< a href = "lookMessage.do">个人信息管理</a ></h2 >< br >
        < h2 >< a href = "lookFriend.do">通讯录管理</a ></h2 >< br >
        < h2 >< a href = "lookDate.do">日程安排管理</a ></h2 >< br >
        < h2 >< a href = "user/login.jsp">退出主页面</a ></h2 >
    </div >
    < div style = "position: absolute;margin - left: 15 % ;width: 80 % ;height: 70 % ;">
        < table style = "width: 900px; margin: 0 auto;">
            < tr >
                < td >
                    < h2 >< a href = "dateManager/lookDate.jsp">查看日程</a ></h2 >
                </td >
                < td >
                    < h2 >< a href = "dateManager/addDate.jsp">增加日程</a ></h2 >
```

```
                              </td >
                              < td >
                                  < h2 >< a href = "dateManager/updateDate.jsp">修改日程</a ></h2 >
                              </td >
                              < td >< h2 >删除日程</h2 ></td >
                      </tr >
                  </table >
                  < hr >
                  < br >
                  < form action = "deleteDate.do" method = "post">
                      < table style = "width: 400px;border: 2px solid #aaaaaa;margin: 0 auto;">
                          < tr >
                              < td >
                              < c:if test = " $ {not empty deleteDateMsg }">
                                  < span style = "color: red;"> $ {deleteDateMsg }</span >< br >
                              < c:remove var = "deleteDateMsg" />
                              </c:if >
                              < p >请输入要删除的日程时间</p >
                              日程时间 < input type = "text" name = "year" size = "2">年
                              < input type = "text" name = "month" size = "2">月
                              < input type = "text" name = "day" size = "2">日 < br >< hr >
                              </td >
                          </tr >
                          < tr >
                              < td colspan = "2" align = "center">
                                  < input type = "submit" value = "确定"
>      
                                  < input type = "reset" value = "重置">
                              </td >
                          </tr >
                  </table >
              </form >
          </div >
      </body >
  </html >
```

在如图 11.19 所示页面中输入要删除的数据后单击"确定"按钮，请求提交 DeleteDateServlet 控制器。

DeleteDateServlet.java 的代码如下所示。

```java
package servlet.date;

import java.io.IOException;
import java.sql. * ;
import javax.servlet.ServletException;
import javax.servlet.annotation.WebServlet;
import javax.servlet.http. * ;
import util.JDBCUtil;

@WebServlet("/deleteDate.do")
public class DeleteDateServlet extends HttpServlet {
```

```java
    private static final long serialVersionUID = 1L;

    protected void doGet(HttpServletRequest request, HttpServletResponse response) throws
ServletException, IOException {
        request.setCharacterEncoding("UTF-8");
        response.setContentType("text/html;charset=UTF-8");
        String username = (String)request.getSession().getAttribute("username");
        String year = new String(request.getParameter("year"));
        String month = new String(request.getParameter("month"));
        String day = new String(request.getParameter("day"));
        String date = year + "-" + month + "-" + day;
        String deleteDateMsg = null;
        if(year.length() == 0 || month.length() == 0 || day.length() == 0){
            deleteDateMsg = "删除失败,不允许有空!";
            request.getSession().setAttribute("deleteDateMsg", deleteDateMsg);
            response.sendRedirect("dateManager/deleteDate.jsp");
        }else if(year.length() != 4 || Integer.parseInt(year) < 2000 || Integer.parseInt(month) < 1 ||
                Integer.parseInt(month) > 12 || Integer.parseInt(day) < 1 || Integer.parseInt(day) > 31){
            deleteDateMsg = "删除失败,请确认日期填写正确!";
            request.getSession().setAttribute("deleteDateMsg", deleteDateMsg);
            response.sendRedirect("dateManager/deleteDate.jsp");
        }else{
            try {
                Connection conn = JDBCUtil.getConnection();
                Statement st = null;
                ResultSet rs = null;
                st = conn.createStatement();
                String sql1 = "select * from date where date = '" + date + "'"
                        + "and username = '" + username + "'";
                rs = st.executeQuery(sql1);
                if(rs.next()){
                    String sql2 = "delete from date where date = '" + date + "'"
                            + "and username = '" + username + "'";
                    st.executeUpdate(sql2);
                }else{
                    deleteDateMsg = "删除失败,该日程不存在!";
                    request.getSession().setAttribute("deleteDateMsg", deleteDateMsg);
                    response.sendRedirect("friendManager/deleteDate.jsp");
                }
                JDBCUtil.closeResource(conn, st, rs);
                response.sendRedirect("lookDate.do");
            } catch (Exception e) {
                e.printStackTrace();
            }
        }
    }

    protected void doPost(HttpServletRequest request, HttpServletResponse response) throws
ServletException, IOException {
        doGet(request, response);
    }
```

}

11.5 小　　结

本书遵循"卓越工程师教育培养计划"的人才培养理念,旨在培养学生的创新能力、实践能力、团队精神、协作能力,通过"大项目"实训的方式来训练、培养学生的综合能力。

通过项目的综合练习,能够综合应用本书所有的知识点,锻炼项目开发和实践能力,为今后的 Java Web 项目开发奠定基础。

11.6 习　　题

1. 扩展个人信息管理系统项目,编码实现文件管理模块功能。

参 考 文 献

[1] 陈旭东,刘迪仁. JSP 2.0 应用教程[M]. 北京:清华大学出版社,2006.

[2] 范立锋,乔世权,程文彬. JSP 程序设计[M]. 北京:人民邮电出版社,2011.

[3] 明日科技. Java Web 从入门到精通[M]. 北京:清华大学出版社,2012.

[4] 张银鹤等. JSP 动态网站开发实践教程[M].2 版. 北京:清华大学出版社,2009.

[5] 孙鑫. Java Web 开发详解:XML+DTD+XML Schema+XSLT+Servlet 3.0+JSP 2.2 深入剖析与
     实例应用[M]. 北京:电子工业出版社,2012.

[6] 刘志成等. JSP 程序设计实例教程[M]. 北京:人民邮电出版社,2009.

图书资源支持

感谢您一直以来对清华版图书的支持和爱护。为了配合本书的使用,本书提供配套的资源,有需求的读者请扫描下方的"书圈"微信公众号二维码,在图书专区下载,也可以拨打电话或发送电子邮件咨询。

如果您在使用本书的过程中遇到了什么问题,或者有相关图书出版计划,也请您发邮件告诉我们,以便我们更好地为您服务。

我们的联系方式:

地　　址:北京市海淀区双清路学研大厦 A 座 701

邮　　编:100084

电　　话:010-83470236　010-83470237

资源下载:http://www.tup.com.cn

客服邮箱:2301891038@qq.com

QQ:2301891038(请写明您的单位和姓名)

资源下载、样书申请

书圈

扫一扫,获取最新目录

课 程 直 播

用微信扫一扫右边的二维码,即可关注清华大学出版社公众号"书圈"。